机械CAD开发技术

林昌华　黄霞　杨岩　编著

国防工业出版社

·北京·

内 容 简 介

本书介绍AutoCAD环境下进行二次开发的主要方法与关键技术，内容包括形、线型与图案、菜单与工具栏的定制与开发，AutoCAD的Visual LISP集成开发环境和编写Auto LISP程序的技巧，对话框设计和开发技术在机械工程中的应用，并针对机械设计中的人机交互、设计计算、数据处理、参数化绘图列举了大量的应用实例。

本书适用于已掌握AutoCAD的基本操作，需深入了解AutoCAD以及对AutoCAD进行二次开发的工程技术人员，可作为大专院校工程类各专业的教材或教学参考书，也适宜作为广大工程制图技术员和机械工程师学习的教材及软件培训班的培训教材。

图书在版编目(CIP)数据

机械CAD开发技术/林昌华，黄霞，杨岩编著.—北京：国防工业出版社，2013.8

ISBN 978-7-118-09108-3

Ⅰ.①机… Ⅱ.①林… ②黄… ③杨… Ⅲ.①机械设计—AutoCAD软件—软件开发 Ⅳ.①TH122

中国版本图书馆CIP数据核字(2013)第208062号

※

国防工业出版社出版发行

(北京市海淀区紫竹院南路23号 邮政编码100048)

腾飞印务有限公司印刷

新华书店经售

*

开本 787×1092 1/16 **印张** 12¾ **字数** 288千字

2013年8月第1版第1次印刷 **印数** 1—2000册 **定价** 35.00元

国防书店：(010)88540777　　发行邮购：(010)88540776

发行传真：(010)88540755　　发行业务：(010)88540717

前　言

随着计算机应用技术的飞速发展,机械制造业数字化设计与制造已成为新形势下的必然趋势。尤其是在机械设计领域,CAD 技术的应用和推广,使得传统的机械设计手段和方法发生了根本的变化,利用 CAD 等现代设计方法来完成机械设计任务,已是各企业设计部门和机械设计人员的迫切要求。

CAD 技术的内容很广泛,包括数值计算与评价技术、参数化绘图与建模技术、信息与知识的处理技术以及可视化与仿真技术等。目前有关 CAD 技术方面的书籍很多,但大多限于对 CAD 技术的基本概念、原理、方法和相关应用软件功能的介绍,内容多而广,实际可操作性不强,特别是对于初学者很难上手。本书定位于机械 CAD 开发技术的基本应用和训练上,主要掌握机械零件设计过程中的人机交互、设计计算、数据处理、参数化绘图以及菜单管理,所涉及的软件为工程领域使用最为广泛的 AutoCAD,所涉及的编程语言为 AutoCAD 内嵌的 Auto LISP 语言,适用于具有一定机械产品设计知识并熟悉 AutoCAD 绘图软件的工程技术人员和机械类本专科学生。

AutoCAD 绘图软件具有丰富的绘图功能、强大的编辑功能和良好的用户界面,受到广大工程技术人员和大中专院校师生的普遍欢迎,使得它在机械、电子、船舶、建筑和服装等多个领域得到了极为广泛的应用。特别是该软件提供的各种编程工具和接口技术,为用户开发应用系统创造了十分便利的条件。内嵌的 Auto LISP 语言简单易学,程序编写和编辑调试快捷方便,初学者容易上手。更可贵的是 Auto LISP 语言所编程序的运行稳定性和兼容性极好,不用担心因版本升级而崩溃的问题,这是本书选用 AutoCAD 绘图软件作为机械 CAD 开发技术基础平台的主要原因。

本书内容分为 10 个章节:第 1 章介绍机械 CAD 技术的基本概念和基于 AutoCAD 系统二次开发的基本内容等;第 2、3 章介绍用户定制的一些内容,这些内容包括各种线型、图案以及图形符号的扩充和菜单技术;第 4、5、6 章比较详细地介绍了 Visual LISP 和 Auto LISP 语言开发工具、参数化绘图以及高级语言的接口技术等;第 7 章介绍对话框技术;第 8 章介绍机械 CAD 中的数据处理方法;第 9、10 章介绍机械 CAD 开发技术在机械产品设计中的应用。

与同类书相比,本书主要以结合实例的方式,由浅入深地进行系统的阐述。在内容安排上做到了循序渐进，图文并茂，旨在突出易学实用的特点。所举实例内容简洁，通俗易懂，便于自学，以便初学者尽快入门。开发技术应用部分力求内容具体，方法可靠，便于读者系统学习和理解。

本书由林昌华、黄霞、杨岩执笔编写，其中第1、2、3章由黄霞编写，第4、5、6章由杨岩编写，林昌华则担当了其余章节的编写和全书的统校工作。

由于作者水平有限，书中难免存在不足与疏漏之处，恳请广大读者不吝赐教，批评指正。

编　者

目　录

第1章 绪 论

1.1 机械CAD技术概述

机械设计是根据使用要求确定产品的工作原理、运行方式、动力的传递、所用材料、结构形状以及技术要求等要素，并转化为图样和设计文件等具体的描述，它包含方案决策、概念设计、总体设计、结构设计、性能分析、装配过程仿真、工作过程仿真、产品信息数据管理等多方面的内容，是产品设计、制造、销售和使用整个生命周期中的首要环节。机械设计的过程实际上是“设计—评价—再设计”的反复循环和不断优化的过程。传统的机械设计工作量大、周期长。在产品更新换代速度越来越快的市场经济条件下，缩短产品的开发周期、提高产品质量、降低成本，已是各行各业增强市场竞争力和促进自身发展的迫切要求之一。因此，实现机械设计的快捷化、缩短设计周期、提高设计质量、降低产品成本就成为机械设计发展的当务之急。正是在这样的背景下，产生了计算机辅助机械设计，即机械CAD(Computer Aided Design)。

机械CAD是指将计算机技术运用到机械设计的整个过程中，利用计算机硬件、软件系统辅助设计人员对产品和工程进行分析计算、几何建模、仿真与试验、优化设计、绘制图形、工程数据库的管理、生成技术文件等的方法和技术。机械CAD技术给传统的机械设计方法和思路带来了极大的冲击，可以说是机械设计的一次重大革命。

计算机具有快速高效的计算处理能力、大的信息存储量和图形显示仿真能力，在产品设计过程中既可以减轻设计人员的脑力和体力劳动，又可以为设计人员改进优化设计方法、设计参数提供便捷有效的技术手段。

机械CAD除了能完成传统的设计计算、结构设计和图样绘制外，也能轻松完成一些传统设计不能实现的工作，如设计参数的优化设计、零部件结构的有限元分析、机器以及机构的三维实体建模装配和运动模拟仿真等。现有的一些机械CAD系统的功能不仅仅局限于机械产品的设计，同时还包括系统与其他技术的结合，如与数据库技术结合，可将产品的信息进行存储管理；大多数CAD系统都提供了二次开发的平台，为用户扩大系统的功能提供了基础条件。目前，机械CAD技术已经广泛地应用于机械设计和制造的各个环节中，为缩短产品的开发生产周期、发展制造业信息化和提高企业的竞争力奠定了基础。

1.2 为什么要进行CAD软件的二次开发

随着计算机在机械工程领域的广泛应用，CAD软件的需求量与日俱增，尤其是适合于机械零部件设计、分析和制造的CAD/CAE/CAM专用软件。目前市场上有许多商品化的CAD软件，如AutoCAD、UG、CATIA、Pro/E等。在这些软件中，除少数是针对本行业的使用条件开发的专用应用软件外，绝大多数都是由软件公司开发的通用性 CAD 支撑软件，虽然这些软件各种功能强大、通用性极强，但其专业性较差。在复杂 CAD 问题或特殊用途的设计中，完全依据原有软件的功能往往难以解决问题，因此，根据本单位的实际需求或客户的特殊用途进行软件的用户化定制和二次开发，扩充其实用的功能，往往能够大大提高企业的生产效率和技术水平。

1.3 AutoCAD 二次开发工具

当前 AutoCAD 所采用的二次开发工具，即编程接口主要有 ActiveX Automation、VBA (Visual Basic for Applications)、Auto LISP 和 Visual LISP、ObjectARX 和 .NET。每种开发工具各有其特点，用户使用何种开发工具或接口类型主要由应用程序的需要和编程经验决定。

1. ActiveX Automation

ActiveX Automation 是 Microsoft 基于 COM(零部件对象模型)体系结构开发的一项技术。用户可以用它来自定义 AutoCAD，与其他应用程序共享图形数据以及自动完成任务。

用户可以从用作 Automation 控制程序的任意应用程序中创建和操作 AutoCAD 对象。因此，Automation 使编制跨应用程序执行的宏成为可能，而 Auto LISP 中就没有这种功能。

AutoCAD 通过 Automation 显示 AutoCAD 对象模型描述的可编程对象。这些可编程对象可由其他应用程序创建、编辑和操作。可以访问 AutoCAD 对象模型的应用程序是 Automation 控制程序，使用 Automation 操作另一个应用程序的最常用工具是 Visual Basic for Applications (VBA)。在很多 Microsoft Office 应用程序中，VBA 都是作为其中的一个部件。用户可以使用这些应用程序或其他 Automation 控制程序(例如 Visual Basic、.NET 和 Delphi)来运行 AutoCAD。

在 AutoCAD 中使用 ActiveX 接口具有以下两个优点：

(1) 可以在多种编程环境中编程访问 AutoCAD 图形。在 ActiveX Automation 出现之前，开发者只能用 Auto LISP 或 C++ 接口访问 AutoCAD 图形。

(2) 更易于与其他 Windows 应用程序(例如 Microsoft Excel 和 Microsoft Word)共享数据。

2. AutoCAD VBA

Microsoft Visual Basic for Applications (VBA) 是一个基于对象的编程环境，能提供丰富的开发功能。VBA 和 VB (Visual Basic) 的主要区别在于：VBA 与 AutoCAD 在同一进程空间运行，提供的是具有 AutoCAD 智能的、非常快速的编程环境。

用 AutoCAD VBA 开发将通过 AutoCAD ActiveX Automation 接口向 AutoCAD 发送消息。AutoCAD VBA 允许 Visual Basic 环境与 AutoCAD 同时运行，并通过 ActiveX Automation 接口提供 AutoCAD 的编程控制。这样就把 AutoCAD、ActiveX Automation 和 VBA 链接在一起，提供了一个功能非常强大的接口。它不仅能控制 AutoCAD 对象，也能向其他应用程序发送数据或从中检索数据。

将 VBA 集成到 AutoCAD，为自定义 AutoCAD 提供了便于使用的可视工具。例如，用户可以创建一个应用程序，用于自动提取属性信息，把结果直接插入 Excel 电子数据表并执行所需的任意数据转换。

AutoCAD 中的 VBA 编程由三个要素定义。第一个是 AutoCAD 本身，它提供了全面的对象，包括 AutoCAD 图元、数据和命令。AutoCAD 是一个具有多层次接口的开放式应用程序。要有效地使用 VBA，必须非常熟悉 AutoCAD 的编程特性。但是，VBA 的基于对象的方法和 Auto LISP 大不一样。

第二个要素是 AutoCAD ActiveX Automation 接口，它与 AutoCAD 对象进行消息传递(通信)。用 VBA 编程需要对 ActiveX Automation 有基本的了解。

第三个要素是 VBA 本身。它有自己的一套对象、关键字和常量等的集合，用于提供程序流、控制、调试和执行。AutoCAD VBA 中包括 Microsoft 关于 VBA 的扩展帮助系统。

AutoCAD ActiveX/VBA 接口的优点多于其他 AutoCAD API 环境的优点：

(1) 速度　用 VBA 在进程内运行，ActiveX 应用程序的速度比 Auto LISP 应用程序快。

(2) 易用　编程语言和开发环境易于使用并且随 AutoCAD 一起安装。

(3) Windows 交互操作性　ActiveX 和 VBA 是为与其他 Windows 应用程序一起使用而设计的，为应用程序之间的信息交流提供了绝佳的途径。

(4) 快速生成原型　VBA 的快速接口开发为原型应用程序提供了优良的环境，即使最终使用另一种语言开发那些应用程序。

3. Auto LISP 和 Visual LISP

Auto LISP 基于简单易学而又功能强大的 LISP 编程语言。由于 AutoCAD 具有内置 LISP 解释器，因此用户可以在命令提示下输入 Auto LISP 代码，或从外部文件加载 Auto LISP 代码。Visual LISP (VLISP) 是为加速 Auto LISP 程序开发而设计的软件工具。

Auto LISP 通过 Visual LISP (VLISP) 进一步得到增强，VLISP 提供了一个集成开发环境 (IDE)，其中包含编译器、调试器和其他提高生产效率的开发工具。VLISP 添加了更多的功能，并对语言进行了扩展以与使用 ActiveX 的对象进行交互。VLISP 也允许 Auto LISP 通过对象反应器对事件进行响应。

Auto LISP 应用程序可以通过多种方式与 AutoCAD 交互。这些程序能够提示用户输入、直接访问内置 AutoCAD 命令，以及修改或创建图形数据库中的对象。通过创建 Auto LISP 程序，可以向 AutoCAD 添加专用命令。实际上，某些标准 AutoCAD 命令是 Auto LISP 应用程序。

Visual LISP 为 Auto LISP 应用程序提供三种文件格式选项：

(1) 读取 LSP 文件 (. lsp) ——包含 Auto LISP 程序代码的 ASCII 文本文件。

(2) 读取 FAS 文件 (. fas) ——单个 LSP 程序文件的二进制编译版本。

(3) 读取 VLX 文件 (. vlx) ——个或多个 LSP 文件和/或对话框控制语言 (DCL) 文件的编译集。

由于 AutoCAD 能够直接读取 Auto LISP 代码，因此无需编译。Visual LISP 提供了一个集成开发环境，用户可以选择进行试验：在命令提示下输入代码后可立即看到结果。

这使 Auto LISP 语言容易试验，而不管用户的编程经验如何。

4. ObjectARX

ObjectARX 技术为设计软件应用程序提供了共享智能化对象数据的基础。用户可以运行第三方 ObjectARX 应用程序，也可以自己开发。

ObjectARX®（AutoCAD 运行时扩展）是开发 AutoCAD 应用程序的编译语言编程环境。ObjectARX 编程环境包括许多动态链接库（DLL），它们和 AutoCAD 运行在同一地址空间，并直接操作 AutoCAD 内核数据结构和代码。这些库利用 AutoCAD 的开放式体系结构，提供对 AutoCAD 数据库结构、图形系统和 AutoCAD 几何图形引擎的直接访问权限，以扩展 AutoCAD 在运行时的类和功能。另外，也可以使用 DLL 来创建新命令，这些新命令的操作方式与 AutoCAD 的基本命令操作方式相同。

ObjectARX 库可以与其他 AutoCAD 编程接口（例如 Auto LISP 或 VBA）结合使用，从而启用跨 API 集成。

5. NET

通过 Microsoft .NET Framework，用户可以使用编程语言（如 VB.NET 和 C#）创建与 AutoCAD 进行互操作的应用程序。

.NET Framework 是由 Microsoft 开发的中性语言编程环境。除了运行时环境之外，Framework 还提供了便于开发基于 Windows 和基于 Web 的、安全的可互操作的应用程序类库。.NET 是微软新推出的开发平台，具有众多优点。基于 .NET 平台对 AutoCAD 进行二次开发，可充分利用 .NET 的各种优势，在保证功能强大的前提下大大提高开发速度。

AutoCAD 的强大生命力在于它的通用性、多种工业标准和开放的体系结构。其通用性使得它在机械、电子、航空、船舶、建筑、服装等领域得到了极为广泛的应用。但是，不同的行业标准使得各领域在使用 AutoCAD 的过程中均需根据自身特点进行定制或开发。AutoCAD 的各种开发工具可满足广大用户的需求。

本书主要介绍 AutoCAD 的定制及如何利用 Auto LISP 和 Visual LISP 进行机械 CAD 二次开发的方法技术。

1.4 二次开发的主要内容

（1）定制开发专用库文件，以减少设计绘图时的重复性工作。

（2）编写各种可完成用户自定义功能的函数和程序，以实现快捷的科学计算、数据处理、数据传递和参数化绘图。

（3）定制符合用户要求的各种菜单及菜单文件，以方便管理和调用。

（4）开发符合用户定义的对话框和界面，以实现人机交互。

练 习 题

1. 目前你了解的机械 CAD 支撑软件主要有哪些？各具有何种功能特点？
2. 机械 CAD 可以辅助设计人员完成哪些工作？
3. 机械 CAD 软件开发包含哪些内容？

第2章　库文件及其开发

AutoCAD 最显著的特点是开放式结构，其提供的二次开发工具主要分为两大类：内部定制工具和二次开发工具。所谓定制就是按照 AutoCAD 提供的方法和文件格式，根据用户的具体要求，通过文字编辑系统所支持的 ASCII 码文件建立新的功能库，如设置符合企业标准和工作需要的图形符号库、字体、线型或填充图案库等。

2.1　形文件的开发

形是一种能用直线、圆弧和圆来定义的特殊实体，用户可以利用形的功能定义各种简单的图形符号，建立符号库。形可方便地被插入图形中，并按需要指定比例系数及旋转角度，以获得不同的位置和大小。

在 AutoCAD 中，形从定义到插入图形符号，需经以下几个步骤：

- 按规定格式进行定义形，即用文本编辑器或字处理器建立形文件；
- 对已建立的形文件进行编译，生成“.SHX”文件；
- 加载编译后的形；
- 把形插入所需的图形环境中。

这一过程可用表 2-1 来表示。

表 2-1　形从定义到调用的过程

内　容	定义形文件	编译形文件	装入形文件	调用形文件
工具	文本编辑程序	COMPILE 命令	LOAD 命令	SHAPE 命令
结果	得到形的源文件(*.SHP)	得到形的目标文件(*.SHX)	形文件中定义的形可被加载	在当前作业中插入形

调用一个形与调用一个块(BLOCK)在形式上有些相似，但 AutoCAD 系统对二者的定义是完全不同的。块比形易学、易用且通用性强。块在本次绘图作业内部定义，形由形文件在作业外部支持。调用一个形只是将形码(名)和变换参数(插入点、比例和转角)记录于图形文件。组成形的矢量仅读取到缓冲区，并存入图形文件。而块无论是否被调用，在定义时就占用了图形文件的一些存储空间。因此，在进行二次开发时，一般将常用的符号、字体等定义为形。这样，既可显著地节省存储空间，也可为多个图形文件所共用。

2.1.1　形的定义

定义形的文件称为形文件，它是一种扩展名为“.SHP”的 ASCII 文本文件；它的每行字符数不超过 128 个，否则会导致编译失败。AutoCAD 将忽略所有空行及分号右边的内容。建立或修改形文件可使用文本编辑器或字处理器。

形的定义具有一定的格式和规定，用户必须严格遵守。每个形的定义由一个标题行和若干描述行组成。

• 标题行

标题行以“ * ”开始，后面为说明形的编号、大小及名称，格式如下：

* Shapenumber, Defbytes, Shapename

其中：星号“ * ”为标识符，不能省略。

“Shapenumber”为形的编号，每个形定义必须有一个编号，且不能相同，其编号范围在 1 ~ 255 之间。

“Defbytes”表示形定义描述行所具有的字节数，其中包括形的描述结束符“0”所占用的字节，每个形的定义字节数不得超过 2000。

“Shapename”是形的名称，每个形必须有一形名，且这个形名必须大写，否则会被忽略。

• 描述行

标题行之后为描述行，它是用数字或字母描述形中所包含的线段、弧的大小及方向。数字和字母为一个一个字节，字节之间用逗号分开。描述行以“0”结束。每一个形的描述字节数不能超过 2000 个，包括结束符“0”。

• 描述码

形的定义有两种描述编码：一种是矢量长度与方向编码，另一种是特殊码。

矢量长度与方向编码：

描述一个直线矢量的长度和方向需用 3 个字符：第一个必须是 0，它表示后边两个字符是十六进制数，第二个字符代表矢量的长度，有效值为 1 ~ F(1 ~ 15 个单位长)，第三个字符代表矢量的方向，方向编码见图 2 - 1。

例 1　定义一个如图 2 - 2 所示的形，定义的代码如下：

```
*210,6,DBOX
018,014,010,01C,016,0
```

定义中，标题行为“ * 210,6,DBOX”，它说明该形的编号是 210，形定义描述行共 6 个字节，形的名称是 DBOX。在描述行“018,014,010,01C,016,0”中，共有 6 个字节，前 5 个十六进制数分别用来绘制形中的 5 条线，0 是结束符。

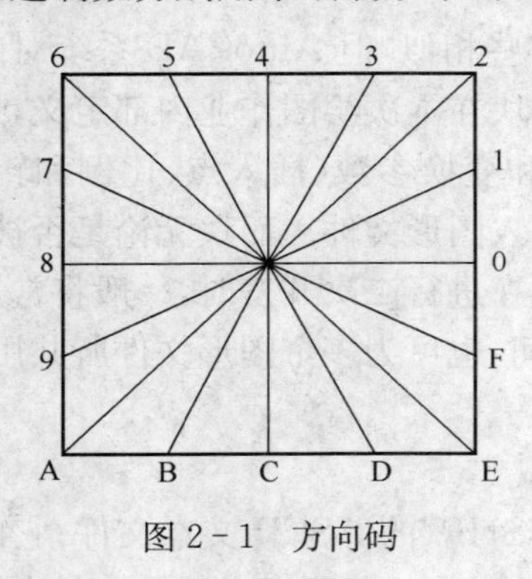

图 2 - 1　方向码

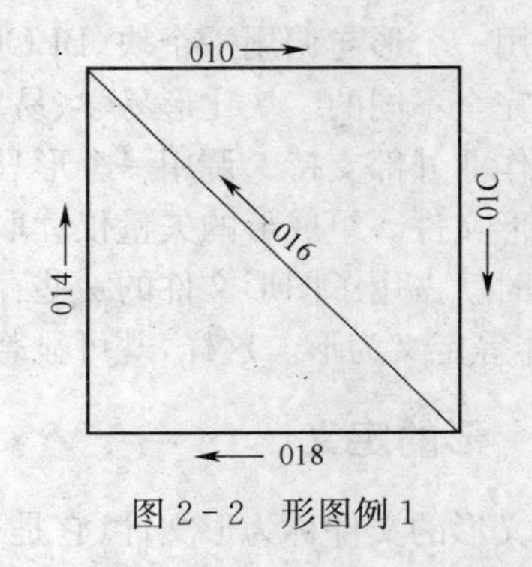

图 2 - 2　形图例 1

例 2　定义一个如图 2 - 3 所示的四角星图形，定义的代码如下：

*121,9,SJX
017,019,013,015,01F,011,01B,01D,0

由两个形的图例可以看到,用方向码定义形,其矢量长度是沿着 X 或 Y 方向度量的,即沿斜线方向的 1 个单位长是指其在 X 或 Y 方向的投影长度为 1,而不是斜线的长度为 1。

由图 2-1 方向码可知,矢量长度与方向码有一定的局限性,因为它只有十六个方向,最大长度是 15,而且只能绘直线段,所绘的形总是连续性的。为弥补上述不足,AutoCAD 还提供了特殊码。

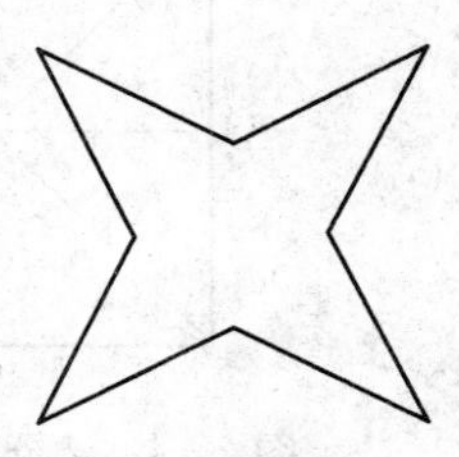

图 2-3　形图例 2

• 特殊码

为定义不同对象,如直线、圆弧以及描述各种状态,如抬笔、落笔和形定义结束等,AutoCAD 提供了一些特殊描述码。这些码是专用的,可以是十六进制,也可以是十进制。这些特殊码的含义和功能见表 2-2。

表 2-2　特殊码及其功能

十六进制	十进制	含义及功能
000	0	形定义的结束码
001	1	激活绘图模式(落笔),默认状态下该值有效
002	2	关闭绘图模式(抬笔)
003	3	用下一个字节除矢量长度(缩小)
004	4	用下一个字节乘矢量长度(放大)
005	5	将当前位置压入栈,保存当前的坐标位置,以便再恢复到此位置。位置栈只能存放 4 个位置,且在形定义结束前必须弹出栈中所有内容
006	6	将栈中内容弹出到当前位置,即恢复由 005 码保存的原先位置
007	7	画出由下一个字节给出的字形,所指下一字节应为所引用形的编号
008	8	由该码后的两个字节(X,Y)给出的位移增量确定下一点的位置
009	9	由该码后的多个(X,Y)给出的位移增量确定一系列点的位置,位移增量(X,Y)后由字节(0,0)结束
00A	10	由下两个字节定义八分弧,相应的描述码为:"10,(半径,-0SC)"。其中半径为 1～255 的整数值,"-"表示将沿顺时针方向绘制圆弧,无此符号则表示沿逆时针方向绘弧;S 为起始八分弧的符号,其值为 0～7,C 是该八分弧的跨度,该值是一个 0～7 的值,若为 0 则意味着有八个八分弧或一整圆。八分圆弧的方向编号见图 2-4
00B	11	用于画那些起始位置和终了位置为非八分圆角边界的弧。该定义使用五个字节:"11,起点偏移,终点偏移,高位半径,低位半径,-0SC" 起点和终点偏移表示弧的开始处和结束处离八分弧边界的距离。而高位半径则为半径值的高 8 位标记,若半径值小于 255 个单位值,该值将为零;低位半径为半径值的低八位。偏移量计算公式为:(实际角度-相应八分圆弧角度)×256/45。"-0SC"含义同 00A
00C	12	由圆弧端点(X,Y)位移量和圆弧凸度定义弧,该定义为:"12,X 位移值,Y 位移值,凸度"。其中 X,Y 位移值为圆弧另一端点相对于当前点的位移,取值范围为-127～127 之间;凸度=2×127×弦高/弦长。半圆的凸度值为 127,直线凸度值为 0
00D	13	由一系列的圆弧端点位移量和各圆弧的凸度绘多个圆弧。格式为:"13,(X1,Y1,凸度 1,X2,Y2,凸度 2,…),(0,0)
00E	14	适用于垂直标注的文本字体,使下一个字符画在前一个字符的下面

例 3 创建如图 2-5 所示的符号库,包括位置度、圆柱度、面轮廓度、粗糙度和基准符号的形,其代码定义如下:

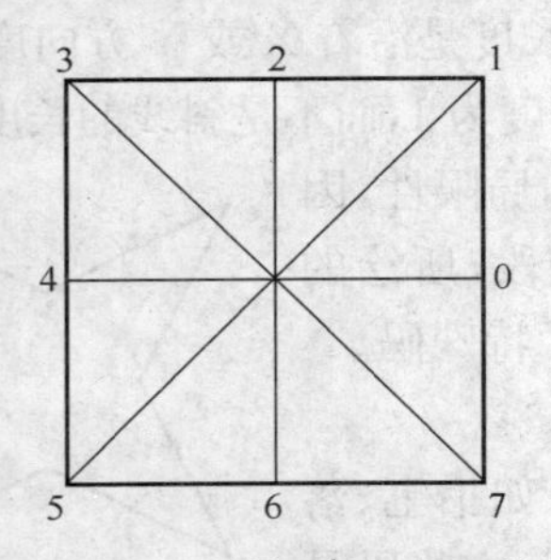

图 2-4 八分圆弧的方向编号

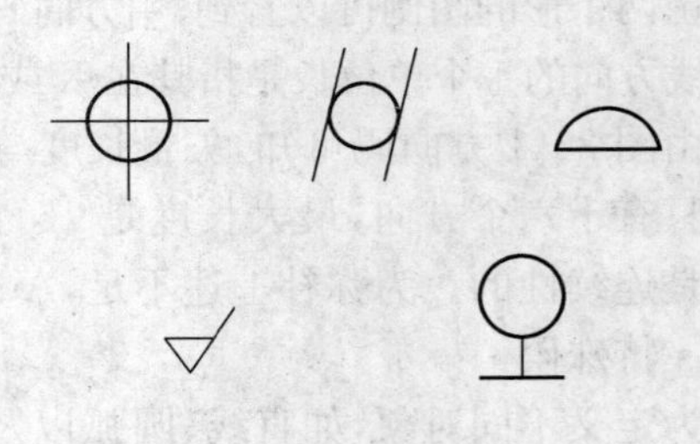

图 2-5 基准符号图形

```
*211,17,WZD
2,010,1,10,(1,000),2,010,1,048,2,8,(2,2),1,04C,0
*212,27,YZD
3,8,2,8,(1,0),1,8,(2,8),2,8,(4,0),1,8,(−2,−8),2,8,(1,4),
1,10,2,−000,0
*213,6,MLKD
12,4,0,−102,048,0
*214,23,CCD
3,8,2,8,(−3,4),1,9,(3,−4),(5,8),(0,0),2,8,(−8,−4),1,8,(5,0),0
*215,12,JZFH
2,018,1,020,2,018,1,014,10,(1,−060),0
```

上述代码分别定义了五个形,可在文字编辑器中编辑,并将该定义的形代码保存为形文件 FH. SHP。分别用到了抬笔、落笔、缩放、八分之圆弧和圆弧凸度等功能,其中面轮廓度定义中的“4,0”表示右端点的位置坐标,“−102”的“−”表示从左端点开始顺时针画弧,凸度=2×127×弦高/弦长=2×127×1.6/4=102。

2.1.2 编译和加载形文件

所定义形的源文件必须要经过编译、加载后才能调用,编译形文件的命令为 COMPILE,在 AutoCAD 图形环境下键入该命令,将弹出选择形或字体文件对话框,通过对话框选择形源文件即可完成编译。编译后得到的形文件与源文件同名,扩展名为 . SHX。譬如:编译上述的形源文件“FH. SHP”后,将产生形编译文件“FH. SHX”。

如果形的源文件定义有错,则 AutoCAD 会拒绝编译,并给出相应提示。

加载形文件的命令为 LOAD,键入该命令后,选择编译后产生的形文件,即可完成加载。

2.1.3 插入形

对于加载后的形,可通过 SHAPE 命令随时插入绘图工作区。执行过程如下:

命令:shape

输入形名或【?】:(此时可直接输入形的名称)

如果忘记了形的名称,也可键入“?”,回车后出现提示:输入要列出的形名 ＜*＞:

直接回车,系统将列出加载后的所有形名。

指定插入点:(确定形的插入位置点)

指定高度＜1.0000＞:(给定形的缩放比例,直接回车为不缩放)

指定旋转角度＜0＞:(给定形插入时的旋转角度,默认角度为 0)

图 2-5 中的五个图形就是加载“FH.SHX”后,分别用 shape 命令插入形名 wzd、yzd、mlkd、ccd 和 jzfh 后得到的结果。

2.2 线型的开发

AutoCAD 提供的标准线型是由名为 ACAD.LIN 的标准线型库文件定义的。标准线型库中包含有通用线型、ISO 线型和复合线型三大类线型。通用线型和 ISO 线型均是由线段、点和间隔组成的,又称为简单线型。而复合线型则除含有简单线型的组成——线段、点和间隔外,还包含了“形”(简单图形)和“文本”(字符)。

用户绘图时,可根据需要选择标准线型库中的各种线型。启动一张新图时默认的线型是“Bylayer”,在标准线型库 ACAD.LIN 文件中一共提供了 44 种线型,用户可以使用命令“_Linetype”装入这些线型并使用。

使用“Linetype”命令将弹出线型管理器对话框(见图 2-6),单击“加载”按钮弹出线型加载或重载对话框(见图 2-7),选择其中的线型加载后就可添加到线型管理器中。

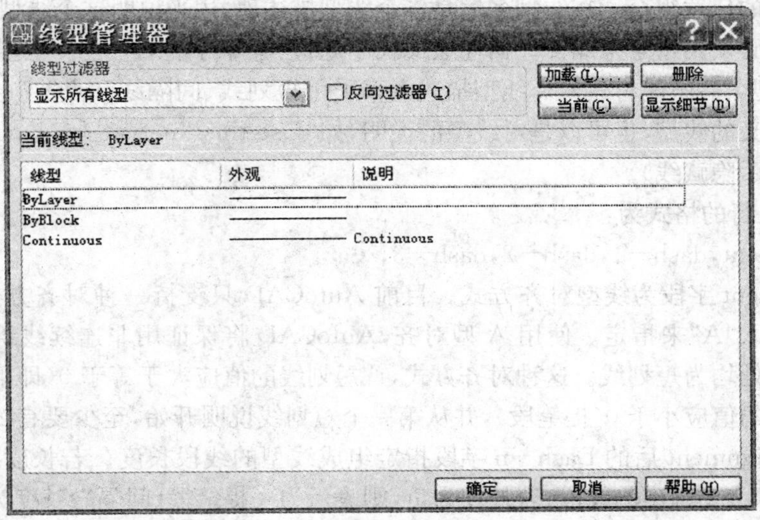

图 2-6 线型管理器对话框

当这些标准的线型库满足不了用户的要求时,就需要对 AutoCAD 进行二次开发,以生成满足用户特殊要求的线型。

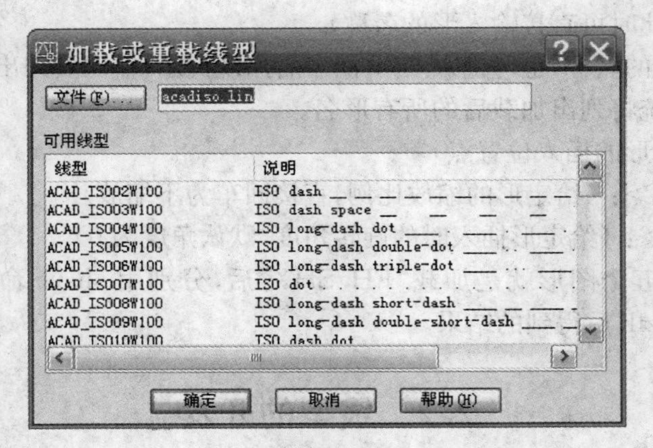

图 2-7　加载或重载线型对话框

2.2.1　简单线型的定义

每一种线型都是通过线型文件(*.LIN)来定义的。要开发新的线型,必须在线型文件中对该线型予以定义。

线型文件是一种纯 ASCII 码格式的文本文件,扩展名为“.LIN”。一个线型文件可以定义多种线型。每一种线型的定义在线型文件中占两行。第一行为线型标题行,第二行为线型定义行,空行和分号后面(注释)的内容都被忽略。

- 标题行的格式为:

*线型名[,线型描述]

其中“*”为标题行的标志,其后紧跟的为线型名,线型名可以是字母、数字和“$”、“—”等符号的任意组合。在线型名后是一个线型描述项,用来说明这个线型的特征,它与线型名之间必须用逗号来隔开。描述项最长不超过 47 个字符,它是个可选项,即允许省略,此时线型名后不能有逗号。线型描述大多采用短划线、间隔线和点“.”的组合来近似地描述所定义的线型,也可以是对线型的说明,如“Use this linetype for hidden lines”(此线型用于表示隐藏线)。

- 定义行的格式为:

Alignment,dash—1,dash—2,dash—3,….

Alignment 字段为线型对齐方式。目前 AutoCAD 只支持一种对齐方式,即通过在字段开头输入“A”来指定。使用 A 型对齐,AutoCAD 将保证用非连续线绘制的直线或圆弧在两端处均为短划线。这种对齐方式,首短划线的值应大于等于 0(即下笔段或点),第二短划线的值应小于 0(提笔段),并从第一个短划线说明开始,至少要有 2 个短划线结构说明。Alignment 后的 Dash—n 字段指定组成线型的线段长度。若长度为正,则表示是下笔段,即为要画出的线段;若长度为负,则表示为一提笔段(间隔);长度为零则画出一个点。表 2-3 是定义行的描述值及其含义。

表 2-3　线型定义行描述值及其含义

描述值	笔行为	生成的线段	负值	抬笔	空白线段
正值	下笔	短划线	0	点一下	一个点

例 4 分别定义单点划线、双点划线和三点划线三种简单线型，其结构如图 2－8 所示：

图 2－8 简单点划线型

线型定义如下：

＊DHX1,_ . _ . _

A,6,－2,0,－2

＊DHX2,_ .. _ .. _

A,6,－2,0,－1,0,－2

＊DHX3,_ ... _ ... _

A,6,－2,0,－1,0,－1,0,－2

该定义的线型代码可在文字编辑器中编辑，并保存文件名为“DHX. LIN”。在加载或重载线型对话框中（见图 2－7）单击【文件】按钮，将弹出【选择线型文件】对话框（图 2－9），选择定义的线型文件“DHX. LIN”，即可添加到绘图环境系统中，分别选择其中一种作为当前线型，绘出的线段即为所需的线型（见图 2－8）。

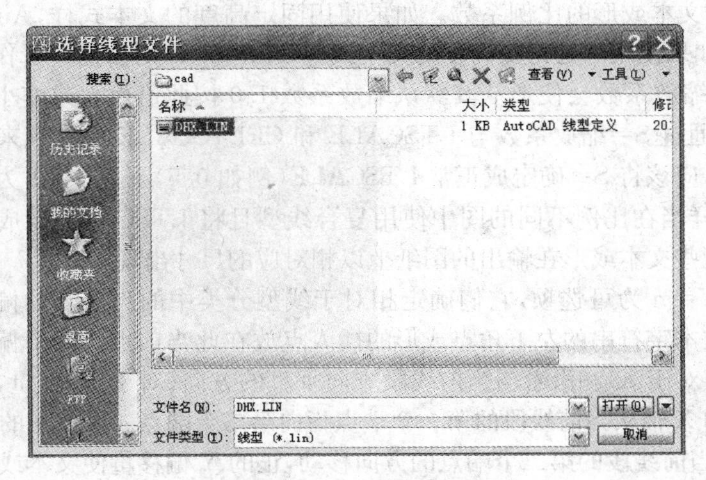

图 2－9 选择线型文件对话框

2.2.2 复合线型的定义

复合线型定义的语法格式与简单线型定义基本相同，不同之处在于复合线型在定义行中增加了用方括号括起来的特殊参数，用以告诉 AutoCAD 如何嵌入文本或形。

复合线型定义的具体格式如下：

＊线型名[,线型描述]

Alignment,dash－1,dash－2,…..[嵌入的文本字符串或形定义],dash－n,….

其中：

- 嵌入文本字符串的定义语法为：

  ["String",style,R=n,A=n,S=n,X=n,Y=n]

  String 是双引号中的由一个或多个字符组成的文本字符串,style 是文本式样的名字,如果当前图形中没有 style,AutoCAD 则不允许使用此线型。

- 嵌入形的定义语法为：

  [Shapename,shape_file,R=n,A=n,S=n,X=n,Y=n]

  shapename 是形文件中的形名,shape_file 为 AutoCAD 的 .SHX 形文件,Shape_file 中必须有形名对应的形定义,否则 AutoCAD 不允许用户使用此线型。在 shape_file 文件中可以包括路径,如果 shape_file 文件没有位于库搜索路径中,AutoCAD 会提示并要求用户选择另外一个 .SHX 文件。

其余五个字段 R=、A=、S=、X=、和 Y=为可选择的转换分类。每个转换分类后面的 n 表示所需数字。

R=n 表示文本或形相对于当前线段方向的转角。默认为 0,表示 AutoCAD 文本或形的方向与所给线段方向一致。

A=n 表示文本或形相对于世界坐标系的 X 轴的绝对的转角。当希望文本或形总是以水平形式出现而与线段的方向无关时,可采用 A=0。用户可以指定 R 和 A,但两者不能同时指定值。如果两个都没有指定值,则 AutoCAD 采用 R=0。R 和 A 以度为单位。如果希望以弧度或梯度作为单位,那么数字后面必须加 R 或 G。

S=n 确定文本或形的比例系数。如果使用固定高度的文本式样,AutoCAD 会将此高度乘以 n。如果使用的是可变高度的文本式样,AutoCAD 则会把 n 看作绝对高度。对于形而言,S=缩放系数会使形从其默认缩放系数 1.0 按此值放大或缩小。在任何情况下,AutoCAD 通过 S=缩放系数与 LTSCALE 和 CELTSCALE 的乘积来确定高度或缩放系数。因此,应该将 S=确定成正常 LTSCALE(例如 0.5)下以 1∶1 为输出比例时所对应的值。这样当在比例不同的图中使用复合线型且将 LTSCALE 设成与各图比例相对应的值时,这些文本或形在输出的图纸上以相对应的尺寸出现。

X=n 和 Y=n 为可选项,它们确定相对于线型分类中的当前点的偏移量。默认时 AutoCAD 将文本字符串的左下角点或形的插入点放在此当前点。两个偏移量分别沿着当前线段方向(对于 X)和沿着与当前线段方向垂直的方向(对于 Y)度量,就像有一个局部坐标系,它的 X 轴从当前线段的第一个端点指向第二个端点。因此正的 X 偏移量会使文本或形朝着当前线段的第二个端点的方向移动,正的 Y 偏移量使文本或形沿着正 X 方向的 90°方向(逆时针)移动。这两个偏移量将使文本或形的定位更精确。

例 5 分别定义含有字符"X"和含有图形四角星(见图 2-3)的复合线型。

```
*X_LINE,_ X _ X __ X _ X _
A,6,-2,["X",STANDARD,S=0.8,R=0,X=-0.2,Y=-0.2],-2
*SJX_LINE,含有四角星的线
A,6,-2,[SJX,D:/CAD/SJX.SHX,S=0.4,R=0,X=0,Y=-0.4],-2
```

在文字编辑器中编辑以上线型文件代码,并保存线型文件名为"FHX.LIN",加载后绘出的图形线型如图 2-10 所示。

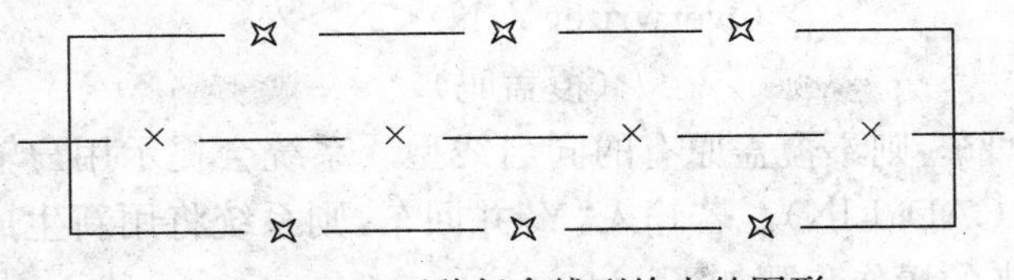

图 2-10　两种复合线型绘出的图形

2.2.3　线型的开发方法

AutoCAD 既提供了在其系统内部生成新线型的命令，又允许用户用文本编辑程序在 AutoCAD 之外生成线型文件。用户定义的新线型中既可以添加在标准线型文件 ACAD. LIN 中，又可以自己定义新的独立的线型文件。

在 AutoCAD 内部，用户可以通过"-LINETYPE"命令随时定义开发新线型。具体过程如下：

命令(Command)：-LINETYPE

? /Creat/Load/Set：C(回车)

Name of linetype to creat：(线型名)

此时，屏幕出现图 2-11 所示的"创建或附加线型文件"对话框。

图 2-11　创建或附加线型文件对话框

这时，用户有两种选择：一是在原有文件(如 ACAD. LIN)中增加新线型；二是建立新线型文件来定义新线型。现在分述如下。

• 在原有的线形文件中增加新线型

选择对话框中的某一文件名(如 ABC. LIN)，则屏幕提示如下信息：

Wait，checking if linetype already defined….

(稍候，正在检查是否线型已经定义过….)

这是 AutoCAD 提供的安全措施，其目的是防止用户定义的线型名与原有的线型名重复而覆盖原有线型。

如果发现用户输入的线型名已在所选的线型文件中，则显示线型文件中该线型的定义内容并提示：

Overwrite(Y/N)<N>?

（覆盖吗）

此时按空格或回车，则不覆盖原有的同名线型。系统会提示用户输入另外的线型名和线型文件名（如 ACAD. LIN）。若输入“Y”并回车，则系统将用新生成的线型覆盖原有的同名线型。接下来的操作步骤如下：

Descriptive text：（线型描述）

在此提示下，键入表示线型形式的下划线、空格和点的组合。

Enter pattern(on next line)：

（在下一行输入线型参数）

在此提示下，键入所定义线型的具体参数。

? /Creat/Load/Set：（回车）

到此，新线型即已加在原有线型文件中。若要继续增加新线型，则可输入“C”重复上述过程。否则回车，结束－LINETYPE 命令，回到“命令(Command)：”提示符下。

• 建立新线型文件

在图 2－11 所示对话框中的“文件名”一栏中输入新线型文件名并回车，则 AutoCAD 会生成一个扩展名为 . LIN 的线型文件，此时屏幕提示如下信息：

Descriptive text：（此处用户需键入线型描述）

Creat new file

Enter pattern(on next line)：

A，（此处用户应键入所定义线型的具体参数）

New definition written to file.

? /Creat/Load/Set：（回车）

到此，新线型即已定义在新的线型文件中。若要继续增加新线型，则可输入“C”重复上述过程。否则回车，结束－LINETYPE 命令，回到“命令(Command)：”提示符下。

• 直接编辑线型文件来生成新线型

用文本编辑程序生成新线型的方法简单，用户不必进入 AutoCAD 系统而是通过在已有线型文件中增加新的线型定义或修改原有线型定义来建立新的线型，用户也可以借助于建立新的线型文件来增加新线型。无论是编辑已有线型文件还是建立新的线型文件，都必须注意线型文件扩展名一定为“. LIN”。另外，在已有的线型文件中增加新线型时，还应该注意增加的新线型定义不能插在已有线型定义的两行内容之间。

线型文件编辑完成后存盘，利用命令“linetype”即可在 AutoCAD 中加载和使用。

在线型文件中，定义线型的长度单位是以绘图单位为单位的。用户在绘图时，由于使用的绘图单位可能不同，图幅大小也依需要而定，可能会造成线型与所绘图形的比例失调，这一问题可用 LTSCALE 命令来解决。具体设置过程如下：

命令(Command)：LTSCALE

New scale factor<默认比例系数>：（新比例系数）

如果输入的比例系数大于 1，则线型按比例放大，如果小于 1，则缩小。比例系数必须大于 0。

2.3 图案的开发

在许多绘图应用中，经常遇到需要在一定区域内填充某一图案，以起到区分一个区域的各组成部分及其构成材料等作用，这一过程称为“图案填充”。在 AutoCAD 系统内图案填充功能的实现是通过 HATCH 或 BHATCH 命令实现的。AutoCAD 提供有标准图案库文件 ACADISO. PAT 和 ACAD. PAT，前者一般用于绘制公制图形，后者用于绘制英制图形。AutoCAD 提供的所有标准图案均在这些文件中定义。

如果标准图案库文件中提供的图案仍满足不了用户的需要，就应对该图案库文件进行开发，即增加新的图案或修改原有的图案，用户也可以自己定义若干图案文件，文件名的扩展名为“. PAT”。每个图案文件可以存放一个或多个图案定义，可以用文字编辑器对已有图案文件中的图案定义进行编辑，也可以创建新的图案定义。

2.3.1 图案的定义

图案实际上是由线簇(line group)构成。线簇即是信息构成的阵列，用来填充一块区域，一个线簇由一行代码定义，就像线型定义一样。例如，正方形图案的定义中用了两个线簇，一个水平，一个竖直。每个线簇都按一定的规律复制，组合在一起，就形成了正方形图案，图 2-12 说明了这一组合过程。

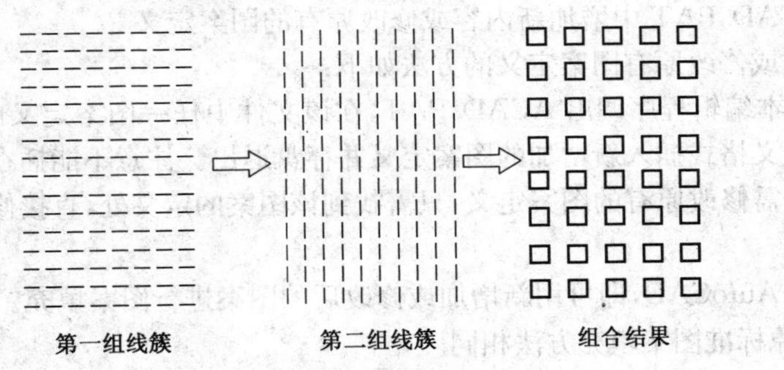

图 2-12 正方形图案的组合过程

在 AutoCAD 的图案库文件中，每一个图案定义由一个标题行和一个或多个定义行组成，其中每一个定义行定义了这个图案的一族平行线。

图案的定义格式如下：

*图案名[，图案描述说明]

定义第一簇平行线的参数

定义第二簇平行线的参数

……

在标题行格式中，“*”是标题行的标记，不能省略。标记后面紧跟着的是图案的名称，图案名称同线型名称一样，可以是字母、数字和符号的组合；方括号内是对该图案的进一步说明，可以省略。如果没有说明，则不需要分隔图案名称和说明部分的逗号。

定义行中，每一平行线簇的参数为一行，各参数之间用逗号分开。其定义格式如下：

Angle,X_origin,Y_origin,delta_x,delta_y[,dash_1,dash_2,…]

其含义如下：

• Angle 表示该组平行线与水平方向的夹角；

• X_origin 表示该组平行线起始点的 X 坐标；

• Y_origin 表示该组平行线起始点的 Y 坐标；

• delta_x 表示相邻的两条平行线沿线本身方向的位移量，当该组平行线每条线的起点平齐时，该值为 0；

• delta_y 表示相邻的两条平行线的距离；

• dash_n 是该组平行线中的图案线格式，与线型定义相似，该值大于零表示实线段，等于零表示一个点，小于零为空白段。

例 6 前述正方形图案的定义为：

```
*ZFX,Small aligned square
0,0,0,0,0.125,0.125,-0.125
90,0,0,0,0.125,0.125,-0.125
```

2.3.2 图案文件及图案库的创建

图案文件的定制与开发有两种方法，一种是在 AutoCAD 的标准图案库文件 ACAD.PAT 中增加新内容或修改原有的图案定义；另一种是建立用户自己的图案文件。

• 在 ACAD.PAT 中增加新内容或修改原有的图案定义

新增图案或修改原有图案定义的方法如下：

(1) 用文本编辑程序调出 ACAD.PAT，在该文件中任一图案定义的结束处，按上面所述的图案定义格式插入新增加的图案定义并存盘退出。注意不能插在原有的某一图案定义中间。若需修改原有的图案定义，只需找到该图案的定义处，直接修改其定义参数并存盘退出即可。

(2) 启动 AutoCAD，即可用新增加或修改后的图案进行图案填充。图案填充方法与 AutoCAD 中原标准图案填充方法相同。

• 建立用户图案文件

建立用户图案文件的方法如下：

(1) 用文本编辑程序输入用户自己的图案文件，其文件扩展名必须是“.PAT”，文件名任意，但不能是 ACAD。

需要注意的是：除标准图案文件 ACAD.PAT 外，一个 AutoCAD 用户图案文件中只允许定义一种图案，且图案名必须与图案文件名相同。如果用户要建立几个图案，就需分别建立几个图案文件。另外，用户图案文件必须存放在 ACAD.PAT 所在的目录下。

(2) 用户自定义图案的填充方法与 AutoCAD 中原有图案的填充方法完全相同。

例 7 定义图 2-13 所示的倒 U 形按行按列分布的图案（填充效果见图 2-14）。

图案定义及说明如下：

```
*DU,daoyouxing                      (图案名及图案描述说明)
90,0,0,0,0.75,0.25,-0.5             (左边竖线族定义)
0,0,0.25,0,0.75,0.25,-0.5           (上横边线族定义)
```

−90,0.25,0.25,0,0.75,0.25,−0.5(右边竖线族定义)

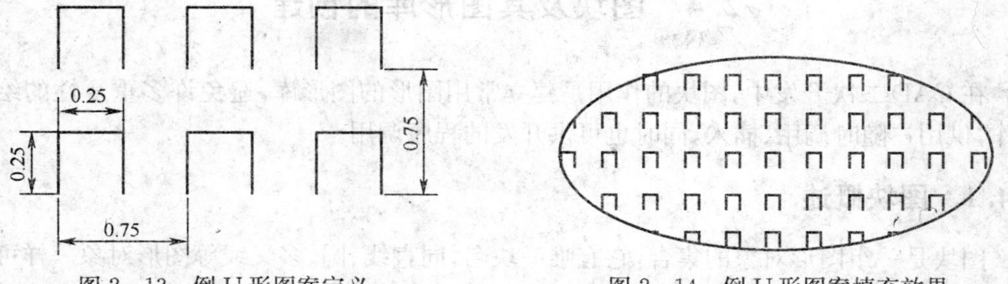

图 2-13　倒 U 形图案定义　　　　图 2-14　倒 U 形图案填充效果

例 8　定义一个六角星图案(图案组合见图 2-15),代码编制如下:

```
*LJX                                   (图案名,描述说明省略)
0,0,0,0,0.866,0.5,−0.5                 (水平线族定义)
60,0,0,0,0.866,0.5,−0.5                (60°斜线族定义)
120,0.25,0.433,0,0.866,0.5,−0.5        (120°斜线族定义)
```

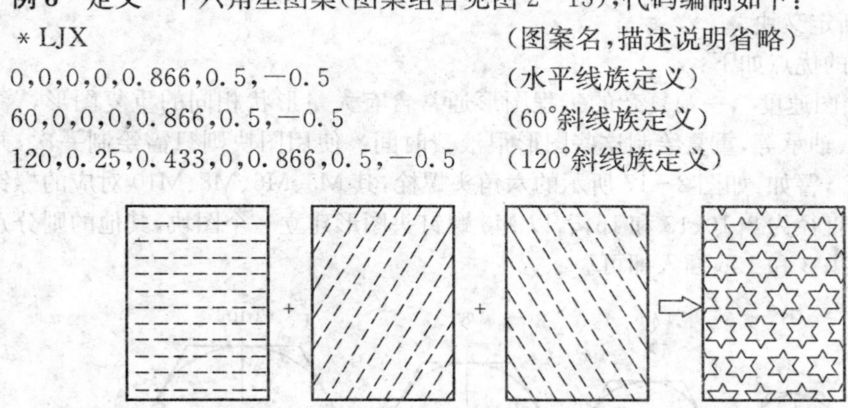

图 2-15　六角星图案的线族组合

说明:上述两个图案文件分别命名为 DU.PAT 和 LJX.PAT,并保存于 AutoCAD 当前目录下。在绘图环境中使用时通过键入(或单击)图案填充命令 HATCH 或 BHATCH,在弹出的图案填充对话框中(见图 2-16)选择类型为自定义,在自定义图案文本框键入图案名后回车,若图案定义正确,样例栏中将显示出填充的图样,完成其他操作,就可在封闭的图形区域填充所需的图案。

图 2-16　图案填充和渐变色对话框

2.4 图块及其图形库的创建

在 CAD 二次开发中，图块的作用是建立常用图形的图形库，避免许多重复性的绘图操作，供用户随时调用、插入，同时也可供开发的程序调用。

2.4.1 图块概述

图块是一组图形对象的集合，它有唯一块名，同直线、圆、多义线等图形对象一样可作为一个实体单元来处理。图块插入时，可指定不同的比例缩放系数和旋转角度；定义有属性的图块在插入时需填写不同的属性信息；用户还可以将图块分解为多个对象进行修改和编辑，并重新定义块。

创建图块的优点如下：

• 提高绘图速度 一幅复杂的工程图形通常含有大量形状相同的重复图形，譬如：螺钉、螺母、键、轴承等，重复绘制这些图形很浪费时间。使用图块则只需绘制一次，并可多次插入使用。譬如：如图 2-17 所示的六角头螺栓，其 M5、M6、M8、M10 对应的螺钉头六边形内接圆直径为 8、10、13 和 16，若以 M6 螺钉头图形建立一个图块，其他的则分别按缩放比例 0.8、1.3 和 1.6 插入即可。

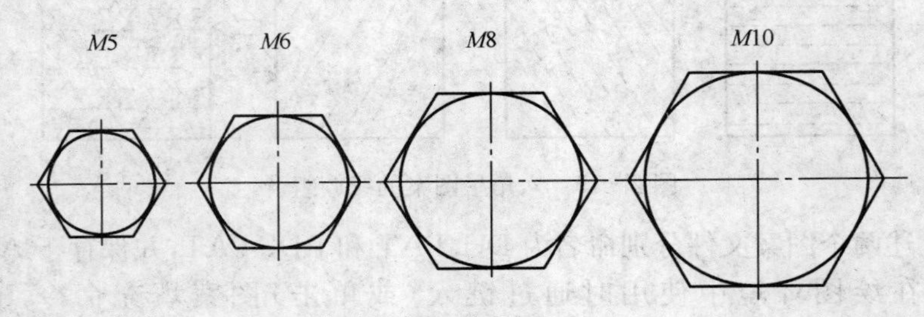

图 2-17 六角形螺钉头

• 建立图形库 每个工程设计领域都有一套相对固定的行业标准，对于符合行业标准的通用图形可利用图块建立图形库，其后可重复多次使用以及供参数化绘图设计程序调用，同时也可减少图形文件长度，节约存储空间。

• 便于修改图形 对于重复图形的修改，如果一个一个去改，将耗费很多时间和精力，也容易产生错误，甚至会造成图形修改的不一致性。修改图块并重新定义，图上大量同名图块便自动完成修改。

• 可为图块建立属性 属性分固定属性和变属性，固定属性使图块具有较高的可读性；变属性在图块插入时可输入不同的参数信息。

2.4.2 图块的创建

创建图块之前，应先绘制出组成图块的图形，然后根据是否需要建立属性，进行属性定义，最后采用命令(BLOCK)建立图块。

1. 属性定义

块的属性是附加在图块上的文本注释，属性定义就是将诸如名称、编号、材料等标记信息赋予给图块。在插入图块时,会出现提示输入各标记对应的属性文字或属性值,并标注在设定的位置上。

控制属性的基本命令有:属性定义、属性显示、属性编辑和属性提取。属性内容可以在属性定义时输入,也可以在块插入后显示、修改、提取属性信息。

属性定义过程如下:

- 激活属性定义

键入命令 attdef 或 ddattdef 或 att,弹出属性定义对话框(见图 2-18);

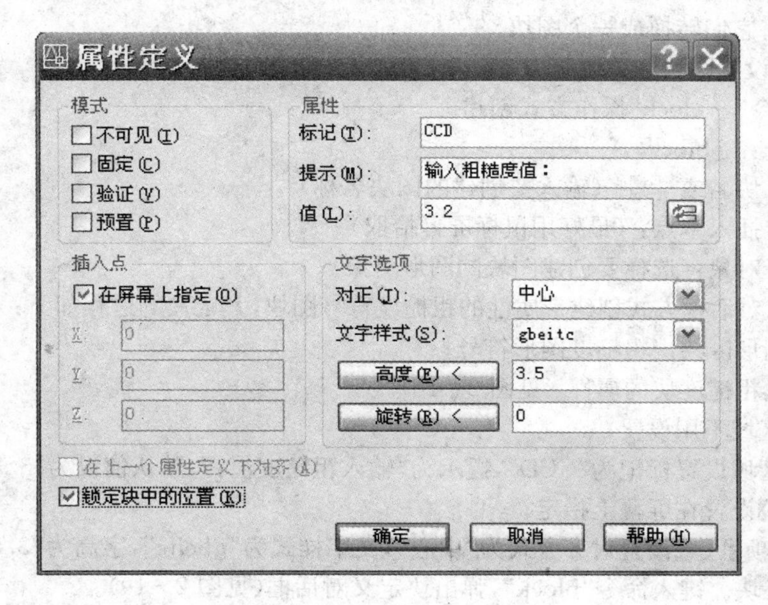

图 2-18　属性定义对话框

- 属性定义操作

完成对话框中各项信息设置,该对话框中各项的含义如下:

【模式】区域:确定属性的模式,有四种模式选择。

(1) 不可见(I)。选择该项,则不显示属性值,否则显示。

(2) 固定(C)。选择该项,则属性值为常量,否则为非常量。

(3) 验证(V)。选择该项,则插入图块时将验证属性值的正确性,并可更改属性。

(4) 预置(P)。选择该项,则插入图块时自动把定义的默认值作为属性值。

【属性】区域:确定属性标记、属性提示和属性值。

(1) 标记(T)。输入属性标记,标记长度小于 255。

(2) 提示(M)。输入提示文字,在插入图块时给出输入属性值的提示信息。

(3) 值(L)。输入默认的属性值。

【插入点】区域:屏幕上直接指定属性值插入的基点,也可在 X、Y、Z 文本框内输入。

【文字选项】区域:确定文字的对齐方式、文字样式、高度和旋转角度。

2. 创建图块

创建图块通常有两种方式:以对话框的形式创建和以命令“-block”操作方式创建。

- 以对话框方式创建图块

(1) 在命令行中直接键入 BLOCK(或 B)命令,弹出块定义对话框,参见图 2-19;

(2) 在【绘图】下拉菜单中选择"块(K)"→"创建(M)…",弹出块定义对话框;

(3) 在绘图工具栏中单击"创建块"工具按钮,弹出块定义对话框。

对话框中各选项的含义如下:

【名称(A)】:输入图块名称,或从当前块名中选择一个块名。

【基点】:指定块的插入基点,默认值为坐标原点。

【对象】:选择将定义为图块的对象,同时可以指定在块创建后所选对象是否可以保留、删除,或将它们转换成一个图块。

【设置】:设置图块的单位等。

• 以命令"-block"操作方式创建

(1) 命令:-block

(2) 输入块名或 [?]:(输入要创建的图块名称)

(3) 指定插入基点:(最好用鼠标屏幕拾取)

(4) 选择对象:(选择要创建图块的图形对象)

例 9 以对话框方式创建带属性的粗糙度符号图块,其定义的过程如下:

(1) 在图形区绘出粗糙度图形符号;

(2) 定义粗糙度块的属性(见图 2-18)。

【模式】区域不用设置;

【属性】区域设置标记为"CCD",提示为"输入粗糙度值:",默认值设为"3.2";

【插入点】设置在屏幕上指定;

【文字选项】区域设置对齐方式为"中心",文字样式为"gbeitc",字高为"3.5"。

(3) 定义块。键入命令"block",弹出块定义对话框(见图 2-19)。

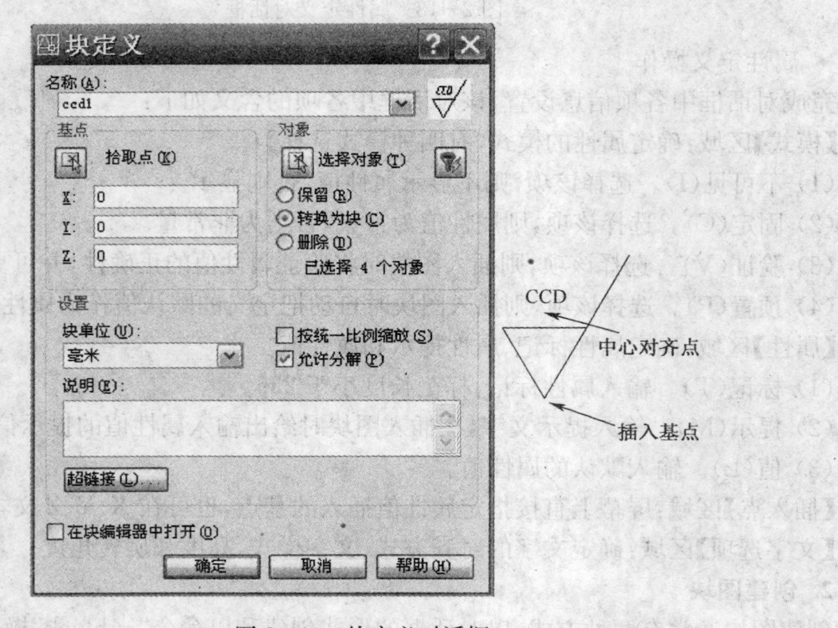

图 2-19 块定义对话框

键入粗糙度图块名称“ccd1”，在图形对象上拾取插入基点，选择图形对象，单击“确定”后即在系统中建立了该图块。

说明：由命令“block”创建的图块只是在当前图形系统中，一旦退出该图形系统，则所建立的图块将消失。因此，为了保存图块，可用写块命令“wblock”将其保存到外部文件中。

要建立图形库，可建立不同的文件夹，分类保存，以利于管理和调用。

2.4.3 图块的插入

插入图块通常也有两种方式：以对话框的形式插入和以命令“－insert”操作方式插入。

• 以对话框方式插入图块

(1) 在命令行中直接键入 insert(或 ddinsert)命令，弹出块插入对话框，参见图2－20；

(2) 在【插入】下拉菜单中选择“块(B)”，弹出块插入对话框；

(3) 在绘图工具栏中单击“插入块”工具按钮，弹出块插入对话框。

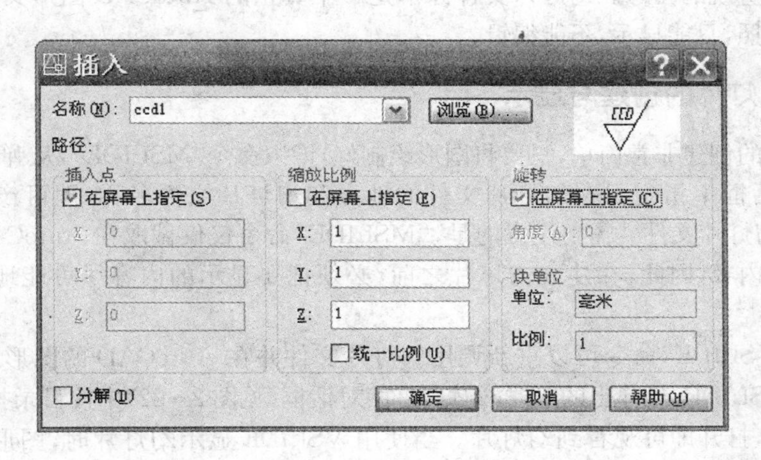

图 2－20 块插入对话框

对话框中各选项的含义如下：

【名称(A)】从当前块名中选择，也可单击“浏览”选择外部文件夹中的块。

【插入点】在标注图形上指定块的插入点，可选择在屏幕上指定。

【缩放比例】指定插入图块在 X、Y、Z 坐标方向的缩放比例，默认为不缩放。

【旋转】指定插入图块的旋转角度，也可选择在屏幕上指定。

• 以命令“－insert”操作方式插入

命令：－insert

输入块名或［?］：ccd1

单位：毫米　转换：1.0000

指定插入点或

［基点(B)/比例(S)/X/Y/Z/旋转(R)/预览比例(PS)/PX/PY/PZ/预览旋转(PR)］：(指定插入点)

输入 X 比例因子，指定对角点，或［角点(C)/XYZ］＜1＞：

输入 Y 比例因子或＜使用 X 比例因子＞：

指定旋转角度＜0＞：

输入属性值

输入粗糙度值：＜3.2＞：

图 2－21 所示为粗糙度图块多次调用的结果。

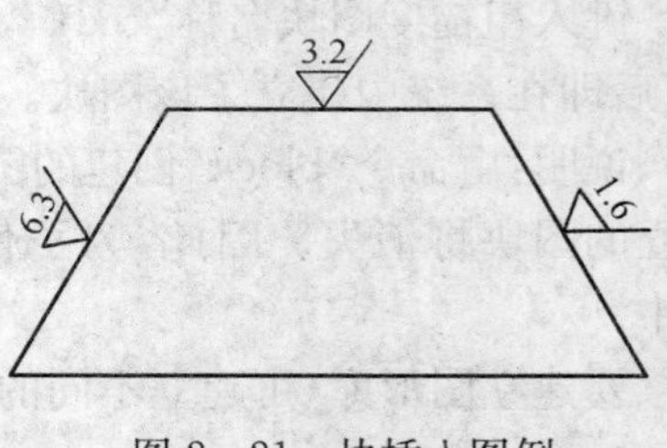

图 2－21　块插入图例

2.5　幻灯片及幻灯片库的创建

幻灯片是 AutoCAD 提供的一种快速显示视图的功能，它可将屏幕图形用像素的方式存放于外部文件中，从而生成一个称之为“幻灯片”的文件，其扩展名为“.SLD”。通过创建幻灯片文件，可制作产品图或相应的产品设计过程介绍，也可为对话框界面中的图形控件等提供直观的图像。幻灯片文件并不是一个真正的 AutoCAD 图形文件，它只是图形文件的快照，只能显示，不能编辑。

2.5.1　幻灯片的创建与显示

幻灯片的创建非常简单，只要将图形绘制好，键入命令“MSLIDE”，从弹出的“创建幻灯文件”对话框中指定保存幻灯片文件的地方和幻灯片文件名称，即可产生扩展名为“.SLD”的幻灯片文件。需要注意的是，“MSLIDE”命令仅仅截取在 AutoCAD 图形区域内能看到的内容，因此，在建立幻灯片之前，必须把要显示的内容尽可能地显示在整个屏幕。

利用“VSLIDE”命令可以重新调用幻灯片文件并在 AutoCAD 的图形区域中显示。键入命令 VSLIDE，从弹出的“选择幻灯文件”对话框(见图 2－22)中按目录找到所需的幻灯片文件名，打开即可观看到幻灯片。当使用 VSLIDE 显示幻灯片时，图形区原有的图形被临时覆盖，若要恢复当前图形，只需用命令 REDRAW 清除幻灯片即可。

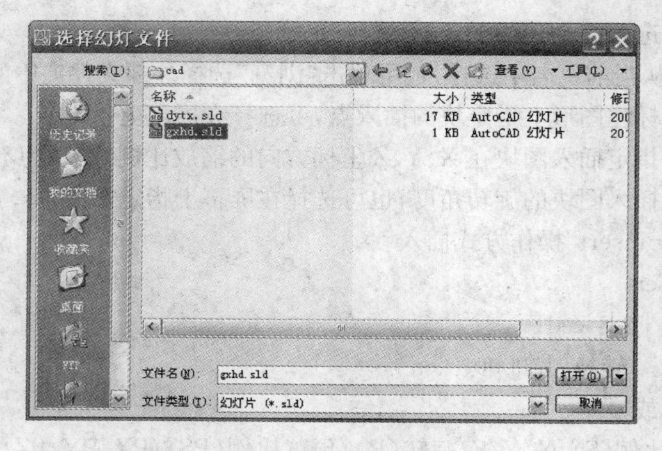

图 2－22　选择幻灯片文件对话框

可以使用 AutoCAD 生成的任一图像来生成幻灯片。为图像控件菜单或对话框准备幻灯片时，请谨记以下建议：

- 保持图像简单。如果要显示许多复杂符号，请使用简单、可识别的图像，而不要完全显示这些符号。
- 布满空间。在为图像制作幻灯片时，请确保在启动 MSLIDE 之前将图像布满屏幕。如果图像宽而短或者长而窄，则在制作幻灯片之前，可使用 ZOOM，E 命令使图像居中显示在屏幕上，这样会使图像控件菜单的视觉效果最佳。图像以 3：2 的宽高比（宽 3 个单位，高 2 个单位）显示。如果绘图区域的宽高比不是 3：2，则很难在图像控件菜单正中生成图像幻灯片。在宽高比为 3：2 的布局视图中，可以放置图像并确保其视觉效果与在图像控件菜单中实际显示一样。
- 记住图像的用途。请勿使用图像将抽象的概念编码为符号。图像控件主要用于选择图形符号。

2.5.2 幻灯片库的建立

幻灯片库可使用户把许多独立的幻灯片文件统一存储在一个大文件中，从而使它们的管理更为方便，使幻灯片显示的速度更快。建立幻灯片库也会大大减少目录中幻灯片文件的堆积，从而能更容易查找其他文件。幻灯片库的文件扩展名为“.SLB”。

用户可通过将 AutoCAD 的 SLIDELIB.EXE 文件（位于 AutoCAD 当前目录下）复制到 C:盘下来建立自己的幻灯片库，然后再将建立好的幻灯片库文件剪切到用户文件夹中。例如，假设已经在 C:盘当前目录下建立了三个幻灯片文件（若在其他目录下建立的需复制到 C:盘），分别为 HDP1、HDP2 和 HDP3，欲建立自己的幻灯片库 HDK.LIB，其方法如下：

(1) 命令(Command)：SH （在 AutoCAD 图形环境下键入命令“SH”回车）。

操作系统命令 Command：（直接回车，进入 DOS 操作窗口，并使 C:\为当前目录）

(2) C:\＞DIR *.SLD/B/ON＞HDK （键入要建立的幻灯片库文件名）。

此 DOS DIR 命令建立了按名字排序(/ON)的幻灯片空(/B)目录，且将它重引导到名为 HDK 的文本文件中。下一步，建立幻灯片库 HDK.SLB。

(3) C:\＞SLIDELIB HDK＜HDK （回车后会显示下面的提示：）

SLIDELIB 1.2 ＜6/4/2003＞

＜C＞ Copyright 1987—1989,1994－1996,2003 Autodesk,Inc.

ALL Rights Reserved

此时，幻灯片库 HDK 中就收集了三张幻灯片：HDP1、HDP2 和 HDP3。

(4) C:\AutoCAD2006＞TYPE HDK （回车将显示幻灯片库 HDK 中 .SLD 文件名的清单）

HDP1.SLD

HDP2.SLD

HDP3.SLD

返回到 WINDOWS 操作系统，查看 C:盘当前目录，可以看到产生了一个 HDK.SLBDE 的文件，为便于管理和操作方便，可将该文件复制到用户文件夹目录中（如复制到 D:/CAD 目录下)。

观看幻灯片库中某一幻灯片的方法仍然是使用 VSLIDE 命令，但需将系统变量 FILEDIA 设置为 0，然后输入 VSLIDE 命令，并在要求输入幻灯片名的地方按“幻灯片库名(库中幻灯片名)”的格式输入即可，如：HDK(HDP2)。

也可采用 Auto LISP 中的命令函数 COMMAND 调用，如：

命令：(command“VSLIDE” “D:/CAD/HDK(HDP2)”)

回车后就将显示出幻灯片库 HDK 中第二张幻灯片 HDP2。

若想连续观看幻灯片库的所有幻灯片，采用 Auto LISP 编程很容易实现，如编制如下程序：

```
(defunhdview (/ ch j)
(setq ch "Y" j 1)
(while (/= ch "No")
(initget "No Yes")
(setq hdnam (cond ((= j 1) "d:\\cad\\hdk(hdp1)")
                  ((= j 2)"d:\\cad\\hdk(hdp2)")
                  ((= j 3)"d:\\cad\\hdk(hdp3)")
));setq
(command "vslide" hdnam)
(setq ch (getkword "继续?(N/<Y>)"))        ;(键入“N”回车结束)
(if (= j3) (setq j 1) (setq j (1+ j)))
);while
(grclear)
(princ)
);end
```

加载后，在命令下键入“(hdview)”即可运行显示。程序代码的定义参见后面章节。

练 习 题

1. 如何创建形文件？试定义一个等腰梯形并调用。

2. 定义一个字符串复合线型，它由文字串“CAD”和线段组成。每个线段的长度为 0.75，文字串的高度为 0.1 个单位，文字串的终点和下一个线段之间的距离为 0.05。

3. 定义一个三角形的填充图案，该图案由一条垂直线、一条水平线和一条 45°的斜线组成。填充图案名称为“sjt”；三角形的垂直高度和水平长度均为 0.5，水平间距和垂直间距也为 0.5。

4. 创建表面粗糙度的符号图块，参数值以属性定义。

第3章 菜单及工具栏的开发

3.1 菜单及菜单文件

菜单是用户与AutoCAD进行人机对话的重要手段，也是二次开发的有力工具。建立用户化的菜单，对于用户的工作将起到事半功倍的作用。

除命令行外，用户对AutoCAD的主控界面——菜单（如下拉菜单、光标菜单、屏幕菜单、图像菜单、数字化仪和辅助菜单、工具栏菜单、键盘快捷分键和状态栏帮助功能等）都是通过菜单文件来定义的。菜单文件的作用是建立起外部设备（如屏幕和数字化仪等）的某些区域与AutoCAD命令、选择项或某一预定功能的一一对应关系。而这一对应关系的实现，是通过执行一系列由AutoCAD命令及选择项组成的短程序（或用户建立的应用程序）来完成的，每一个短程序（或用户建立的应用程序）对应一个菜单项。有了菜单文件，用户才能方便地在菜单上拾取命令或选择项。利用菜单文件还可以扩充AutoCAD的功能，提高自动设计的成分。菜单的开发是对AutoCAD进行二次开发强有力的工具和重要的组成部分。掌握菜单文件的类型、结构及开发技术，就可根据用户的专业特点及绘图要求，开发适合专业规范的用户菜单，从而大大丰富AutoCAD的功能。

当需要在通用基础上完成某一具体的应用任务时，菜单的开发特别有用。可通过在菜单中增加一个选项来提高绘图的效率。借助于这种方式，一项需多步才能完成的任务可通过定义一个菜单选项来方便地实现，亦可自动地进行复杂的操作。

AutoCAD包括了相当丰富的各类菜单（见图3-1），这些菜单的功能是由菜单文件

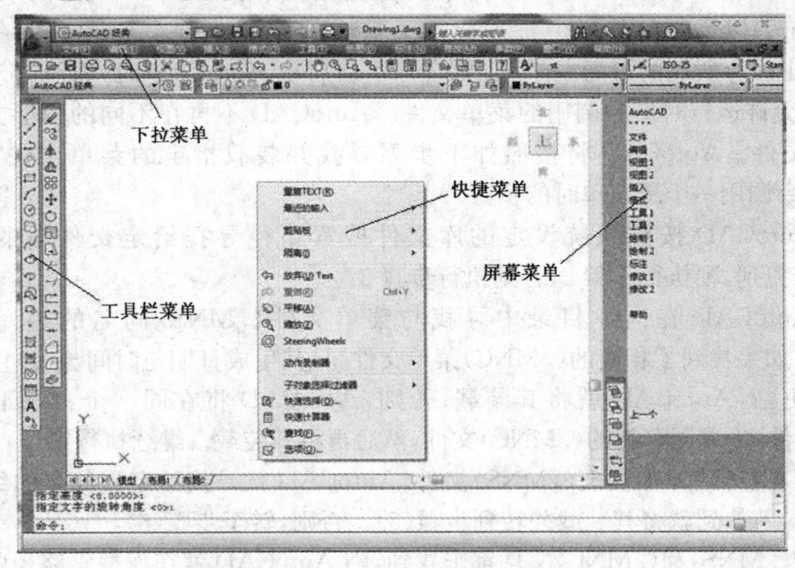

图3-1 AutoCAD的各类菜单

来定义的。用户可通过修改已有菜单文件或重建新的菜单文件来建立自己的菜单文件。借助于编辑菜单文件中的文本或菜单组,用户可定义菜单项的外在表现形式及其所处位置,并指定菜单项被选中时所执行的具体操作。

3.1.1 菜单文件的类型

菜单文件实际上是指一组协同定义和控制菜单区域的显示及操作的文件。表3-1描述了AutoCAD的菜单文件类型。

表3-1 菜单文件类型

菜单文件类型	类型说明
.CUI	用于定义大部分用户界面元素的XML文件。启动产品时将自动加载主CUI文件acad.cui,编译MNU也将产生相应的CUI文件
.MNU	ASCII文本文件。在Auto CAD2006之前的版本中,用于定义大多数用户界面元素。已在启动产品时自动加载了主MNU文件acad.mnu。在绘图任务中,可以根据需要加载或卸载局部MNU文件
.MNC	经编译的菜单文件,这种二进制文件包含有命令串及定义菜单显示与动作的菜单语法
.MNR	菜单资源文件,这种二进制文件包含有菜单所用的位映像,编译MNU文件自动产生
.MNS	菜单源文件(AutoCAD系统所生成)。ASCII码文本文件
.MNL	菜单LISP文件。这些文件含有菜单文件所用的Auto LISP表达式,当调用与其同名的菜单文件时,该文件同时被调入内存

在局部菜单的开发中,用户可直接编辑和操作的主要菜单文件是那些ASCII码格式的文本文件(如".MNU"和."MNS"等)。

3.1.2 菜单文件的调用过程

使用MENU命令可引导AutoCAD从磁盘文件中装载一个新菜单。使用MENULOAD和MENUUNLOAD命令来装载和卸载附加菜单——菜单组或局部菜单(menugroups)以及从菜单栏中添加或移去特定的下拉菜单。AutoCAD在系统登记(registry)中保存所用的最后一个菜单名;当重新启动AutoCAD时,系统自动装载上次AutoCAD允许运行时最后调用的菜单文件。AutoCAD不再在不同的图形文件间自动重调菜单文件。AutoCAD将按照如下步骤寻找并装载指定的菜单文件(这也是用MENU命令调用一个新菜单时的步骤):

(1) AutoCAD按照系统设定的库文件搜索路径寻找给定文件名的菜单文件(.CUI),若找到,则执行步骤2,否则执行步骤3。

(2) AutoCAD在同一目录中寻找与菜单文件(.MNS)同名的编译菜单文件(.MNC)。如果找到了相应的(.MNC)菜单文件,且其生成日期与时间与(.MNS)文件一样或较之更新,AutoCAD就将其装载;否则,AutoCAD将在同一个目录下重新编译(.MNS)文件,生成同名新的(.MNC)文件,然后再将其装载。继续执行第(4)步。

(3) 若在步骤(1)未发现(.MNS)文件,AutoCAD就寻找给定文件名的编译菜单文件(.MNC),若找到就将其装载并转到步骤(5)。否则,转至步骤(6)。

(4) 若(.MNS)和(.MNC)文件都未找到,则AutoCAD就在库搜索路径中寻找给定文件名的菜单样板文件(.MNU)。若找到该文件,则自动先将其编译为 MNC 文件和 MNS 文件,然后装载.MNC 文件,继续执行步骤(5);否则,转至步骤(6)。

(5) 一旦菜单文件被找到并装载(或编译后装载),AutoCAD 就在库搜索路径中寻找与菜单文件同名的菜单 Auto LISP 文件(.MNL)。若找到该文件,则对其内的 Auto LISP 表达式求值。

(6) 如果 AutoCAD 未找到任何指定文件名的菜单文件,就显示一出错信息并提示输入另一个菜单文件名。

每次 AutoCAD 编译一个.MNC 文件时,它都生成一个包含菜单所用位映像的菜单源文件(.MNR)。.MNS 文件是一个基本与.MNU 文件相同的 ASCII 码文件,所不同的是.MNS 文件中没有注释部分和便于阅读的编排格式。每次用户通过 AutoCAD 的用户界面接口修改了菜单文件的内容(例如修改了一个工具栏的内容)时,AutoCAD 都将修改.MNS 文件。

虽然工具栏的最初位置是在.MNU 和.MNS 文件中定义的,但对显示/隐藏(show/hide)、浮定/浮动(docked/floating)状态或工具栏位置的改变都记录在系统注册中。一个.MNS 文件生成后,它将被作为进一步生成.MNC 和.MNR 文件的源文件。如果用户在.MNS 文件生成之后修改了.MNU 文件,则必须用 MENU 命令来重调.MENU 文件以强迫 AutoCAD 再生成一个新的菜单文件,而使用户在.MNU 文件中最后改动生效。

注意:如果用户通过 AutoCAD 的用户界面修改了工具栏,那么在删除.MNS 文件之前,必须剪切并粘贴.MNS 文件中的工具栏修改部分到.MNU 文件中。

3.1.3 菜单文件的格式

菜单文件定义了菜单区的功能及特定区域相关的几个部分。按照其功能,每个菜单区域可由一个或多个部分来定义,每个部分都包含菜单项,当该菜单项被选中时,就执行定义结果行为的 AutoCAD 命令串及宏命令。

菜单文件由多个菜单区组成,菜单区的起始标记是"***菜单区名"。在各个菜单区的起始标记中,菜单区名必须是规定的类型。AutoCAD 的菜单区起始标记的格式和类型如下:

***MENUGROUP=	局部菜单组名
***BUTTONSn	按钮菜单区 n= 1~2
***AUXn	辅助菜单区 n=1~4
***POP0	光标菜单区
***POPn	第 n 个下拉菜单区 n=1~17
***IMAGE	图像控件菜单区
***SCREEN	屏幕菜单区
***TABLETn	第 n 个数字化仪菜单区 n=1~4
***ACCELERATORS	快捷键定义
***HELPSTRINGS	状态行帮助区

其中屏幕菜单区子菜单的起始标记是"**子菜单名 N",N 是指该子菜单从屏幕上

第 N 行起显示，当 N＝1 时可省略不写。子菜单名可任意指定，但各个子菜单名不能相同。

图像控件菜单区子菜单的起始标记是“＊＊子菜单名”。同样，子菜单名可任意指定，但各个子菜单名不能相同。

3.1.4 菜单项的定义

菜单项有以下几种表示：

1. [菜单项名]命令串

这种方法所表示的菜单项在执行时括号内的菜单项名显示在屏幕上相应的区域内(方括号本身不显示，见图 3-2 窗口菜单区中的菜单项)，而方括号后的命令串如果是 AutoCAD 的命令或关键字，则送入命令提示行；如果是子菜单调用命令，则调用相应的子菜单；如果是 Auto LISP 或 ARX 语句，则执行该语句。

例如：[A0 幅面]^c^crectangle 0,0 1189,841 rectangle 25,10 1179,831，方括号中“A0 幅面”为菜单项名，方括号后面就是调用该菜单项要执行的命令串。

2. [字符串]

在这种情况下，方括号中的字符串往往作为菜单区的标题项使用，如【窗口(W)】。

3. [～——]或[——]

这是菜单项之间的分隔符。前者在屏幕上显示为一变暗的分隔横线，后者则不变暗。

4. [—>子菜单名]和[<—菜单项名]命令串

前者是调用下拉或光标子菜单的菜单项(如：【工作空间】)，后者则是子菜单节的最后一个菜单项(如：【自定义…】)，方括号内容将显示在屏幕上，命令串的作用同前所述。

5. [幻灯片库名(幻灯片名，文字)]命令串

这是图像块菜单节中菜单项的完整表示形式。实际应用时方括号中各部分不一定全有，但有幻灯片库名时必须有幻灯片名且圆括号不能省，圆括号内只一项时不要逗号。其他情况下不要圆括号。如：

[d:a1, A1 型]^C^C_Insert d:ka1 \;;;　　表示 a1 为 D 盘目录下的一张幻灯片，ka1 为 D 盘中定义的图块。

[d:hplib(p1,P1 型)]^C^C(command “vslide” “d:hplib(p1)”)　　表示 hplib 为 D 盘目录下的一个幻灯片库文件，p1 是该幻灯片库中的一张幻灯片，“P1 型”则是显示在列表框里的文字。

图像块菜单显示时，文字或幻灯片显示在列表框中(文字优先)，有库名时幻灯片作为一个图像块显示(见图 3-3)，无库名时幻灯片显示在对话框的相应空格中。当只给出文字时，若文字的首字符是空格，则只显示文字不显示图像块；若文字为“blank”，则在列表框显示一空行并在相应的图像块的位置上显示一个空图像块。

方括号后命令串的作用同上所述，单击某一图像后确定，则执行相应的命令。

3.1.5 菜单调用命令和特殊字符

1. 菜单调用命令

菜单调用命令以“$”打头。调用不同类型的菜单，“$”后跟的字符不同。如：

$S=子菜单名　　　　调用屏幕菜单中的子菜单

$I=子菜单名 $=＊　调用图像块菜单中的子菜单并激活之(显示图像块内容)

$S=空格　　　　　　屏幕子菜单返回其上一级菜单

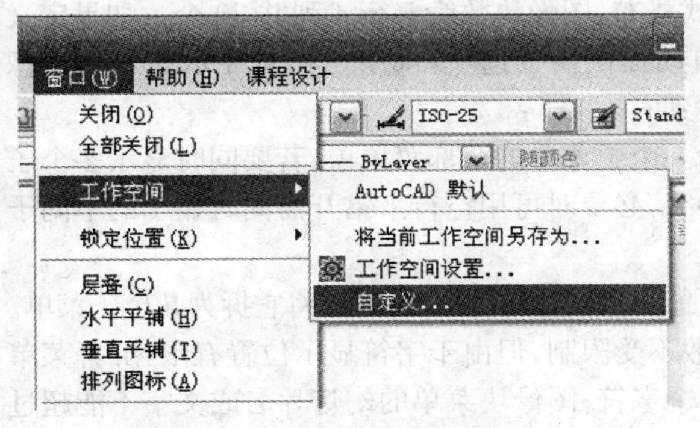

图 3-2　窗口菜单区中的菜单项

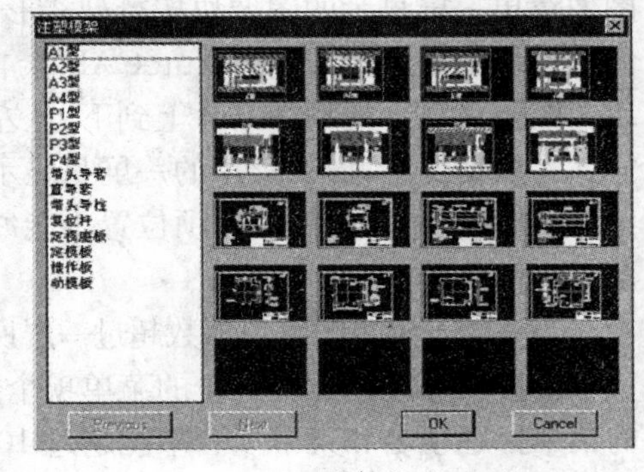

图 3-3　图像块菜单显示

2. 特殊字符

菜单文件中还经常出现一些特殊字符,其所用符号及作用见表 3-2。

表 3-2　菜单文件中的一些特殊字符

字　符	功 能 说 明
***	菜单区标签
**	子菜单区标签
[ ]	标记菜单项名称
--	下拉或光标菜单中各段之间的分隔标记
+	续行符号　　如:[A1 图幅]^c^cpline 0,0 841,0 + 841,5940,594 c
;	发出一个回车　　如:[符号]^c^cInsert fh /;;;
^M	发出一个回车
^I	发出一个<Tab>
\	暂停,等待用户输入　如:[绘圆]^c^c_Circle \\
空格	通常等价于回车,在行末无意义
_	下划线,将随后的字符转换为标准的 AutoCAD 命令和关键字
->	用于说明下拉或图像块菜单有子菜单
<-	用于说明下拉或图像块菜单是子菜单的最后一个菜单项,并终止父菜单

一般情况下,AutoCAD 在菜单项末自动加一空格,但当菜单项末是反斜杠、加号或分号时不加空格。

屏幕菜单区和子菜单节的起始标记一般均各占一行。菜单项一行写不完时,可在行末加一续行符号之后,再在下一行续写。

3.1.6　菜单项定义举例

菜单项在菜单文件中的位置直接影响该菜单项在屏幕上显示的位置。在屏幕菜单中，每一子菜单节中的菜单项在屏幕上显示时，根据其子菜单节起始标记“ * * 子菜单节名 N”所指定的 N，从屏幕上第 N 行起按菜单项的先后顺序依次显示。每一菜单项名在屏幕上显示一行。屏幕菜单一屏最多只能显示 26 行；下拉菜单一屏最多只能显示 20 行；图像菜单一屏显示的图像块按行列式形式排布，图像块数为 5 行 4 列共 20 个。如果定义的图像块个数超过 20 个，AutoCAD 会自动提供换页选项，供用户换页显示更多的图像块。图像块显示的顺序是从上到下、从左到右。

一般情况下，屏幕菜单的一屏只显示一个子菜单的全部菜单项，若要同时显示多个子菜单，则这些子菜单的菜单项位置不能冲突，必要时可用空行来错开需同时显示的不同子菜单中的菜单项。

当一个子菜单的菜单项数超过一屏所能显示的菜单项数时，需要将它拆为几个子菜单。

屏幕菜单和图像块菜单的菜单项个数不受限制，但由于字符显示位置有限，屏幕菜单的菜单标题项名和菜单项名不能超过 10 个字符；图像块菜单的幻灯片名或文字不能超过 17 个字符。

快捷菜单和每个下拉菜单的菜单项个数最多分别为 499 和 999。

AutoCAD 最多允许有 16 个下拉菜单(POP1～POP16)，但由于一般屏幕的全宽度上只能显示 80 个字符，所以平均每个下拉菜单的标题长度最大为 80 除以个数。如果下拉菜单的标题项长度全部取为允许的最大长度，则显示出的全部标题会连在一起不易区分。AutoCAD 同时规定标题项最多为 14 个字符。

下面以下拉菜单和图像菜单为例来说明菜单调用、菜单项的定义格式与菜单显示位置的关系。

• 定义下拉菜单

```
***POP12                                  ;定义下拉菜单区
[用户菜单]                                ;下拉菜单区标题
[--]                                      ;分隔线
[绘图环境]^c^c(if (not hjsz) (load "d:/sab/hjsz")) (hjsz)
[--]
[->弹簧片]                          ;点击该菜单项进入子菜单
[JS-120]^c^c(if (not js_012) (load "d:/sab/js_012")) (js_012 0)
[<-JSS-96]^c^c(if (not jss_014) (load "d:/sab/jss_014")) + (jss_014 0)
[->离合板]
[JS-120]^c^c(if (not js_013) (load "d:/sab/js_013")) (js_013 0)
[<-JSS-96]^c^c(if (not jss_013) (load "d:/sab/jss_013")) + (jss_013 0)
[->联轴体]
[JS-120]^c^c(if (not js_011) (load "d:/sab/js_011")) (js_011 0)
[<-JSS-96]^c^c(if (not jss_011) (load "d:/sab/jss_011")) + (jss_011 0)
[缓冲垫]^c^c(if (not hcd) (load "d:/sab/hcd")) (hcd 0)
[~--]
[->衔  铁]
[JS-120]^c^c(command "insert" "d:/sab/jszp" "0,0" "" "" 0)
[JSS-96]^c^c(command "insert" "d:/sab/jsszp" "0,0" "" "" 0)
[JS自行装配]^c^c(if (not jszp) (load "d:/sab/jszpz")) (jszp)
```

```
[<-JSS自行装配]^c^c(if (not jsszp) (load "d:/sab/jsszpz")) + (jsszp)
[~--]
[->图纸幅面]
[A0幅面]^c^crectangle 0,0 1189,841 rectangle 25,10 1179,831
[A1幅面]^c^crectangle 0,0 841,594 rectangle 25,10 831,584
[A2幅面]^c^crectangle 0,0 594,420 rectangle 25,10 584,410
[A3幅面]^c^crectangle 0,0 420,297 rectangle 25,10 410,287
[A4幅面]^c^crectangle 0,0 297,210 rectangle 25,5 287,205
[<-A5幅面]^c^crectangle 0,0 210,147 rectangle 25,5 200,142
[~--]
[标题栏]^C^C(command "insert" "d:/sab/btl" pause "" "" pause)
[--]
```

• 定义图像菜单

```
***IMAGE                        ;定义图像菜单区
**MJ                            ;定义图像菜单区中的子菜单
[注塑模架]                       ;图像菜单区标题
[d:/cad/hdlib(a1,A1型)]^c^c(command "vslide" + "d:/cad/hdlib(a1)")
[d:/cad/hplib(P1,P1型)]^c^c(command "vslide" + "d:/cad/hplib(p1)")
[d:/cad/lhdlib(at15,导套)]^c^c(command "vslide" + "d:/cad/lhdlib(at15)")
```

说明:图像菜单通常是通过下拉菜单或其他菜单调用。如在前面下拉菜单后加入菜单项:[注塑模架]$I=MJ $I=*,当用鼠标点击该项,则弹出图像菜单(见图3-3)。

3.2 菜单开发的一般方法

菜单文件的开发通常有两种方法:一种是将自己用.MNU文件建立的菜单作为局部菜单加入到AutoCAD原有的基础菜单中,这种方法简单实用,既可省去自建菜单中对定点设备菜单及数字化仪菜单的定义,又直接利用了基础菜单中的所有功能;第二种就是使用"自定义用户界面"对话框来定义用户菜单,在该对话框中可将命令拖到菜单或工具栏中,也可以单击鼠标右键来添加、删除或修改用户界面元素。"自定义用户界面"对话框将显示元素特性和选项列表,用户可以从此列表中进行选择。这可以防止造成语法错误或拼写错误,这些错误在手动向MNU或MNS文件中输入文字时容易发生。

3.2.1 利用局部菜单来建立用户菜单

基础菜单是指AutoCAD启动时自动调用的ACAD.CUI菜单。而局部菜单则是指在图形编辑状态下使用MENULOAD命令插入进基础菜单中的一个菜单。局部菜单可以有一个或多个,亦可没有局部菜单。用户可以随心所欲地将存放在不同目录下的多个自定义菜单文件通过局部菜单添加到基础菜单中去。

1. 利用MNU文件创建局部菜单组

利用MNU文件,用户可以根据不同的项目建立一些不同的菜单,这样,在为特定的项目装载菜单时就有了很大的灵活性。局部菜单的格式如下:

```
* * * MENUGROUP=菜单组名
* * * POPn
[局部菜单标题]
...
```

在菜单文件的开始，加入了一行局部菜单区的标签，并且为菜单文件指定了一个菜单组名，其后即为菜单中各菜单项的定义。

例如：定义如下的局部菜单，并保存文件为 USER. MNU.

```
* * * menugroup = mymenu
* * * POP12
[用户菜单]
[--]
[画  圆]^C^C_Circle
[粗糙度]^C^C_Insert d:/cad/ccd1 \;;;
[清屏幕]^C^C(if (not cls) (load "d:/cad/cls")) cls;
[->绘制平键]
[圆头平键]^C^C(if (not aj) (load "d:/cad/aj")) (aj)
[半圆头键]^C^C(if (not bj) (load "d:/cad/bj")) (bj)
[方型平键]^C^C(if (not cj) (load "d:/cad/cj")) (cj)
[键槽轴面]^C^C(if (not jcz) (load "d:/cad/jcz")) (jcz 1)
[<-键槽孔]^C^C(if (not jcz) (load "d:/cad/jcz")) (jcz 0)
```

注意：一个菜单文件中只能定义一个菜单组，并且菜单组名不能为 ACAD 和 COSTOM，否则加载后将覆盖原来的基础菜单。

2. 局部菜单的加载

局部菜单的加载按下述格式从命令行输入：

命令(Command)：MENULOAD(局部菜单装入)

该命令将激活"加载/卸载自定义设置"对话框，并在"已加载的自定义组："栏中显示出当前的菜单组装入情况(见图 3-4)。此时只有 ACAD 和 COSTOM(即标准菜单文件)两项。

单击"浏览"，在弹出的"选择自定义文件"对话框中选择局部菜单(如：USER. MNU)载入，这样用户定义的局部菜单就添加到基础菜单中了(见图 3-5)。

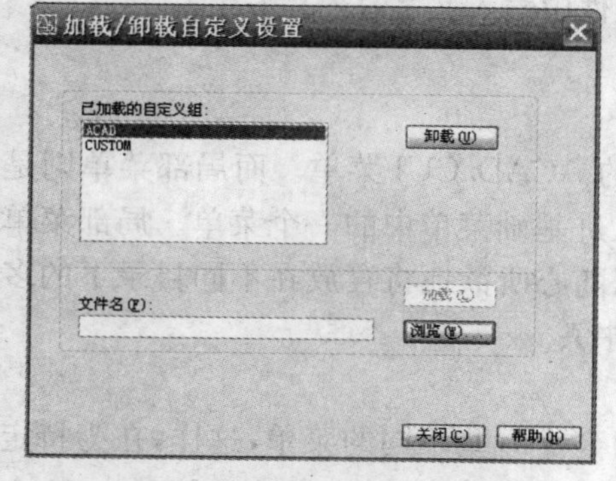

图 3-4　局部菜单加载/卸载对话框

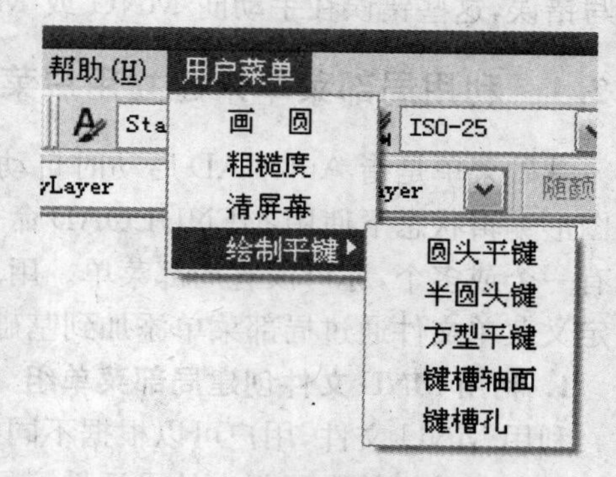

图 3-5　添加的局部菜单

3.2.2　使用“自定义用户界面”对话框来定义用户菜单

AutoCAD 2006 版以后的“自定义用户界面”对话框用于管理自定义的用户界面元素。使用此对话框可以将 MNU 或 MNS 文件中的所有数据都传递到基于 XML 的 CUI 文件中，创建用户所需的下拉菜单、工具栏和图像控件菜单等。

创建下拉菜单步骤如下：

(1) 单击【工具】菜单→【自定义】→“界面”，弹出“自定义用户界面”对话框，如图 3-6 所示。

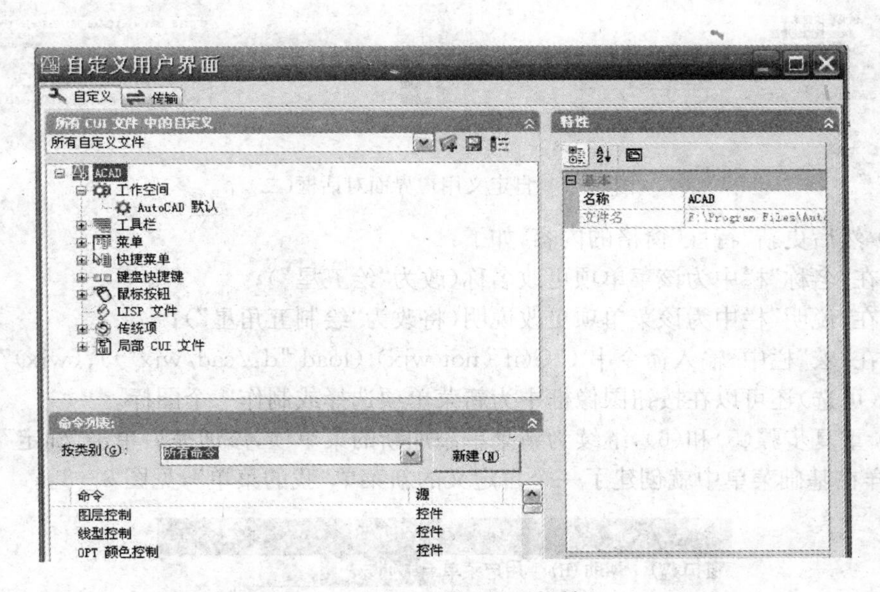

图 3-6　自定义用户界面对话框(一)

(2) 在“自定义用户界面”对话框“自定义”选项卡的“所有自定义文件”下窗格中的“菜单”上单击鼠标右键，然后单击“新建”→“菜单”。展开的“菜单”树底部将出现一个新菜单(名为“菜单 1”)。

(3) 在“菜单 1”上单击鼠标右键，直接输入新的菜单名覆盖“菜单 1”，或单击“重命名”，输入新的菜单名(如“我的菜单”)。

(4) 选择新菜单，在右边特性框中填写该菜单的信息：

① 填写菜单名称，如：“我的菜单”；

② 填写菜单说明，如：“简单应用实例”；

③ 查看或编辑别名，系统将基于已经加载的菜单数量，自动为新菜单指定别名和元素 ID 号。如别名显示为 POP12，ID 为 PMU_0001，POP12 表明已加载了 11 个菜单，ID 号位 0001 表明这是系统中添加的第一个用户下拉菜单。

(5) 展开新菜单树，在“命令列表”窗格中，将所列出的命令一个个拖到新菜单下面的位置，以形成新的菜单组合。如果要定义一个新的用户菜单项，而列出的命令中没有所需的(如五角星)，这时就要单击命令列表框中的【新建】，如图 3-7 所示。

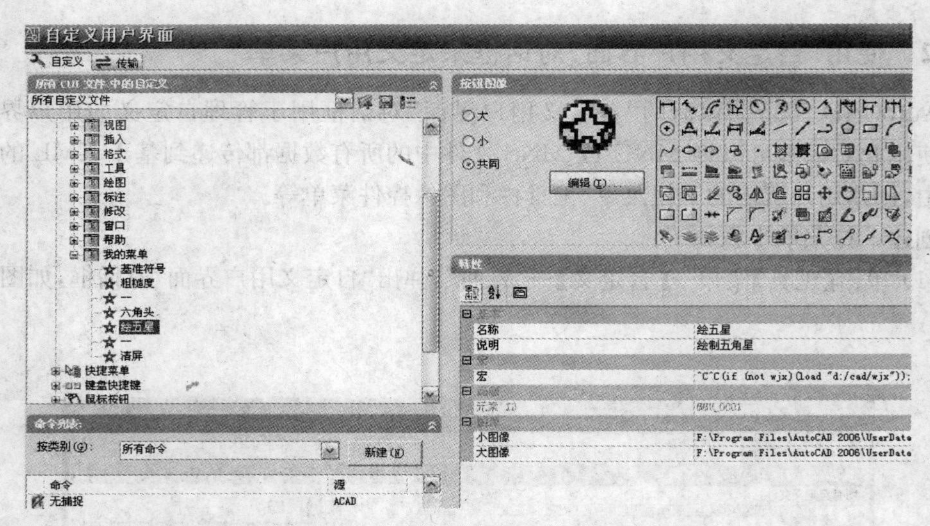

图 3-7　自定义用户界面对话框(二)

(6) 然后更新“特性”窗格的内容，如下：

① 在“名称”栏中为该菜单项更改名称(改为“绘五星”)；

② 在“说明”栏中为该菜单项更改说明(将改为“绘制五角星”)；

③ 在“宏”栏中，输入命令串^C^C(if (not wjx) (load "d:/cad/wjx"));(wjx)”；

④ (可选)还可以在按钮图像框中为新菜单项选择或制作一个图标。

(7) 重复步骤(5)和(6)，继续为新菜单添加新的菜单项，添加完后单击“确定”退出。这样在基础菜单中就创建了一个自定义的新菜单“我的菜单”，见图 3-8。

图 3-8　自定义的下拉菜单

3.3　工具栏的创建

一些最简单的工具栏自定义设置就可以使日常绘图任务更高效。例如，可以将常用按钮合并到一个工具栏中、删除或隐藏从未使用的工具栏按钮或者更改某些简单的工具栏特性，还可以指定当光标经过按钮时所显示的信息。

用户可以向工具栏添加按钮、删除不常用的按钮以及重新排列按钮和工具栏，还可以创建自己的工具栏和弹出式工具栏，并创建或更改与工具栏命令相关联的按钮图像。

注意：创建工具栏时，应确定要在其中显示该工具栏的工作空间。默认情况下，新工具栏将会显示在所有工作空间中。

弹出式工具栏是嵌套在工具栏上的单个按钮中的一组按钮。弹出按钮的右下角有一个黑色三角形。要创建弹出式工具栏，可以从头开始创建，也可以将现有工具栏拖到另一个工具栏中。

创建新的工具栏或弹出式工具栏时，首先要做的是为其指定名称。新工具栏没有指定给它的命令或按钮。如果不向其中添加至少一个按钮，程序将会忽略该工具栏。可以从现有工具栏或者从“自定义用户界面”对话框的“命令列表”窗格上列出的命令将命令拖到新工具栏，并向新工具栏中添加按钮。

3.3.1 创建工具栏的步骤

(1) 单击【工具】菜单→“自定义”→“界面”，弹出“自定义用户界面”对话框。

(2) 在“自定义用户界面”对话框“自定义”选项卡的“＜文件名＞中的自定义设置”窗格中，在“工具栏”上单击鼠标右键，单击“新建”→“工具栏”。

“工具栏”树的底部将会出现一个新工具栏(名为“工具栏 1”)。

(3) 执行以下操作之一：

① 输入新名称覆盖“工具栏 1”文字，如输入“用户工具栏”。

② 在“工具栏 1”上单击鼠标右键，单击“重命名”，输入新的工具栏名称。

(4) 在树状图中选择该新工具栏，然后更新“特性”窗格(见图 3-9)：

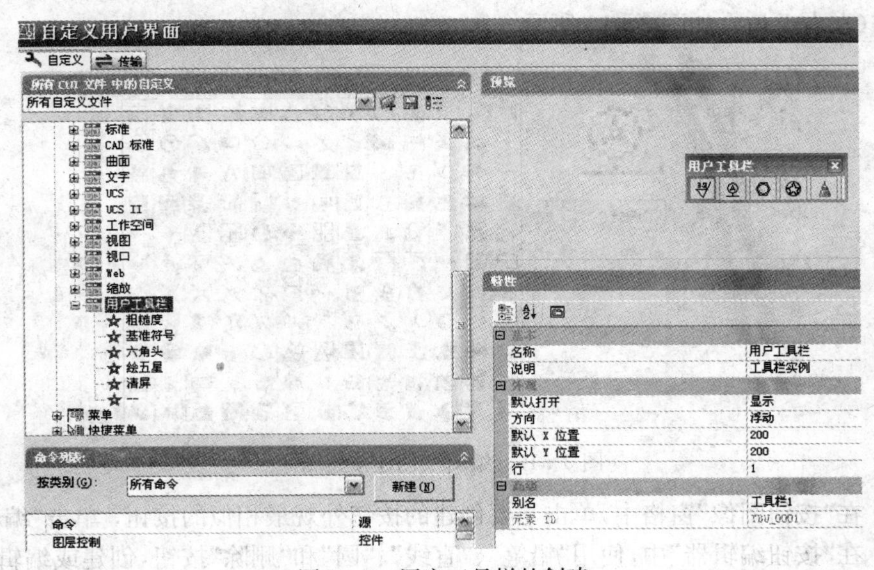

图 3-9 用户工具栏的创建

① 在“说明”框中为该工具栏输入说明，如“工具栏实例”。

② 在“默认打开”框中，单击“隐藏”或“显示”。如果选择“显示”，此工具栏将会显示在所有工作空间中。

③ 在“方向”框中，单击“浮动”、“上”、“下”、“左”或“右”。

④ 在“默认 X 位置”框中输入一个数字。

⑤ 在“默认 Y 位置”框中输入一个数字。

⑥ 在“行”框中输入浮动工具栏的行数。

⑦ 在“别名”框中输入工具栏的别名。

(5) 在“命令列表”窗格中，将要添加的命令依次拖到“＜文件名＞ 中的自定义设置”窗格中该工具栏名称下面的位置。若要新建命令，方法同前下拉菜单的创建。也可直接将前面用户下拉菜单定义的命令 “清屏”、“六角头”、“五角星”等（前已定义，在命令列表中）拖入用户工具栏，从而创建一个用户自己的工具栏。

(6) 向新工具栏添加完命令后，单击“确定”或继续进行自定义。

创建工具栏之后，可以添加 Autodesk 提供的按钮，也可以编辑或创建按钮。Autodesk 为用于启动命令的按钮提供了标准按钮图像。用户可以创建自定义按钮图像以运行自定义宏。可以修改现有的按钮图像，也可以创建自己的按钮图像。按钮图像将被保存为 BMP 文件。BMP 文件必须与其引用的 CUI 文件保存在同一文件夹中。可以使用用户定义的位图来代替按钮和弹出式命令中的小图像和大图像资源名称。小图像应为 16×16 像素，大图像应为 32×32 像素，与这些尺寸不匹配的图像会被按比例缩放到适合的尺寸。

3.3.2 编辑或创建按钮图像的步骤

(1) 单击“工具”菜单→“自定义”→“界面”。

(2) 在“自定义用户界面”对话框的“命令列表”窗格中，单击任一命令以显示“按钮图像”窗格（在右上角），如图 3-10 所示。

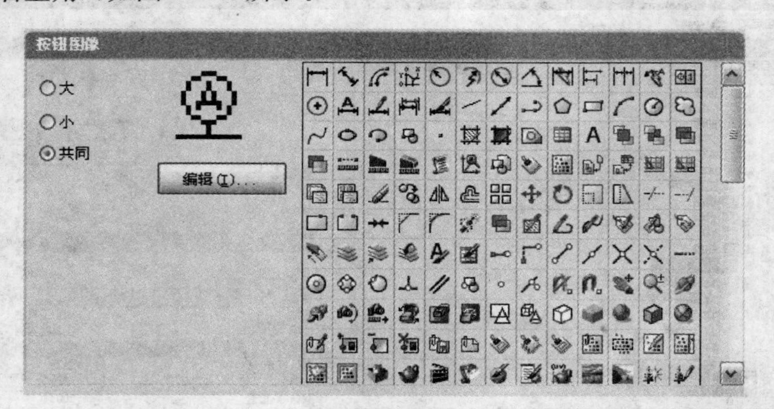

图 3-10 编辑或创建按钮图像

(3) 在“按钮图像”窗格中，单击与要创建的按钮外观最相似的按钮，单击“编辑”。

(4) 在“按钮编辑器”中，使用“铅笔”、“直线”、“圆”和“删除”按钮，创建或编辑按钮图像。要使用颜色，请从调色板中选择颜色，或单击“其他”以打开“选择颜色”对话框的“真彩色”选项卡。

① “铅笔”按钮。以选定的颜色每次编辑一个像素。拖动定点设备，可以同时编辑多个像素。

② “直线”按钮。以选定的颜色创建直线。单击并按住鼠标左键以设置直线的第一个端点，拖动以绘制直线。释放鼠标键，完成直线的绘制。

③ “圆”按钮。以选定的颜色创建圆。单击并按住鼠标左键以设置圆的圆心，拖动以

设置半径。释放鼠标键，完成圆的绘制。

④“删除”按钮。将像素设置为白色。

(5) 要将自定义的按钮保存为 BMP 文件，请单击“保存”。使用“另存为”可以用其他名称保存该按钮。将新的按钮图像保存到 AutoCAD 系统目录 SUPPORT 文件夹下。

注意：只能以 BMP(*.bmp、*.rle 或 *.dib)格式保存按钮。

3.4 创建图像控件菜单

图像控件菜单用于提供可以选择的图像(而不是文字)。用户可以创建、编辑或添加图像控件和图像控件幻灯片。

图像控件对话框以 20 个为一组显示图像，同时在左侧显示滚动列表框，用以显示相关联的幻灯片文件名或相关文字。如果图像控件对话框包含的幻灯片超过 20 个，多出的幻灯片将会被添加到新的一页。激活“下一个”和“上一个”按钮，以便可以浏览图像页面。

以下是“三维对象”图像控件对话框的样例，其中选定了“上半球面”图像控件幻灯片，如图 3-11 所示。

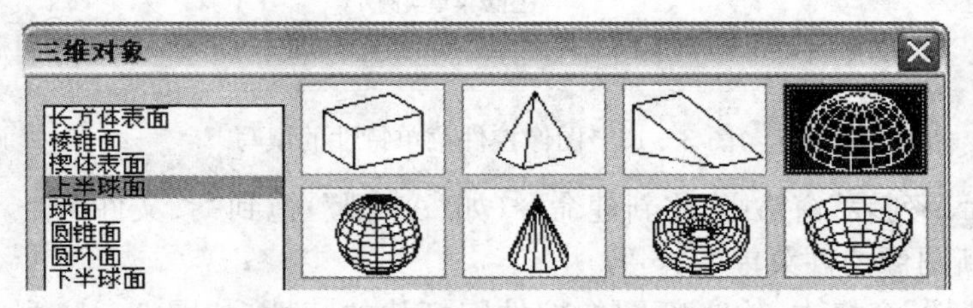

图 3-11 三维对象图像控件菜单

可以使用“自定义用户界面”对话框来定义图像控件菜单。以下是“上半球面”图像控件的“特性”窗格显示样例(见图 3-12)。

特性

基本	
名称	上半球面
说明	创建上半球面多边形网格
宏	
宏	^C^C_ai_dome
高级	
元素 ID	ID_Ai_dome
幻灯片	
幻灯片库	acad
幻灯片标签	Dome

图 3-12 特性显示样例

3.4.1 创建图像控件菜单并指定图像控件幻灯片的步骤

(1) 单击【工具】菜单→“自定义”→“界面”。

(2) 在“自定义用户界面”对话框的“自定义”选项卡的“＜文件名＞ 中的自定义设置”窗格中，单击“传统项”旁边的加号（+）以展开列表。

(3) 在“传统”列表中，在“图像平铺菜单”上单击鼠标右键，单击“新建图像平铺菜单”。“图像平铺菜单”树底部将会出现一个新的图像控件菜单(名为“图像平铺菜单 1”)。

(4) 执行以下操作之一：

① 输入新名称覆盖“图像平铺菜单 1”文字，如“注塑模架”。

② 在“图像平铺菜单 1”上单击鼠标右键，单击“重命名”，然后，输入新的图像控件名称。

(5) 在树状图中选择该新图像菜单，然后更新“特性”窗格(见图 3-13)：

① 在“说明”框中输入说明，如“图像菜单实例”。

② 在“别名”框中输入图像菜单的别名，即图像子菜单名(如“MJ”)。

图 3-13　图像控件菜单特性的填写

(6) 在“命令列表”窗格中，将新建命令(如“A1 型”)拖到“＜文件名＞ 中的自定义设置”窗格中的新图像控件菜单中。

(7) 在“特性”窗格中，输入新图像控件幻灯片的特性，如图 3-14 所示。其中名称“A1 型”将显示在图像菜单文字框内，“宏”框中选中为该图像将执行的命令串，“幻灯片库”框中为图像菜单中显示的幻灯片。

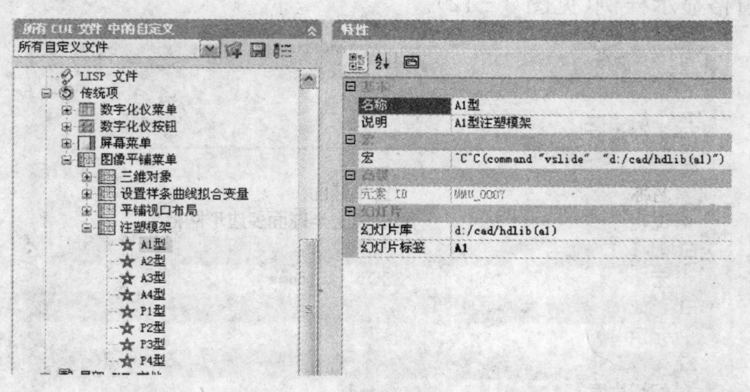

图 3-14　图像控件菜单命令特性的填写

(8) 重复步骤(6)、(7)，依次添加所需的各个命令，完成后，单击“确定”。

3.4.2　激活图像控件菜单

如前所述，图像控件菜单是由其他菜单通过别名来激活的。如前面定义的“我的菜单”中，再添加一个菜单项“注塑模架”，命令串设为“^C^C $I=MJ $I= *”，如图 3-15所示。

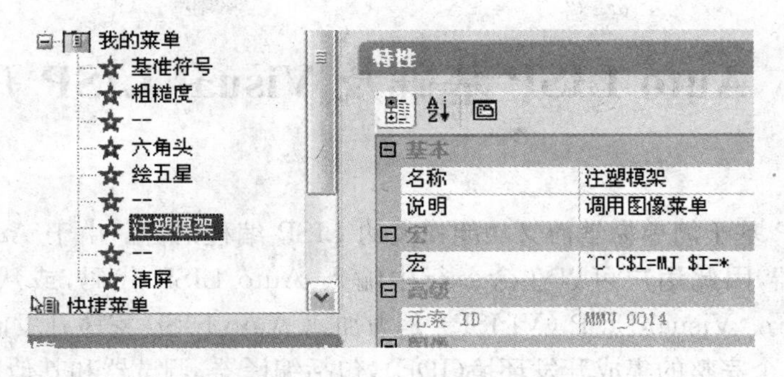

图 3-15　添加激活图像控件的菜单项

调用图像控件菜单时，直接在“我的菜单“中的单击菜单项[注塑模架]（见图 3-16），则可弹出如图 3-17 所示的图像菜单。左边列显示出各个图像的名称，右边则为定义的图像控件。选择其中一个图像（或者选择名称），单击“确定”后，将执行“宏”框中设定的命令串。

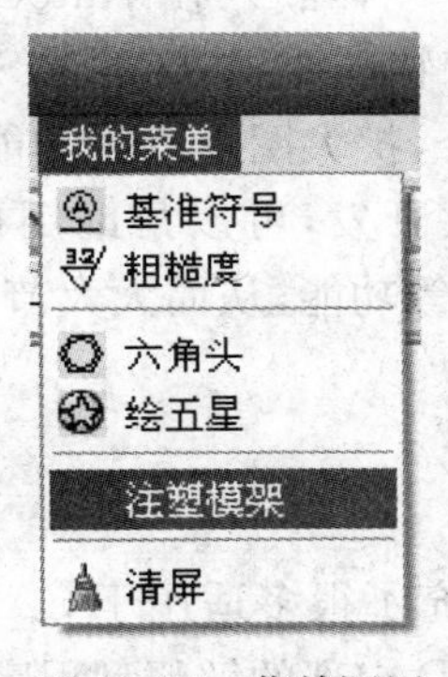

图 3-16　菜单调用

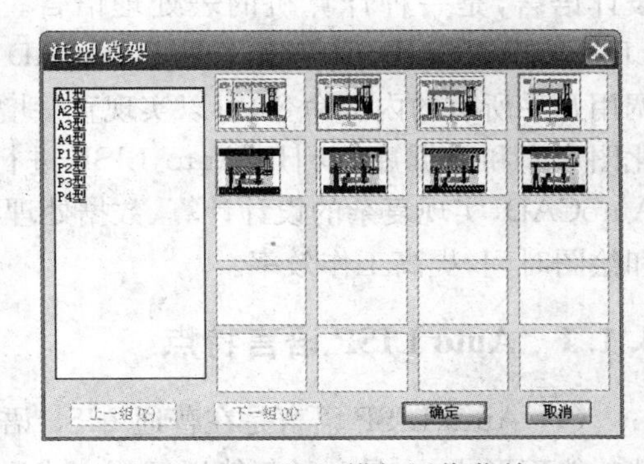

图 3-17　注塑模架图像菜单

练　习　题

1. 如何加载和卸载自定义的菜单？

2. 使用“局部菜单”的方式来定义一个用户菜单，菜单名为“插入图块”，以插入用户定义的三个图块（粗糙度、基准符号和标题栏图块）。

3. 使用“自定义用户界面”对话框来定义用户菜单，以调用绘图命令绘制正三角形、等腰梯形和六边形。

4. 创建一个具有三个按钮的工具栏，可分别绘制正方形、半圆形和椭圆形。

第 4 章　Auto LISP 基础及 Visual LISP 开发环境

Auto LISP 基于简单易学而又功能强大的 LISP 编程语言。由于 AutoCAD 具有内置 LISP 解释器，因此用户可以在命令行中输入 Auto LISP 代码，或从外部文件加载 Auto LISP 代码。Visual LISP（VLISP）是为加速 Auto LISP 程序开发而设计的软件工具，它提供了一个完整的集成开发环境（IDE），包括编译器、调试器和其他工具。

4.1　Auto LISP 语言基础知识

LISP 语言（Iist Processing Language）是人工智能学科领域中广泛采用的一种程序设计语言，是一种计算机的表处理语言。Auto LISP 是一种嵌入在 AutoCAD 内部的 LISP 编程语言，是 LISP 语言和 AutoCAD 有机结合的产物。使用 Auto LISP 可以直接调用几乎所有的内部命令，可以实现直接增加和修改命令，扩大图形编辑功能，建立参数化图形库和数据库。利用 Auto LISP 进行 CAD 的二次开发，可以帮助用户充分利用 AutoCAD，实现复杂的设计计算、数据处理和参数化绘图等功能，从而大大节省设计计算和绘图时间，提高工作效率。

4.1.1　Auto LISP 语言特点

（1）Auto LISP 语言是在普通 LISP 语言基础上，扩充了很多适用于 CAD 应用的特殊功能而形成的，是一种仅能以解释方式运行于 AutoCAD 内部的解释型程序设计语言。

（2）Auto LISP 语言中的所有成分都是以函数形式给出的，它没有语句概念和其他语法结构。执行 Auto LISP 程序就是执行一些函数和调用其他函数。

（3）Auto LISP 把数据和程序统一表达为表结构，即 S—表达式，故可以把程序当作数据来处理，也可把数据当作程序来执行。

（4）Auto LISP 语言中的程序运行过程就是对函数的求值过程，是在对函数的求值过程中实现函数的功能。

（5）Auto LISP 语言的主要控制结构是采用递归方式。递归方式的使用使得程序设计变得简单易懂。

4.1.2　Auto LISP 程序结构形式

首先，列举 Auto LISP 程序的两个简单样例来说明其程序结构形式：

1. 用于计算 a 和 b 平方和的平方根的程序

```
;*****************************************
;** 这个程序计算 a 和 b 平方和的平方根        **
```

```
;** 用法:交互输入两个实型数 a ,b 的值             **
;** 该程序计算并输出结果在屏幕上。               **
;*************************************
(defun sqtab ()                          ;定义了一个没有参数的函数
(setq a (getreal"\n 输入 a= :"))          ;等待输入 a 的值
(setq b (getreal"\n 输入 b= :"))          ;等待输入 b 的值
(setq c (sqrt (+ (* a a) (* b b))))      ;计算 a、b 平方和的平方根
(princ"\n 计算结果 c=") (princ c)         ;输出计算值
(princ)
);end
```

程序运行如下:

```
        命令:(sqtab)
              输入 a= :6
              输入 b= :8
        计算结果 c= 10.0
```

2. 绘制等腰梯形的程序

```
(defun dytx (sd xd gd)        ;定义一个上边、下边和高为变参的函数
  (setq  bp (getpoint "\nEnter base point:"))  ;键入图形基点
  (command "ucs" "o" bp)                    ;设定基点为坐标原点
  (setq p1 (list (* 0.5 (- xd sd)) gd)
    p2 (polar p1 0 sd)
    p3 (list xd 0))                  ;计算其他三个角点坐标
  (command "pline" "0,0" p1 p2 p3 "c")          ;绘出等腰梯形
  (command "ucs" "w")                           ;返回世界坐标
  );end
```

程序运行如下:

命令:(dytx 10 15 8)　　(这里梯形的上边、下边和高必须代入实参)

Enter base point:(在图形区键入基点后,将产生一个梯形,如图 4-1 所示。)

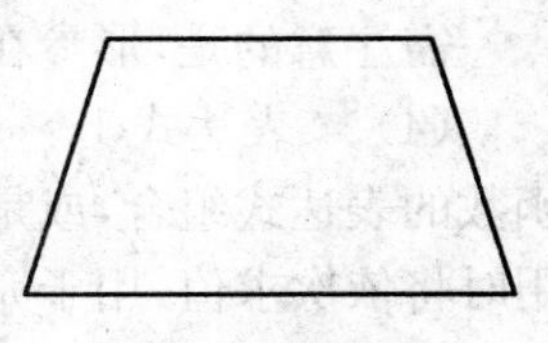

图 4-1　绘出图形

从以上两个简单程序可见,程序组成具有如下结构特点:

(1) Auto LISP 中的所有功能都是以表的形式调用内部函数或用户自定义函数来实现的。

函数的调用形式为:

(函数名 参数 1 参数 2… 参数 n)

括号里的每项之间须用空格分隔,空格多少不限,但括号必须左右配对;参数可以是常量、变量、字符串,也可以是其他函数或表达式。

(2)完整的 Auto LISP 程序是由一系列按顺序排列的表达式组成的,最里面的表先被求值。一个表可分成多行书写,一行也可以书写多个表。

(3) 在 Auto LISP 程序中,采用了前缀表示法,即把运算符放在操作数之前,并把运算符与操作数用圆括号括起来,以表的形式表示。如 X=(A+B) * C 为中缀表示法,用 Auto LISP 前缀表示法则为:(setq X (* (+ A B) C))。

例如：(setq x 0.25)，(＋ 3.4 6.2)，(/ 4 5.7)　(sin (＊ 0.5 pi))…

其中 setq、＋、sin 为运算符(即内部函数)。

(4) 表的首元素必须是函数名，若为数值，则在左括号前加上单引号，如：'(24 35)

(5) 除字符串中的字母外，符号中的大小写字母是等效的。

(6) 程序可以添加注释，注释以一个分号"；"开始，该行分号后的字符均为注释。注释不影响程序的运行速度，适当的注释会提高程序的可读性。

与其他语言程序不同，Auto LISP 程序通常都是以函数的形式出现的，通过所定义函数的组合和调用来完成特定的任务。Auto LISP 程序编制和二次开发，其实就是定义各种功能函数，并将这些函数组合成一个完整的模块，以实现所需的功能。

用户自定义函数的结构形式如下：

```
(defun <函数名> (<参数表>)
    <表达式 1>
    <表达式 2>
    ………
    <表达式 n>
    );end
```

说明：

(1) Defun 是 Auto LISP 的一个特殊函数，由它定义的函数是构成程序的主体，在程序中定义的函数可以用函数名来调用。

(2) ＜函数名＞必须为除内部函数名外的符号，如字母加数字或其他符号的组合，在程序调入内存产生了一个函数定义之后，＜函数名＞将被放到原子表 ATOMLIST 中。

(3) ＜参数表＞有如下几种格式：

```
• (<形参 1> <形参 2> …  /  <局部变量 1> <局部变量 2> …)
• (<形参 1> <形参 2> …)                        ;仅有形参
• (/  <局部变量 1> <局部变量 2> …)             ;仅有局部变量
• ()                                    ;即不带任何参数的空表
```

需注意的是，形参在函数调用时必须用实参取代，"/"前后须有空格。

(4) ＜表达式 1＞ ＜表达式 2＞… ＜表达式 n＞ 是任意的表达式，它们可以是内部函数的表达式组合，或是所定义函数的调用。这些表达式是函数的定义体，它们在函数调用时将依次求值，用于完成所需的功能。

4.1.3 Auto LISP 的求值过程

在程序设计语言中，通常有三种基本类型：

(1) 解释型语言——如 BASIC 语言，逐行解释、执行，运行速度很慢。

(2) 编译型语言——如 C 语言、FORTRAN 语言等，编译后再执行，即把程序的源代码编译成可执行文件(EXE 或 COM 文件)，运行速度很快。但要修改程序，必须修改源代码后再重新编译，这是其不方便的地方。

(3) 求值型语言——如 Auto LISP 语言，逐行读入、计算并返回求值结果。运行速度介于解释型和编译型之间，但检查程序错误和修改都比较方便。

Auto LISP 语言是求值型语言，其核心就是求值器。求值器读入每行程序，对它进行计算，并返回求值结果。其求值过程如下：

(1) 整型数、实型数、字符串、文件指针、系统内部函数 T 和 nil，以其本身作为求值结果；

(2) 符号原子以其约束值作为求值结果；

(3) 表是根据它的第一个元素的类型来进行求值的，有以下两种情况：

① 如果表中第一个元素的求值结果为内部函数名，则表中的剩余元素将作为该函数的参数传送给函数，执行并返回其函数值；

② 如果表的第一个元素的求值结果为一个表，则该表被假定为用户定义的函数，且对表中剩余的参数进行求值，再把求值的结果作为函数的实参进行求值。

例如：第一个元素为内部函数"＋"，执行结果如下：

命令：(＋ 4 8 3 1)　返回：16

第一个元素为自定义函数：(defun addx5 (x) (＋ x 5))

命令：(addx5 8)　返回：13

(4) 如果标准表是多层嵌套的，其求值结果总是从最里层的表开始，并依次向外层求值，最后返回顶层表的结果。

(5) 若求值器读入的既不是数字、字符串、文件指针、系统内部函数、符号原子，也不是一个有效的函数调用的表，则求值器将给出相应的出错提示。例如：command：(satq a 15)　　返回：错误：空函数。

(6) 按下 Ctrl＋C 组合键(或 Esc 键)，将中断 Auto LISP 的求值。

4.1.4 Auto LISP 数据类型

Auto LISP 支持的数据类型有十余种，如：整型数、实型数、字符串、符号、表、文件描述符、AutoCAD 实体名、AutoCAD 选择集、内部函数、外部函数和 VLA 对象。下面介绍其中主要的 8 种。

1. 整型数

整型数是由 0、1、2、3、…、9 和"＋"、"－"字符组成，不含小数点，不容许出现其他字符，对于正整数，"＋"可以省略。如：12、－36、＋458 等。

Auto LISP 的整型数是 32 位带符号的数，其取值范围在 －2147483648 到＋2147483647之间。虽然 Auto LISP 在其内部使用 32 位整数，但在 Auto LISP 与 AutoCAD之间传递的整数却被限制为 16 位，其取值范围在－32768 到＋32767 之间。

2. 实型数

实型数又称浮点数或实数，是带有小数点的数。在－1 和＋1 之间的实数必须以零开始，前导零不能省略。实数以双精度浮点格式保存，可以提供至少 14 位有效位数的精度。尽管在 AutoCAD 命令行中只能显示 8 位有效数字，但可以采用科学计数法来表示更多的数。科学计数法的格式为数字后加 e 或 E，e 后面接数的指数。如：0.0000056 用科学计数法表示为 5.56e－6。

3. 字符串

字符串由双引号括起来的字符序列组成，双引号是字符串的定界符。字符串中字母的大小写和空格字符都是有意义的。

字符串中字符的个数(不包括定界符)称为字符串的长度。字符串的最大长度为132个字符,若超过132个字符,则后面的字符无效。如果字符中没有任何字符,则称为空串,其长度为0。

字符串中可以包含ASCII码中任一个字符,通用的形式为"\nnn",其中nnn为字符的八进制ASCII码。如字符串"5AB7"也可表示为"\065\101\102\067"。由于字符串中反斜杠已作为标识字符,在字符串中有特殊作用,所以如果字符串中必须包含斜杠,则必须用两个相邻的反斜杠来表示,如"\\"。对于双引号,由于已用作定界符,所以在字符串中需要包含它时,则可用"\042"来表示。另外,Auto LISP还提供了特定的控制字符的简单表示形式:

\e 表示 ESC(等价于\033)

\n 表示换行 LF(等价于\012)

\r 表示回车 CR(等价于\015)

\t 表示制表 HT(等价于\011)

必须注意,其中的字符e、n、r和t均应小写。

例如:执行表达式(princ "\nAutoCAD 二次开发")时,将换行输出字符串"AutoCAD 二次开发"。

4. 符号

在Auto LISP中,符号通常作为函数名或变量符号,它是除了"("、")"、"."、"'"、";"和双引号6个字符以外的任何可打印字符,符号字符的大小写均等效,但不允许使用数字作为符号的首字符。

符号的长度不限,所有的字符都有意义,但尽量不要使用超过6个字符的符号名。如果一个符号名的长度超过6个字符,那么符号就不能用节点来存储,而是在节点中会有一个指向另一个包含实际符号名的内存指针。这要占用大量的额外内存,且符号名越长,代码的执行速度越慢。同时,符号名太长会使程序的可读性差,不易于理解。

在Auto LISP中,有一些特殊的符号,已规定作为Auto LISP的内部变量,见表4-1。

一个符号可以是全局变量,也可以是局部变量。变量中是否有约束值(将一个值赋给符号),可通过在命令下键入一个感叹号"!"来查看,"!"后紧接要查看的符号。如:

Setq是一个赋值函数,通过执行表达式(Setq X 25),25就赋给了变量X。

查看符号X的当前约束值的方法如下:

Command:! X

返回:25

注意:程序中定义的符号名称不能与系统定义的函数和特殊符号名相同,否则后面的定义将取代已有的定义,从而引起混乱。

表4-1 特殊符号

Auto LISP的内部变量		Auto LISP的内部变量	
pi	3.14159	T	逻辑变量真
NIL	逻辑变量假	PAUSE	函数中等待用户输入

5. 表

表在Auto LISP中广泛使用,表提供了在一个符号中存储大量相关数值的有效方

法。如:(cos phai)

(setq a (+ (\ d 2.4)))

表有标准表和引用表两种基本类型。标准表括号中首元素必须是合法的已存在的Auto LISP 的函数;引用表是在左括号前加一撇号,如:'(x y)、'(3 2 7),表示对此表不做求值处理,而是供其他函数引用。

表的大小用其长度来表示,长度是指表中顶层元素的个数。例如:

(setq y (+ a b c)) 表的长度为 3

(setq x 5 y 16 z(* x y)) 表的长度为 7

有一种特属数据类型的表叫点对表,其结构类型为 (A . B)。点对表支持嵌套,如:((A . (C . D)) (E . F))。点对常用于构造联结表,一般用于数据查询。

6. 文件描述符

文件描述符是 Auto LISP 赋予被打开文件的标识号。当打开一个文件时,系统将给该文件赋一个符识号,在以后要访问该文件时(读或写该文件),可以利用该文件描述符对指定的文件进行操作。如:

(setq fl (open "my. dat" "w"))

其返回值"#<file "my. dat">"就是 Auto LISP 赋予被打开文件的标识号。

7. 实体名

实体名是赋予绘图中图形实体的唯一标识号,实际上是一个指向由 AutoCAD 图形编辑维护文件的指针,通过这个指针 Auto LISP 可以找到该实体的数据库记录和矢量,从而可以被 Auto LISP 函数引用或处理。例如:在图形区用"circle"绘出了一个圆形实体,紧接着执行下面表达式:

命令:(setq enl (entlast))

返回:<图元名:7ef5ef98>

其返回值就是赋予圆形实体的标识号,并且通过赋值函数赋给了变量 en1。

若要通过 Auto LISP 函数删除这个圆(也可其他操作),执行以下表达式即可:

命令:(command "erase" en1 "")

8. 选择集

选择集是一个或多个实体的集合,类似于 AutoCAD 中的实体选择过程。如:

(setq sscir (ssget "X" '((0 ."CIRCLE"))))

将返回一个由当前图形库中所有圆构成的选择集,点对表中圆点"."左边为组代码,"0"表示实体类型,右边字符串"CIRCLE"为实体类型名。若执行以下表达式:

命令:(command "erase" sscir "")

则图形中绘出的所有圆都将被删除。

4.2 Auto LISP 程序文件的加载及运行

Auto LISP 表达式可在 AutoCAD 命令提示符下输入运行,但每次只能输入一行表达式,且不能保存修改。因此,用户在任何文本编辑器上编制的 Auto LISP 应用程序都应存储在扩展名为 . lsp 的 ASCII 文本文件中。一个". LSP"文件中可以包含用户定义的多个自定义函数(一般没有限制)。文件开头通常有一个标题部分,用于说明程序及其用法,以及其他特别说明。注释以分号(;)开始。可以用文本编辑器或能生成ASCII文本文件的字处理器来查看和编辑这些文件。

4.2.1 Auto LISP 程序的装入

Auto LISP 应用程序必须先加载后才能使用。可以用 Auto LISP 中的 load 函数来加载应用程序。加载 Auto LISP 应用程序会将 Auto LISP 代码从 LSP 文件加载到系统内存中。用 load 函数加载应用程序需要在命令提示下输入 Auto LISP 代码。如果 load 函数执行成功,则在命令行中显示文件中最后一个表达式的值。该值通常是文件中定义的最后一个函数的名称,或关于新加载的函数的用法说明。如果 load 函数执行失败,则返回一条 Auto LISP 错误信息。load 失败的原因可能是文件的编码错误或是在命令行中输入了错误的文件名。load 函数的语法格式为:

Command:(load"文件名""参数")

(1) 不带参数的装载(假设文件名为 myfile. lsp)

Command:(load"d:/cad/myfile")

或 Command:(load "d:\\cad\\myfile")

(2) 带参数的装载

Command:(load"d:/cad/myfile" "loading fail")

此语法表示加载函数具有两个参数:"文件名"(必需)和"参数"(可选)。在命令行中加载 Auto LISP 文件时,通常只需提供"文件名"参数。

. lsp 扩展名不是必需的。此格式对位于当前库路径中的任何 LSP 文件都有效。要加载不在库路径中的 Auto LISP 文件,必须提供完整的路径和文件名作为"文件名"参数。

load 失败时,通常将返回一个标准出错信息;如果带有参数,则将返回参数变元的字符串值。load 函数与其他内部函数一样,可以在程序中任意地调用其他 *. lsp 文件。

注意:指定目录路径时,必须用一个斜杠(/)或两个反斜杠(\\)作为分隔符,因为单个反斜杠在 Auto LISP 中具有特殊意义。

二次开发的应用程序通常是通过用户菜单管理和调用,执行程序通过 load 函数加载。如要加载 D 盘下 CAD 文件夹中的 wjx. lsp 文件,可执行:

(load"d:/cad/wjx")

通常的加载方法可采用在 AutoCAD 环境下,单击下拉菜单【工具】→"Auto LISP"→"加载应用程序",或者进入 Visual LISP 编辑器中,调入程序,单击【工具】栏中"加载编辑器中的文字"(见图 4-2)。

4.2.2 Auto LISP 程序的运行

(1) 如果一个 Auto LISP 程序中没有用户自定义函数,当用加载装入该文件时,系统将自动执行程序,并返回最后一个表达式的求值结果。

例如:在 D 盘目录下建立了一个 aa. lsp 文件,程序如下:

```
(setq nm (getstring"\n Enter your name:"))
```

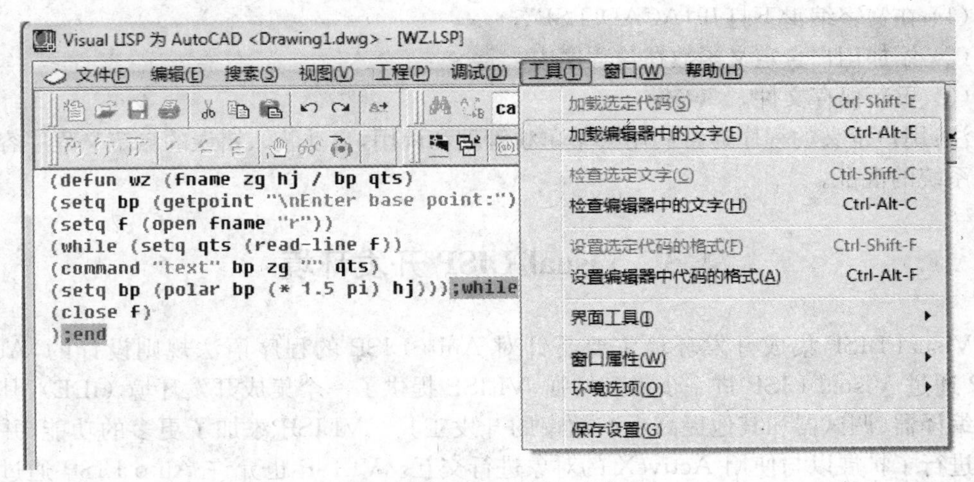

图 4-2　Auto LISP 程序加载

```
(princ"Your name is")
(princ nm)
(princ)
```

该程序通过 command:(load "d:aa")装载后将自动运行如下:

```
Enter your name:  jodan
Your name is jodan
```

(2) 如果一个 Auto LISP 文件中有一个或多个用户自定义函数,当用 load 函数装入该文件时,系统将把所有的用户函数装入内存,并返回最后一个自定义函数名。

例如:在 D 盘目录下建立一个 cad. lsp,程序中包含 3 个函数,如下:

```
(defun main ()函数体)
(defun c:fun1 ()函数体)
(defun fun2 (x  y)函数体)
```

装载该文件 command:(load "d:cad" "Loading fail !!!")

装载成功将返回:fun2

否则将返回:Loading fail !!!

若要运行其中一个函数,如 main, 可在 " command: " 命令下执行:

Command:(main)　　　　(注:该函数名必须用括号括起来。)

若要运行函数 fun1,则不必带括号,该函数相当于一个 AutoCAD 命令。

Command: fun1

若函数带有形参,则在调用时必须以实参取而代之。如:

Command:(fun2 4 9)

4.2.3　Auto LISP 程序的自动装入

每次 AutoCAD 图形编辑程序启动时,如果"ACAD. LSP"文件存在,Auto LISP 将自动装入此文件。利用这一特性,可以将程序中用到的一些通用函数定义放在该文件中,这样就能保证每次进入 AutoCAD 图形编辑环境时它们被自动装入和调用。

建立自动装入程序的步骤:

(1) 在文字编辑下打开“ACAD. LSP”;

(2) 添加用户自定义函数在该程序中;

(3) 重新保存文件。

注:用户定义的程序通常利用菜单单独管理和调用,自动装入错误的自定义程序容易造成系统的混乱。

4.3 Visual LISP 开发环境

Visual LISP 集成开发环境主要是针对 Auto LISP 的程序语法规则设计的,Auto LISP 通过 Visual LISP 进一步得到增强,VLISP 提供了一个集成开发环境 (IDE),其中包含编译器、调试器和其他提高生产效率的开发工具。VLISP 添加了更多的功能,并对语言进行了扩展以与使用 ActiveX 的对象进行交互。VLISP 也允许 Auto LISP 通过对象反应器对事件进行响应。

4.3.1 Visual LISP 集成开发环境(IDE)的特点

Visual LISP 集成开发环境具有如下特点:

(1) 内置编辑窗口、跟踪窗口和控制窗口;

(2) 编辑器能够以不同颜色区分变量、整形数、实型数、字符串、圆括号和 Auto LISP 系统函数,具有自动调整程序书写格式、导航产生标准程序结构、检查语法错误和括号配对的功能;

(3) 调试器可设立多个程序断点,进行单步或单步跨越调试,可对多个变量进行监控,并查看流程走向;

(4) 编译器可以建立工程文件,把一个或多个源代码文件编译成一个不可读的二进制码文件,或把所有程序资源(包括 DCL 文件)编译成 ObjectARX 的应用程序。

Visual LISP 为 Auto LISP 应用程序提供三种文件格式选项:

(1) 读取 LSP 文件 (. lsp)——包含 Auto LISP 程序代码的 ASCII 文本文件。

(2) 读取 FAS 文件 (. fas) ——单个 LSP 程序文件的二进制编译版本。

(3) 读取 VLX 文件 (. vlx) ——一个或多个 LSP 文件和/或对话框控制语言 (DCL) 文件的编译集合。

名称相似的 Auto LISP 应用程序文件的加载由它们的编辑时间决定。除非指定完整的文件名(包括文件扩展名),否则将加载最近编辑过的 LSP、FAS 或 VLX 文件。由于 AutoCAD 能够直接读取 Auto LISP 代码,因此无需编译。Visual LISP 提供的集成开发环境,用户可以对编写的函数或表达式进行试验:在命令提示下输入代码后可立即看到结果。这使 Auto LISP 语言容易检查出程序中错误,而不管用户的编程经验如何。

4.3.2 Visual LISP 集成开发环境窗口

启动 Visual LISP 的方法如下:

(1) 由于 Visual LISP 是 AutoCAD 内嵌的开发工具,所以在进入 Visual LISP 集成开发环境之前,应先启动 AutoCAD;

(2) 从 AutoCAD 的【工具】菜单项中，选择“Auto LISP”子菜单项的“Visual LISP 编辑器”选项进入；

(3) 在 AutoCAD 的命令下键入 Vlisp 命令进入；

(4) 在 AutoCAD 的命令下键入 Vlide 命令进入。

注：Vlide——即“Visual LISP Interactive Development Environment”的缩写。

Visual LISP 环境界面如图 4-3 所示。

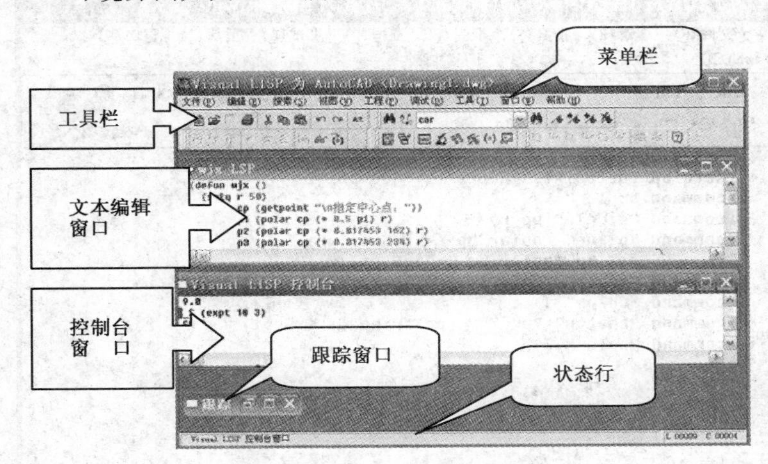

图 4-3 Visual LISP 环境界面

Visual LISP 包含如下几类构件：

1. 下拉菜单

包括：文件、编辑、搜索、视图、工程、调试、工具、窗口、帮助共 9 个菜单区。

2. 工具栏

包括：标准、视图、搜索、调试、工具 5 个浮动工具栏。

3. 文本编辑窗口

在编辑窗口中可以创建、打开、编辑、修改、保存、打印任意数目的 Auto LISP、DCL、SQL、C/C++等程序源文件。

4. 控制台窗口

控制台窗口相当于 AutoCAD 的命令行，用户可以在这里运行程序或者输入 Auto LISP 命令，并得到相应的返回值或者信息。

5. 跟踪窗口

启动 Visual LISP 时，该窗口包含当前版本信息，如果 Visual LISP 启动时遇到错误，该窗口也包含附加信息。

6. 状态行

状态行位于窗口的底部，并随时刷新，显示当前下拉菜单或者浮动工具栏等的简短提示。

4.3.3 Visual LISP 集成开发环境的应用

1. 使用文本编辑器窗口

如果需要运行少量简单的 Auto LISP 表达式，或者检查某些表达式的运行结果，则从控制台窗口输入就可满足，但对于比较大的 Auto LISP 程序，则使用 Visual LISP 文本编辑器将会非常方便。

为了观察文本编辑器窗口如何显示程序代码，用户可以打开一个 Auto LISP 程序。如图 4-4 所示，打开的文件名为 yinyang. lsp，可看到该文件中只有一个自定义函数，函数名也为“yinyang”，参数表中有一个变参“r”。

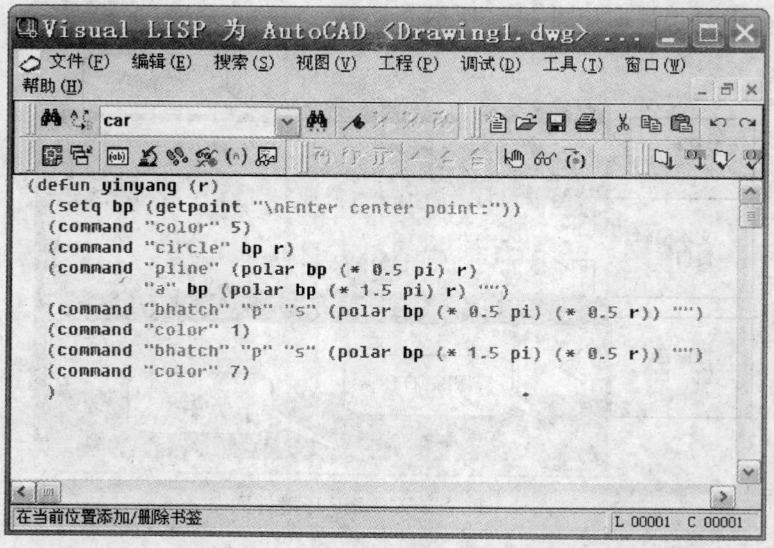

图 4-4　Visual LISP 文本编辑器

打开已有文件的操作过程如下：

(1) 在菜单栏选择【文件】→“打开文件”选项；

(2) 在弹出的“打开文件编辑/查看”对话框选择要打开的文件；

(3) 单击“打开”即可。

用户可以打开多个文件，每打开一个文件，Visual LISP 均会显示一个新的文本编辑窗口，并且可在当前窗口进行编辑、修改或添加，也可在各个窗口之间进行复制、粘贴和删除等操作。

如果要书写新的程序，则可在菜单栏选择【文件】→“新建文件”，将显示出空白窗口，在该窗口内书写程序代码后，须选择【文件】→“另存为”，指定文件夹和 . LSP 文件名将其保存。

文本编辑器具有如下特征：

(1) 文件的颜色译码。文本编译器可以识别一个 Auto LISP 程序的不同部分，并给它们设定不同的颜色。这可以帮助用户检查和发现程序的文字错误。Auto LISP 语言元素与其对应的颜色代码如表 4-2 所示。

表 4-2　Auto LISP 语言元素及对应的颜色代码

Auto LISP 语言元素	颜　色	Auto LISP 语言元素	颜　色
内部函数和保护变量	蓝色	注释	粉色，灰色背景
字符串	粉色	圆括号	红色
整数	绿色	未知元素（如用户变量）	黑色
实数	浅蓝		

(2) 文本格式化。文本编辑器可以为用户格式化 Auto LISP 代码,如缩排等,并且允许用户通过【编辑】菜单下的“其它命令”和【工具】菜单下的“设置编辑器中代码的格式”来格式化程序代码,使程序代码具有更好的外观和可读性。

(3) 括号匹配。Auto LISP 代码包括许多括号,文本编辑器则提供了一种搜索符号表的工具——自动匹配。可以通过【视图】菜单栏下的“自动匹配窗口”或【编辑】菜单下的“括号匹配”命令来帮助用户发现丢失的括号。

(4) Auto LISP 表达式的执行。用户可以通过【工具】菜单下的“加载选定代码”来测试表达式或运行代码行,而不必运行整个程序,也不退出文本编辑器窗口。

(5) 多文件搜索。可以使用一个命令在多个文件中搜索一个字或一个表达式。

(6) Auto LISP 代码的语法检查。可以对 Auto LISP 代码进行求值并显示语法错误。

2. 使用控制台窗口

在 Visual LISP 控制台窗口,用户可以输入 Auto LISP 代码并立刻观察到代码执行的结果。控制台窗口如图 4-5 所示。

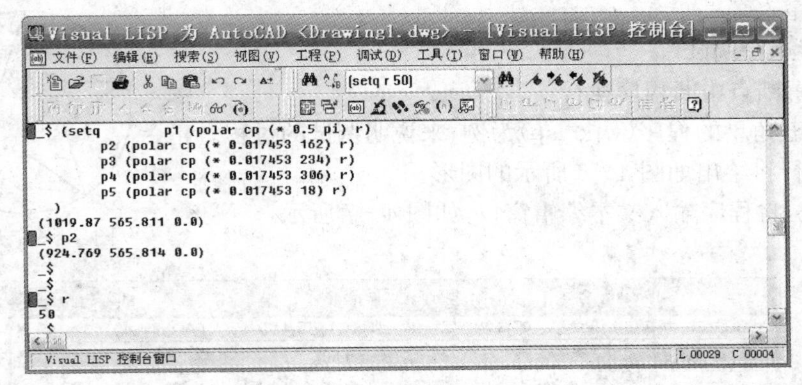

图 4-5 控制台窗口

控制台窗口与 AutoCAD 命令行相似,就是用户输入 Auto LISP 代码或表达式后可直接得到执行的结果。它们之间也存在一些细微的差别:例如查看一个变量,AutoCAD 命令行中键入的变量符号前必须要加一个“!”,而控制台中直接键入变量符号后就可以了。

控制台窗口具有如下特征:

(1) 执行 Auto LISP 表达式并返回求值结果。

(2) 可以输入多行表达式后再执行,输完一行后按【Ctrl+Enter】组合键即可输入下一行。

(3) 可在控制台窗口和文本编辑器窗口之间进行复制、粘贴等操作,大部分文本编辑器命令也可以在控制台窗口中使用。

(4) 按【Tab】键可以检索以前在控制台输入的命令,按【Shift+Tab】组合键以相反的顺序检索命令。

(5) 在控制台中单击右键或按【Shift+F10】组合键,将弹出 Visual LISP 命令快捷菜单,用户可选择该菜单中命令进行复制、粘贴等操作。

3. 调试 Auto LISP 程序

Visual LISP 开发环境为 Auto LISP 程序设计提供了功能强大的专业调试工具,可以帮助用户迅速查找并改正程序中的错误。主要调试功能如下：

(1) 跟踪程序执行；

(2) 变量跟踪；

(3) 检查被调用函数的参数变化；

(4) 设置中断；

(5) 单步执行；

(6) 堆栈检查。

程序调试方法通常有如下两种：

1) 程序加载调试

用户在文本编辑器编写完程序代码后，单击【工具】下拉菜单中“加载编辑器中文字”，控制台窗口将显示出加载的信息。若加载成功(设编辑的程序为 wjx. lsp)，提示为“；1 表格 从 #<editor "D:/cad/wjx. LSP"> 加载”；若程序代码有错，则显示“；错误：输入的列表有缺陷”或其他错误提示信息，用户可根据提示信息返回程序中检查、修正程序。

2) 程序运行调试

(1) 设置断点中断程序执行。

以绘制五角星的程序(wjx. lsp)为例，来说明调试的过程。正确的程序运行将绘出如图 4-6 所示的图形。

图 4-6 五角星

① 首先，将程序输入文本编辑窗口，如图 4-7 所示。

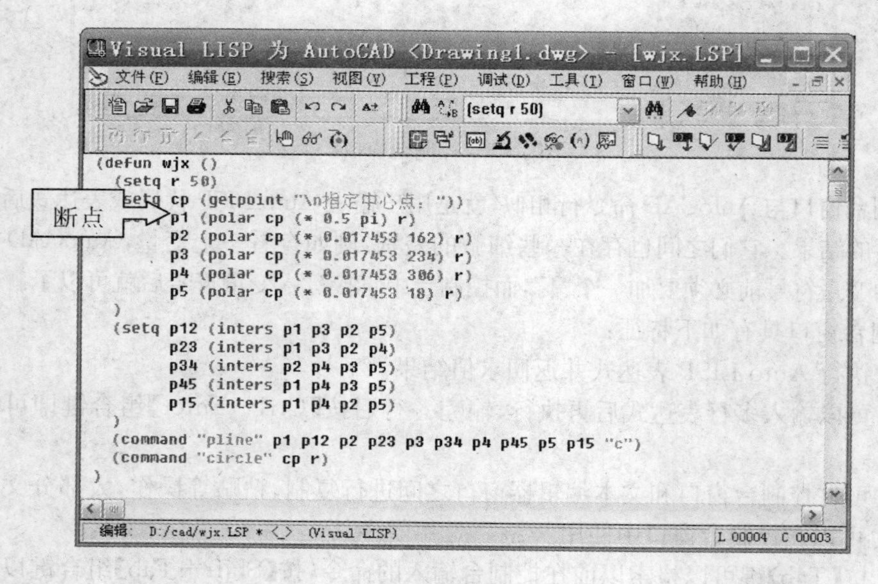

图 4-7 断点设置

② 选择要调试的程序表达式(如第 4 行相应的表达式)，将光标移到第 4 行开括号前，单击【调试】菜单下的“切换断点”命令，则在此建立了一个断点，光标在断点处闪烁。

注意：“切换断点”命令用于切换断点的开关状态，即光标处无断点，就建立断点；反之则取消断点。另外，同样的操作也可通过单击工具栏上的对应按钮来完成，下同。

③ 如果尚未加载 wjx 函数，可单击【工具】→“加载编辑器中的文字”命令，将该函数加载，然后在控制台窗口运行该函数：(wjx)，当程序运行到设置的断点处将终止执行，并在文本编辑器窗口显示要调试的表达式代码，如图 4-8 所示。

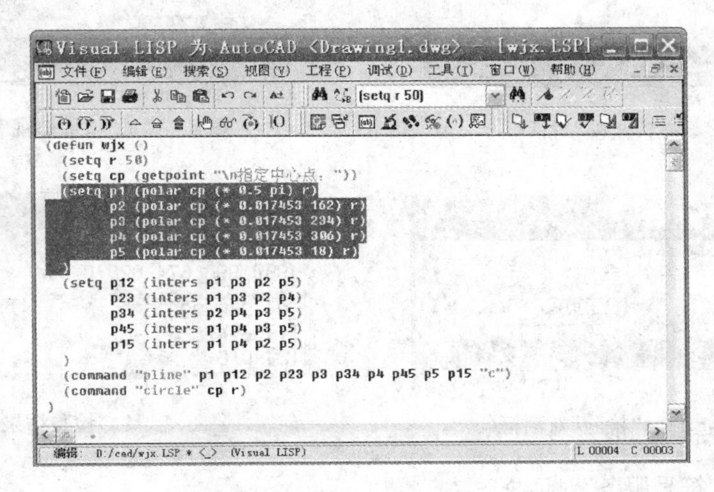

图 4-8　中断执行处表达式

④ 单步调试，单击【调试】→“下一嵌套表达式”命令，该表达式中第一个子表达式(polar cp (* 0.5 pi) r)被选中，光标在 polar 函数前括号处闪烁。再次重复前面的命令则又进入该子表达式中的子表达式，重复前面的操作，直到依次将各个子表达式调试完成。如果在调试中某个子表达式有错，则将跳到控制台窗口，显示出该子表达式的错误信息。譬如：假设前面子表达式中的参数变量“r”在书写时误写成了“r1”，由于程序在这个子表达式之前没有“r1”的约束值，因而在调试到“(polar cp (* 0.5 pi) r1)”这项时，控制台窗口就将显示出错信息：“；错误：参数类型错误：numberp：nil”。这样，用户就很容易找出错误，并对程序作出修改。

(2) 使用“监视”对话框。

当用户单步执行一个程序时，可以监视单个表达式的值。单击【视图】→“监视窗口”命令，将弹出如图 4-9 所示的“监视”对话框，Visual LISP 会保存最近表达式的值。如果想查看其他表达式的值，单击【调试】→“添加监视”命令，将弹出如图 4-10 所示的“添加监视”对话框，用户可以在其中输入想查看的表达式，单击“确定”后在“监视”对话框中将显示出该表达式的值，如图 4-9 所示。

(3) 使用“检验”对话框。

Visual LISP 提供的检验功能，可用来浏览、检验和修改 Auto LISP 和 AutoCAD 对象。其功能强大，而且容易使用，可以检验 Auto LISP 的表、字符串、变量、AutoCAD 图元和选择集等。单击【视图】→“检验”命令，将弹出如图 4-11 所示的“检验”对话框，用户可以在文本框中输入想查看的表达式(如程序中变量 p1)，单击“确定”后就将在图 4-12 所示的检验结果窗口显示出该表达式的值，LIST 表明该变量类型为表，表中三个元素为该表中值。

图 4-9 “监视”对话框

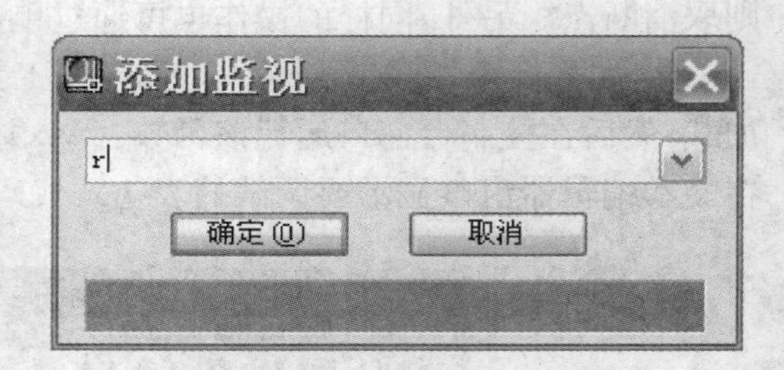

图 4-10 “添加监视”对话框

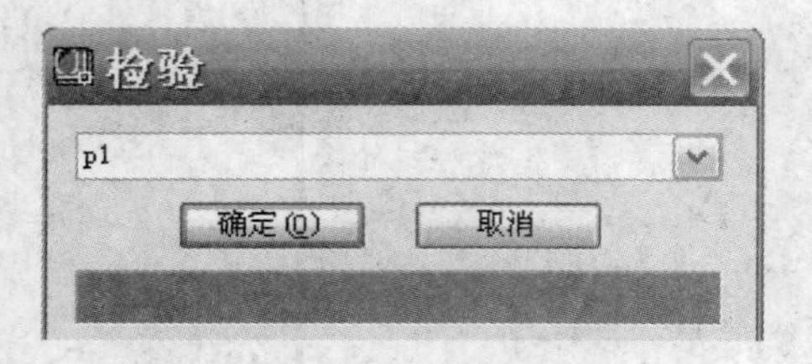

图 4-11 “检验”对话框

图 4-12 检验结果显示

(4) 使用“符号服务”对话框。

“符号服务”对话框可以使用户方便地访问不同特征的符号，在这个对话框中可以实现大部分的符号操作。单击【视图】→“符号服务”命令，将弹出如图 4-13 所示的“符号服务”对话框，用户可以在其中输入想查看的符号，单击“确定”后在如图 4-14 所示的对话框中将显示符号的值。如果想更新所显示符号的值，则需要在该对话框中“值”文本框输入一个表达式或值，单击“确定”，Visual LISP 会将表达式的计算结果或值赋给该符号。

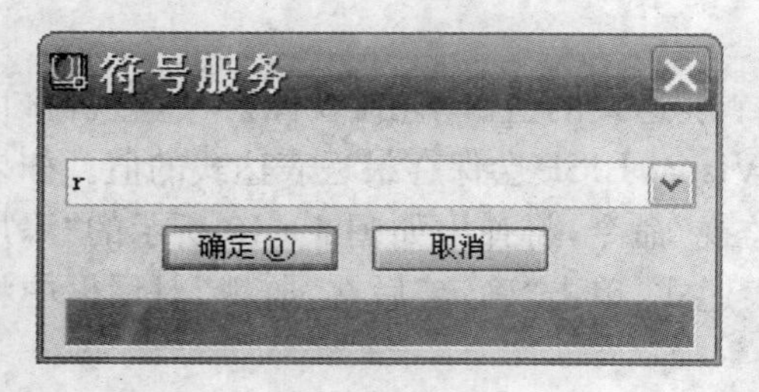

图 4-13 “符号服务”对话框

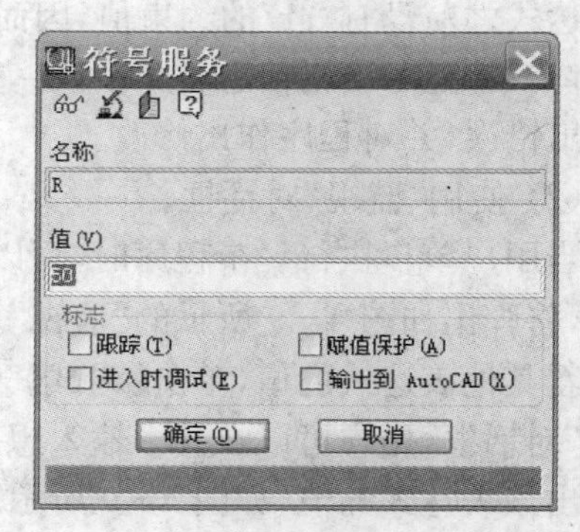

图 4-14 符号服务结果显示

(5) 使用“跟踪堆栈”对话框。

跟踪堆栈保存着一个用户程序中的函数执行历史记录。通过查看堆栈，用户可以看出在程序执行过程中所发生的事件。用户在运行一个函数前，堆栈是空的。程序被中断后挂起的状态或出现错误导致程序崩溃后，才可以使用“跟踪堆栈”对话框。

单击【视图】→“跟踪”命令，弹出如图 4-15 所示的“跟踪堆栈”显示栏。

(6) 使用“错误跟踪”对话框。

如果程序在运行的过程中由于发生错误而崩溃，可以使用“错误跟踪”对话框查看程序崩溃时的状态，以及程序出错时的反馈信息。

单击【视图】→“错误跟踪”命令，将弹出如图 4－16 所示的“错误跟踪”显示栏。

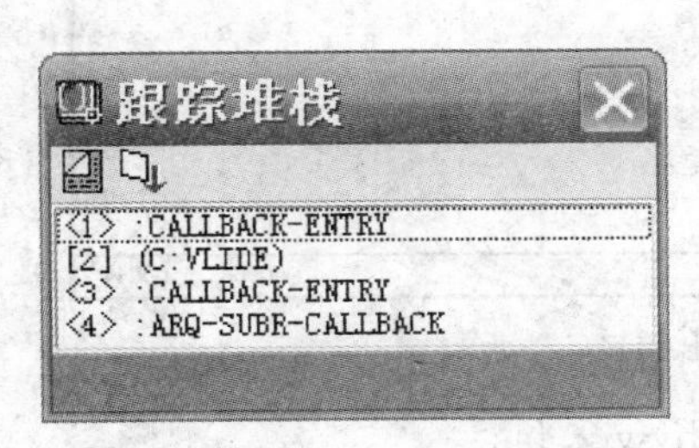

图 4－15 “跟踪堆栈”显示栏

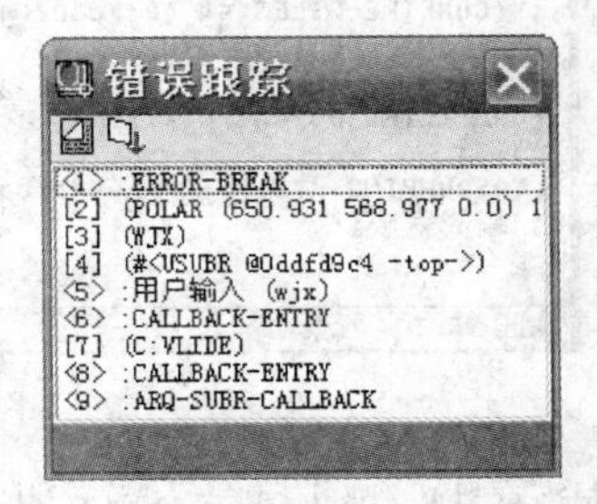

图 4－16 “错误跟踪”显示栏

4.3.4 编译及加载

如前所述，Auto LISP 语言为求值型语言，其运行速度介于解释型与编译型之间。这种求值型语言的优点是用户可以很快地测试程序代码，便于检查和修改程序。但是，一旦用户将源程序调试成功，再使用源程序代码的运行方式就显得不合适了。一方面是运行速度较慢，另一方面则是保密性和封装性不好。为了解决这一问题，Visual LISP 提供了程序编译功能，可由源代码文件“.LSP”编译得到扩展名为“.FAS”的二进制编译文件。这样的 FAS 文件就只能被加载执行，而不能被修改。

编译及加载方法如下：

1. 使用 vlisp－compile 函数编译

vlisp－compile 函数适合于编译单个简单的.LSP 文件，该函数与其他函数的调用相同，既可在 AutoCAD 命令下调用，也可在 Visual LISP 控制台窗口中调用，其使用格式为：

命令：(vlisp－compile ＜编译模式＞ ＜源文件名＞ ＜产生的编译文件名＞)

(1) 编译模式。有三种编译模式：

① “st”——标准建立模式；

②“lsm”——优化并不直接链接建立模式；

③ “lsa” —优化并直接链接建立模式。

标准模式会产生最小的输出文件，适合于仅包含一个简单文件的程序。优化模式会产生更加高效的编译文件，适合于复杂或特定需要的程序。编译模式应以符号原子带入，如：’st。

(2) 源文件名。以字符串形式带入，如：“d:/cad/wjx.lsp”。

(3) 产生的编译文件名。该项可选，也是以字符串形式带入。如果该项默认，则产生与源文件同名的编译文件。如：wjx.fas。

例如：执行命令：(vlisp－compile ′st "d:/cad/wjx.lsp" "d:/cad/bywjx.fas")，将弹出如图 4－17 所示的 Visual LISP 窗口的编译信息。

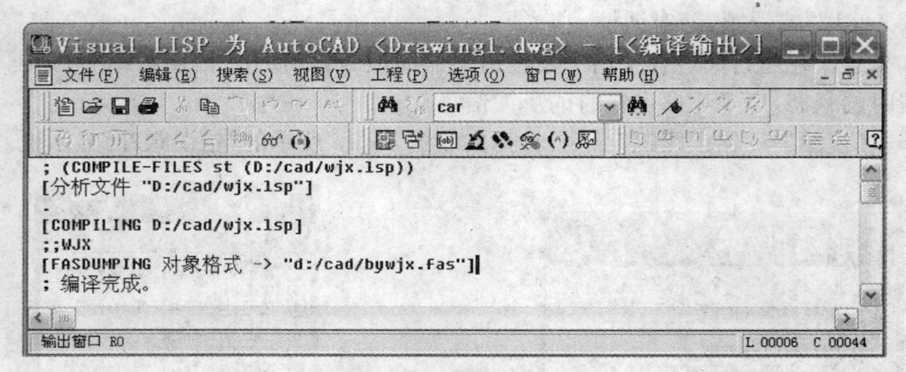

图 4-17 编译输出信息

这样，在 D:/cad 目录下就产生一个编译文件 bywjx. fas。

2. 在 Visual LISP 环境窗口中编译

仍然以 wjx. lsp 文件为例，说明其编译过程。编译步骤如下：

(1) 单击【工程】→“新建工程”命令，在弹出的新建工程对话框“文件名”栏输入一个工程文件名，单击“保存”，如图 4-18 所示。

图 4-18 新建工程对话框

(2) 在弹出的工程特性对话框中“工程文件”左边的列表框找到文件 wjx. lsp，然后通过按钮“>”添加到右边列表框中，见图 4-19(a)。

(a)

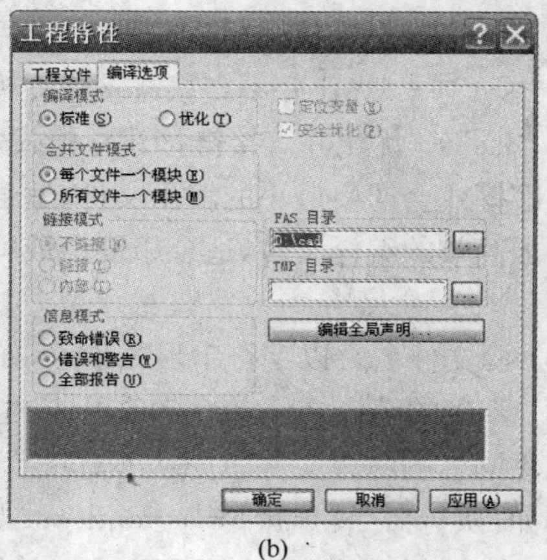

(b)

图 4-19 工程特性对话框

(3) 单击工程特性对话框中的"编译选项",选择编译模式为"标准",指定编译文件产生的目录为 d:/cad,然后单击"确定",见图 4-19(b)。

(4) 接着会弹出一个编译窗口(见图 4-20),窗口中 5 个图标按钮分别为:"工程特性"、"加载工程 FAS"、"加载源文件"、"编译工程 FAS"和"重新编译工程 FAS"。

(5) 点击"编译工程 FAS"按钮,编译完成后将在窗口显示出如下信息:

;;; COMPILING 源文件 ...

[COMPILING D:/cad/wjx. lsp]

;;WJX

"D:/cad/wjx. ob"

[FASDUMPING 对象格式 -> "D:/cad/wjx. fas"]

;生成完成。

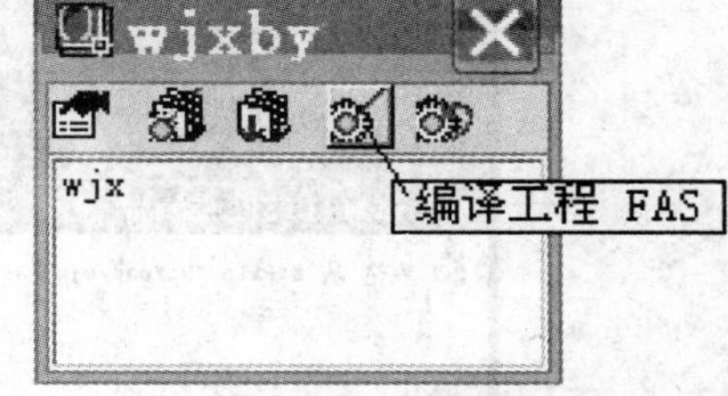

图 4-20 编译窗口

(6) 编译结果。编译完成后,Visual LISP 将自动产生多个文件。如 Wjx. lsp 经编译后,查看 D 盘下的 CAD 目录,可发现有这样一些文件:

☆ wjx. lsp—Auto LISP 程序源文件。

☆ wjx. fas—Visual LISP 编译文件,可装载和运行,或编译成 VLX 模块。

☆ wjx. ob—目标代码文件,包含 FAS 文件中编译的 Auto LISP 代码。

☆ wjx. pdb—工程数据库文件,包含编译器使用的符号信息。

☆ wjxby. prj—Visual LISP 工程定义文件,包含所有创建工程的源文件名和位置,而且包含如何创建最终的 FAS 文件的参数规则。

如果从保密的角度考虑,可将后面三个文件删除,只保留 Auto LISP 程序源文件和 FAS 编译文件。

3. 编译文件的加载运行

FAS 文件的加载方法与 LSP 源程序加载类似,有以下几种:

(1)通过调用 LOAD 函数加载,如命令:(load "d:/cad/wjx. fas")。

(2) 通过 AutoCAD 环境下的【工具】菜单加载。

单击【工具】→"加载应用程序"命令,在弹出的"加载/卸载应用程序"对话框选择要加载的 FAS 文件,再点击"加载"按钮即可。

(3) 通过 Visual LISP 窗口加载。

单击【工程】→"打开工程"命令,将弹出图 4-21 所示的窗口,输入加载文件对应的工程文件名称(如:要加载 wjx. fas,对应的工程文件为 wjxby. prj)。

弹出图 4-22 所示的编译窗口,单击"加载工程 FAS"按钮,或单击【工程】菜单下的"加载工程 FAS 文件",wjx. fas 被加载的信息显示在控制台窗口(见图 4-23)。

图 4-21 输入工程文件名称

图 4-22 编译窗口

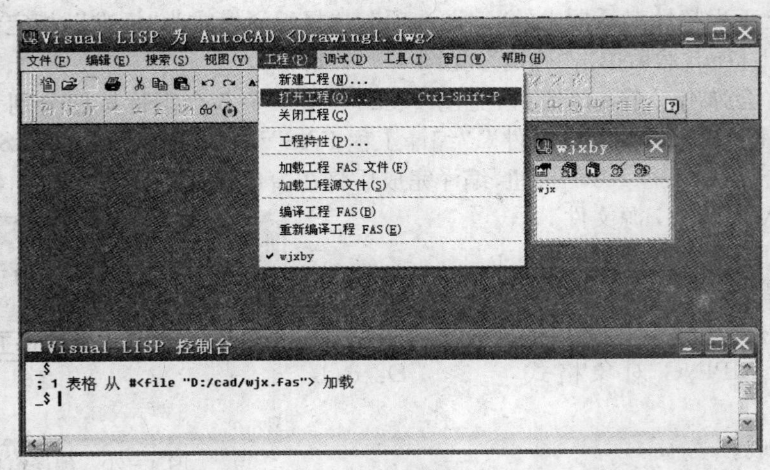

图 4-23　Visual LISP 窗口加载

运行编译文件与源程序的方法相同，如：

命令：(wjx) 执行后将绘出如图 4-6 所示的五角星图形。

练　习　题

1. Auto LISP 语言及程序结构有何特点？
2. Auto LISP 程序如何加载？其执行过程是怎样的？
3. Visual LISP 集成环境中的组成部分有哪些？

第 5 章　Auto LISP 基本函数

函数是 Auto LISP 语言处理数据的基本工具，学习 Auto LISP 编程最主要的是要掌握 Auto LISP 语言系统内部函数和符号的基本用法。如：函数的调用格式，即函数名、参数的个数及类型；函数的功能、求值情况及返回值类型等。

Auto LISP 基本函数主要包括：数值函数、赋值与求值函数、表处理函数、字符串处理函数、逻辑运算函数和控制结构函数等。

5.1 数 值 函 数

数值函数用于处理整型数和实型数，数值函数包括：基本算术函数、三角函数、数据类型转换函数。数值函数的返回值类型取决于参数表中参数的数据类型。

Auto LISP 中数值计算要遵循整实原则，具体运算规则为：

(1) 整整得整；

(2) 实实得实；

(3) 整实得实。

例：command：(/　18　4　2)　　返回：2

command：(＊　4.5　2.0)　　返回：9.0

command：(＋　6　4.2)　　返回：10.2

5.1.1 基本算数函数

这类函数包括：＋、－、＊、/、1－、1＋、abs、sqrt、min、max、expt、exp、log、gcd、rem。

1. (＋〈数〉〈数〉…)

功能：求表中所有整数或实数的和。例如：

Command：(＋　1.2　3.1　3.8)

返回：8.1

2. (－〈数〉〈数〉…)

功能：求表中第 1 个数减去后面所有数的差，当表中只有一个数时，返回这个数的相反数。例如：

Command：(－ 8.15)

返回：3.1

Command：(－　0.25)

返回：－0.25

3. (＊〈数〉〈数〉…)

功能：求表中所有数的积，例如：

Command:(＊0.0174533　30)

返回:0.523599

4. (/〈数〉〈数〉…)

功能：求表中第 1 个数除以后面所有数的商。例如：

Command:(/ 10　5　2.0)

返回:1.0

5. (1＋〈数〉)

功能：求一个整数或实数加 1 的和。例如：

Command:(1＋　2.7)

返回:3.7

6. (1－〈数〉)

功能：求一个整数或实数减 1 的差。例如：

Command:(1－　2.7)

返回:1.7

7. (abs〈数〉)

功能：求一个整数或实数的绝对值。例如：

Command:(abs　－3.14)

返回:3.14

8. (sqrt〈数〉)

功能：求一个整数或实数的平方根。例如：

Command:(sqrt　256)

返回:16.0

9. (min〈数 1〉〈数 2〉…)

功能：求表中所有整数或实数的最小值。例如：

Command:(min　1.44　－1.2　－2.1　－3.6)

返回:－3.6

10. (max〈数 1〉〈数 2〉…)

功能：求表中所有整数或实数的最大值。例如：

Command:(max　－2.5　2.1　3.4)

返回:3.4

11. (expt〈底数〉〈幂〉)

功能：求底数的幂次方。例如：

Command:(expt 2.0　3)

返回:8.0

12. (exp〈幂〉)

功能：求 e 为底数的幂次方。例如：

(exp 1.0)

返回:2.718282

13. (log〈数〉)

功能：求一个数的自然对数。例如：

Command:(log　2)

返回:0.693147

14.(gcd〈数 1〉〈数 2〉)

功能:求数 1 和数 2 两个整数的最大公约数。例如:

Command:(gcd　144　16)

返回:16

15.(rem〈数 1〉〈数 2〉)

功能:如只有两个数,返回数 1 除以数 2 的余数。如有 3 个数,则首先得到数 1 除以数 2 的余数,然后利用该余数除以第三个数,返回余数。如超过 3 个数,则以此类推。

例如:

Command:(rem 162　38)

返回:10

Command:(rem 6　4　2)

返回:0

例 1　已知直角三角形两边长为 a 和 b,编程定义一个求斜边的函数(xb a b)。

```
(defun xb (a b)
  (sqrt ( + (expt a 2) (expt b 2)))
);end
Command:(xb 8 12)
返回:14.4222
```

5.1.2　三角函数

三角函数包含 sin、cos、atan 三个,其中〈角度〉是以弧度表示的角度带入。

1.(sin〈角度〉)

功能 :求以弧度表示的角度的正弦值。例如,角度为 30°时:

Command:(sin(/　pi　6)) 或 (sin (* 0.0174533　30))

返回:0.5

2.(cos〈角度〉)

功能 :求一个用弧度表示的角度的余弦值。例如:

Command:(cos(/ pi 6)) 或 (cos(* 0.0174533 30))

返回:0.866025

3.(atan〈数 1〉〈数 2〉) 或 (atan〈数 1〉)

功能:求数 1/ 数 2 或数 1 的反正切值,返回为弧度值的角度。例如:

Commad:(atan　0.707　0.707)

返回:0.785398

Command:(atan 2)

返回:1.10715

例 2　定义一个正切函数(tan jd),其变参 jd 为角度单位。

```
(defun tan (jd / a)
```

```
(setq a (* 0.0174533 jd));将角度转换成弧度
   (/ (sin a) (cos a))
);end
Command:(tan 45)
返回:1.0
```

5.1.3 数据类型转换函数

1. (float 〈数〉)

功能:将〈数〉转换为实型数,其中〈数〉可以为整型数或实型数。例如:

Command:(float 2)

返回:2.00000

2. (fix〈数〉)

功能:将〈数〉截尾取整转换为整型数,其中〈数〉可以为整型数或实型数。例如:

Command:(fix 3.999)

返回:3

例 3 自定义一个小数点后面可以四舍五入的整型函数(int 〈数〉)。

(defun int (rea) (fix (+ rea 0.5)))

Command:(int 3.999)

返回:4

3. (type〈项〉)

功能:判断所列项的数据类型,其值为下列类型之一:INT(整型数),REAL(实型数),SYM(符号),STR(字符串),LIST(表),SUBR(内部函数),FILE(文件描述符)。例如:

Command:(type (setq a 25))

返回:LIST

Command:(type *)

返回:SUBR

Command:(type(setq f (open "jq.txt" "r")))

返回:FILE

4. (itoa〈整型数〉)

功能:将整型数转换为字符串。例如:

Command:(itoa 28)

返回:"28"

5. (atoi〈字符串〉)

功能:将字符串转换为整型数。例如:

Command:(atoi "415")

返回:415

6. (atof〈字符串〉)

功能:将字符串转换为实型数。例如:

Command:(atof "5")

返回:5.0

7. (rtos〈数〉〈计数方式〉〈精度〉)

功能:按着 AutoCAD 系统变量 LUNITS 和 LUPREC 定义的计数方式和精度将数转化为字符串。数值计数方式见表 5-1。

Command:(rtos 3.71235 2 3)

返回:"3.712"

表 5-1 数值计数方式

1	科学计数格式	如:2.83E+12, 1.55E+08
2	十进制格式	如:283.000,15.500
3	工程计数格式	如:1′-3.5″ 整数英尺和十进制英寸
4	建筑计数格式	如:1′-3½″ 整数英尺和分数英寸
5	分数单位格式	如:15 1/2

8. (angtos〈弧度〉〈计数方式〉〈精度〉)

功能:按着 AutoCAD 系统变量 LUNITS 和 LUPREC 定义的计数方式和精度将弧度数转化为相应角度单位的字符串。角度计数方式见表 5-2。

Command:(angtos 3.14 0 4)

返回:"179.9087"

Command:(angtos 3.14 1 4)

返回:"179d54′31"

表 5-2 角度计数方式

0	十进制度数格式	如:45.000
1	度/分/秒格式	如:45d0′0″
2	梯度格式	如:50.0000g
3	弧度	如:0.7854r
4	测地单位格式	如:N 45d0′00″E

9. (ascii〈字符串〉)

功能:求出字符串第一个字符的 ASCII 值。例如:

Command:(ascii "Access")

返回:65

10. (chr〈数〉)

功能:求出整型数所代表的 ASCII 字符。例如:

Comanand:(chr 65)

返回:"A"

5.2 赋值函数与求值函数

1. (setq〈符号 1〉〈表达式 1〉〈符号 2〉〈表达式 2〉…)

功能：依次将表达式的求值结果赋给前面的符号变量，返回最后一个表达式的值。例如：

Command：(setq a 2 b 4.0 c "abcd")

返回："abcd"

2. (set〈符号〉〈表达式〉)

功能：将表达式的求值结果赋给前面的符号变量的求值结果，返回表达式的值。分别对括号中的两个元素求值，其中〈符号〉的求值结果应仍然是符号变量。例如：

Command：(setq a 2 b 4.0 c 'd)

Command：(set c (+ a b))

返回：6.0000

查变量：Command：! c 返回：D

Command：! d 返回：6.0000

3. (eval〈表达式〉)

功能：对〈表达式〉进行两次求值，返回第二次的求值结果。如：

Command：(eval '(* 5 6))

返回：30

第一次求值结果为表(* 5 6)，第二次再对该表求值，结果为 30

4. (quote〈表达式〉)或 '(〈表达式〉)

功能：给出没有计算的表达式，也称为禁止求值函数。例如：

Command：(quote a)

返回：a

Command：'(setq a 1)

返回：(setq a 1)

例 4 定义一个函数(fz)，可将一个表中的值赋给另一个表中对应的变量。

```
(defun fz ()
  (setq ft '(a b c d))                ;赋给 ft 一个变量表，含 4 个变量
  (setq nt '(20 34 25 48))            ;赋给 nt 一个数值表，含 4 个值
  (setq j -1)
 (repeat(length nt)                   ;以表中元素多少确定循环次数
   (setq j (1+ j) x (nth j ft))       ;依次将 ft 中的变量检索出
   (set x (nth j nt))                 ;取出 nt 对应的值，并赋给变量
   );repeat                           ;循环结束
  );end
Command:(fz)
返回:48
查询变量: ! a 返回:20
```

! b 返回:34

! c 返回:25

! d 返回:48

5.3 表处理函数

1. (list〈表达式〉…)

功能:用所列表达式组成一个表。例如:

Command:(list 'C 'A 'D)

返回:(C A D)

Command:(list 1.2 2.3)

返回:(1.20 2.30)

2. (append〈表 1〉〈表 2〉…)

功能:将所列的(表)合并成一个新表。例如:

Command:(append '(C) '(A) '(D))

返回:(C A D)

3. (cons〈新元素〉〈表〉)

功能:将新元素加到表的开头,形成一个新表。例如:

Command:(cons 'C '(A D))

返回:(C A D)

Command:(cons '(A C) '(A D))

返回:((A C) A D)

Command:(cons 'A 'D)

返回:(A . C) 点对

4. (subst〈新元素〉〈旧元素〉〈表〉)

功能:用新元素替换表中的旧元素。例如:

Command:(subst 'M 'D '(C A D))

返回:(C A M)

5. (assoc〈关键字〉〈关联表〉)

功能:在关联表中求出指定关键字的子表。例如:

Command:(setq alst '((new 550)(old 162)))

返回:((NEW 550)(OLD 162))

Command:(assoc 'new alst)

返回:(new 550)

6. (last〈表〉)

功能:求出表的最后一个元素。例如:

Command:(last '(CAD CAM CAE))

返回:CAE

Command:(last '(CAD (CAE CAM)))

返回:(CAE CAM)

7. (car〈表〉)

功能:求出表的第一个元素。例如:

Command:(car '(Auto (CAD CAM)))

返回:AUTO

8. (cdr〈表〉)

功能:求出去掉表中第一元素后剩余的表。例如:

Command:(cdr '(Auto (CAD CAM) hz))

返回:((CAD CAM) HZ)

若已知一点 pt:(setq pt (list 2.0 3.0 5.0)),则可用 3 个函数分别得到该点的 x,y,z 分量值。

Command:(car pt);返回点变量 pt 的 x 分量 2.0。

Command:(cadr pt);返回点变量 pt 的 y 分量 3.0。

Command:(caddr pt);返回点变量 pt 的 z 分量 5.0。

几点说明:

①调用 car 和 cdr 函数时,如果[表]是空表,则返回 nil。

②当用 cdr 函数处理点对表(x . y)时,将返回点对表中的右元素。

③Auto LISP 接受 car 和 cdr 的任意组合,其深度最多为四级,组合函数的形式为:cxr, cxxr, cxxxr, cxxxxr。如:cadr, caddr, cddaar,…

④上述组合不必死记,只要记住最多只能组合四次,且作用的先后顺序为“从右到左”即可。

9. (nth〈n〉〈表〉)

功能:求出表中第 n 个元素(表的第 1 个元素的序号为 0)。例如:

Command:(nth 2 '(Auto (CAD CAM) hz))

返回:HZ

10. (reverse〈表〉)

功能:求出表的倒置表。例如:

Command:(reverse '((CAD CAM) hz))

返回:(HZ (CAD CAM))

11. (length〈表〉)

功能:求出表中元素的个数。例如:

Command:(length ' (Auto (CAD CAM) hz))

返回:3

12. (apply〈函数〉〈表〉)

功能:按指定函数对表进行处理。例如:

Command:(apply ' * '(2 5 8))

返回:80

例 5 计算正弦曲线 y=a * sinx 在一个周期上各个点的坐标,并保存于变量表 lpt 中。其中 a 为幅值系数,step 为步长,横坐标 x 的单位为角度。

```
(defun dsin (a step)                      ;定义一个函数 dsin,a 和 step 为变参
(setq x 0 y 0 lpt nil)                    ;给变量 x 和 y 赋初值,并将 lpt 赋为空表
  (repeat (fix (/ 360 step))                          ;确定循环次数
    (setq y ( * a (sin (/ ( * pi x) 180))))           ;将角度转换为弧度带入公式计算 y
    (setq lpt (append lpt (list (list x y))))         ;将点坐标以表的形式加于 lpt 中
    (setq x ( + x step))                              ;增加一个步长,重复下一次
  );repeat                                            ;循环结束
  (setq lpt (append lpt (list (list 360 0))))         ;将末点坐标添加入表中
);end                                                 ;程序结束
```

在命令下执行函数:

Command:(dsin 150 30)

返回结果,显示出变量 lpt 表为:

((0 0.0) (30 75.0) (60 129.904) (90 150.0) (120 129.904) (150 75.0) (1800) (210 −75.0) (240 −129.904) (270 −150.0) (300 −129.904) (330 −75.0) (360 0))

由此可见,通过计算和表处理,正弦曲线上各个点的坐标均保存于表中。若要查询某一自变量 X 对应的函数值 Y 或点坐标时,可通过函数 assoc 或 nth 实现。如:

Command:(assoc 120 lpt)

返回:(120 129.904)

Command:(nth 4 lpt)

返回:(120 129.904)

5.4 字符串处理函数

1. (strcat〈字符串 2〉〈字符串 3〉…)

功能:将所列的字符串合并为一个字符串。例如:

Command:(strcat "C" "A" "D")

返回:"CAD"

2. (strlen〈字符串〉)

功能:求出字符串的长度。例如:

Command:(strlen "AutoCAD")

返回:7

3. (substr〈字符串〉〈起始位〉[(长度)])

功能:按要求求出字符串从起始位到指定长度的一个子串。例如:

Command:(substr "AutoCAD" 5 3)

返回:"CAD"

5.5 逻辑运算函数

1. (=〈符号〉〈符号〉…)

功能:判断是否相等,相等为 T,否则为 nil。例如:

Command:(=　28　28.0)

返回:T

2. (/=〈符号〉〈符号〉…)

功能:判断各符号是否不等,不等为 T,否则为 nil。例如:

Command:(/= "Aprit"　"May")

返回:T

Command:(/=　20 20)

返回:nil

3. (>〈符号〉〈符号〉…)

功能:判断左边的符号是否依次大于右边的符号,大于则为 T,否则为 nil。例如:

Command:(>　7　2 1)

返回:T

Command:(>　2　6　0)

返回:nil

4. (<〈符号〉〈符号〉…)

功能:判断左边的符号是否依次小于右边的符号,小于则为 T,否则为 nil。例如:

Command:(<　1　1　2)

返回:nil

Command:(<　1　2　7)

返回:T

5. (>=　〈符号〉〈符号〉…)

功能:判断左边的符号是否依次大于或等于右边的符号,大于或等于则为 T,否则为 nil。例如:

Command:(>=　2　1　1)

返回:T

Command:(>=　2　1　2)

返回:nil

6. (<=〈符号〉〈符号〉…)

功能:判断左边的符号是否依次小于或等于右边的符号,小于或等于则为 T,否则为 nil。例如:

Command:(<= 7　8　8)

返回:T

Command:(<= 1　3　2)

返回:nil

7. (and〈表达式〉…)

功能:对所列的表达式进行逻辑"与"运算,有一个表达式结果为(nil)即为 nil,否则为 T。例如:

Command:(setq a T)

返回:T

Command:(setq b nil)

返回:nil

Command:(and a b)

返回:nil

8. (or〈表达式〉…)

功能:对所列的表达式进行逻辑“或”运算,当所有表达式都为(nil)时为 nil,否则为 T。例如:

Command:(setq c nil)

返回:nil

Command:(setq b nil)

返回:nil

Command:(or b c)

返回:nil

9. (not〈项〉)

功能:对所列项求反,当该项值为 nil 时则为 T,否则为 nil。例如:

Command:(setq b nil)

返回:nil

Command:(not b)

返回:T

10. (atom〈项〉)

功能:判断所列项是否为符号,当该项为表时则为 nil,否则为 T。例如:

Command:(atom c)

返回:T

Command:(setq a ‘(1.2 5.0))

(1.2 5.0)

Command:(atom a)

返回:nil

11. (boundp〈符号〉)

功能:判断所列的符号是否有非 nil 值,若有则为 T,否则为 nil。例如:

Command:(setq c nil)

返回:nil

Command:(boundp c)

返回:nil

Command:(setq a T)

返回:T

Command:(boundp a)

返回:T

12. (listp〈项〉)

功能:判断所列项是否为一个表,是则为 T,否则为 nil。例如:

Command:(listp '(a b c))

返回:T

Command:(listp 'a)

返回:nil

13. (minusp〈项〉)

功能:判断所列项是否为负数,是则为 T,否则为 nil。例如:

Command:(minusp －3.2)

返回:T

Command:(minusp 8.32)

返回:nil

14. (numberp〈项〉)

功能:判断所列项是否为整型或实型数,是则为 T,否则为 nil。例如:

Command:(numberp －3.26)

返回:T

Command:(numberp "Endpoint")

返回:nil

15. (null〈项〉)

功能:判断所列项的值是否为 nil,是则为 T,否则为 nil。例如:

Command:(setq a T)

返回:T

Command:(setq b nil)

返回:nil

Command:(null b)

返回:T

Command:(null a)

返回:nil

16. (member〈表达式〉〈 表〉)

功能:在表中求得从(表达式)出现位置开始的内容,若不含有(表达式)的内容,则为 nil。例如:

Command:(member 'a '(d b a c e))

返回:(a c e)

Command:(member 'ac '(d b a c e))

返回:nil

17. (zerop〈项〉)

功能:判断所列项的内容是否为零,是则为 T,否则为 nil。例如:

Command:(zerop 0)

返回:T

Command:(setq a 1)

Command:(zerop a)

返回：nil

18. (eq〈表达式 1〉〈表达式 2〉)

功能：判断〈表达式 1〉和〈表达式 2〉是否完全相同，是则为 T，否则为 nil。例如：

Command：(setq c a)

Command：(eq c a)

返回：T

Command：(eq (setq a '(1 2)) (setq b '(1 2)))

返回：nil

19. (equal〈表达式 1〉〈表达式 2〉)

功能：判断两表达式的值是否相等，是则为 T，否则为 nil。例如：

Command：(equal (setq a '(1 2)) (setq b '(1 2)))

返回：T

5.6 控制结构函数

5.6.1 条件分支函数

1. If 条件函数

格式：(if [条件表达式] [表达式 1] [表达式 2])

或：(if [条件表达式] [表达式])

功能：相当于 if—then—else 或 if—then 条件结构。

例：已知函数关系为：当 x≤3 时，有 y = x + 1

当 x＞3 时，有 y = 0

(if (<= x 3) (setq y (+ x 1)) (setq y 0))

例：设置默认值

(setq ang (getangle"\n 旋转角度/<默认 0>："))

(if (not ang) (setq ang 0))

例：检查自定义函数 box 是否在内存中，若不在，则用 load 函数自动装入内存。(假设函数名与文件同名)

(if (not box) (load"d：box"))

2. cond 条件函数

格式：(cond ([条件 1] [表达式 1])

([条件 2] [表达式 2])

…

([条件 n] [表达式 n])

)

功能：自顶向下逐个检查每个条件分支，若符合条件，则执行相应的表达式并返回该表达式的求值结果。

例 6 将键槽数据编入程序中，按照轴径大小 d 检索其数据值，并绘制相应的图形。

(defun jck (d)

```
(cond
((and (> d 10) (<= d 12)) (setq b 4 h 4 tz 2.5 tk 1.8))
((and (> d 12) (<= d 17)) (setq b 5 h 5 tz 3.0 tk 2.3))
((and (> d 17) (<= d 22)) (setq b 6 h 6 tz 3.5 tk 2.8))
((and (> d 22) (<= d 30)) (setq b 8 h 7 tz 4.0 tk 3.3))
((and (> d 30) (<= d 38)) (setq b 10 h 8 tz 5.0 tk 3.3))
((and (> d 38) (<= d 44)) (setq b 12 h 8 tz 5.0 tk 3.3))
((and (> d 44) (<= d 50)) (setq b 14 h 9 tz 5.5 tk 3.8))
((and (> d 50) (<= d 58)) (setq b 16 h 10 tz 6.0 tk 4.3))
((and (> d 58) (<= d 65)) (setq b 18 h 11 tz 7.0 tk 4.4))
((and (> d 65) (<= d 75)) (setq b 20 h 12 tz 7.5 tk 4.9))
((and (> d 75) (<= d 85)) (setq b 22 h 14 tz 9.0 tk 5.4))
((and (> d 85) (<= d 95)) (setq b 25 h 14 tz 9.0 tk 5.4))
((and (> d 95) (<= d 110)) (setq b 28 h 16 tz 10.0 tk 6.4))
);cond
(setq r (* 0.5 d) bw (* 0.5 b))
(setq id (getint "\n绘制轴的键槽键入 1/<直接回车绘制毂孔键槽>:"))
(setq cp (getpoint "\n指定中心点:"))
(command "ucs" "o" cp)
(setq xw (sqrt (- (* r r) (* bw bw))))
(setq p1 (list xw bw)
      p2 (list (+ r tk) bw) p22 (list (- r tz) bw))
(setq p3 (polar p2 (* 1.5 pi) b) p33 (polar p22 (* 1.5 pi) b)
      p4 (polar p1 (* 1.5 pi) b))
(if (/= id 1) (command "pline" p4 p3 p2 p1 "a" "ce" '(0 0) p4 "")
  (command "pline" p4 p33 p22 p1 "a" "ce" '(0 0) p4 ""
        "hatch" "u" 45 4 "" "l" ""))
(command "layer" "m" "cen" "c" 1 "cen" "l" "center" "cen" "")
(command "dim1" "cen" "nea" (polar '(0 0) (* 0.75 pi) r))
(command "layer" "s" 0 "")
(command "ucs" "") );end
调用:(jck 45)
```

绘制轴的键槽键入 1/<直接回车绘制毂孔键槽>:(键入 1 或直接回车)

指定中心点:(指定中心点后,绘出图形见图 5-1。)

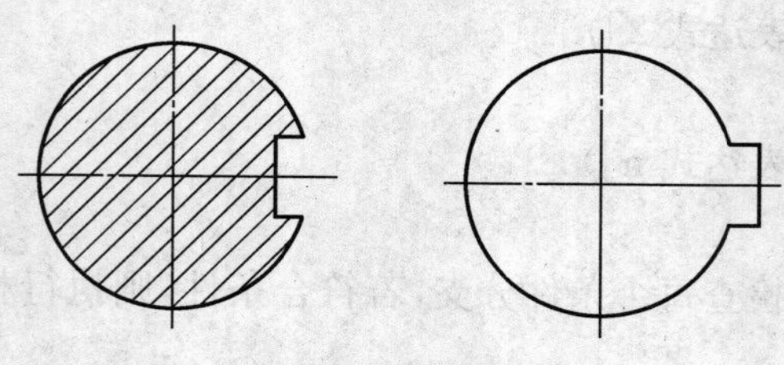

图 5-1 键槽图形

5.6.2 循环结构函数

1. while 循环函数

格式:(while [条件] [表达式]…)

功能:若条件不为 NIL,则执行其后的表达式,再重复检查条件,直到条件为 NIL,才退出循环并返回最后一个表达式的求值结果。

例:根据轮齿弯曲疲劳强度计算,模数 mc>3.6,编程搜索其标准模数值。

```
(setq  ml'(1 1.25 1.5 2 2.5 3 4 5 6 8 10))
(setq  m  0   n  0)
(while  (<  m  mc)
        (setq  m  (nth  n  ml)  n  (1+  n))
)
```

例 7 while 循环函数编程应用实例,采用循环迭代求解方程 $x^3-x-1=0$ 的根。

```
(defun ddai (x)
(setq x1 0 x2 x e 1.0e-6 i 0)
(while (> (abs (- x2 x1)) e)
(setq x1 x2)
(setq x2 (expt (+ x1 1) (/ 1 3.0)))
(setq i (1+ i))
);while
(princ"\nx=") (princ x2)
(princ"\ni=") (princ i)
(princ)
);end
调用:(ddai 5) 返回:x= 1.32472      i= 10
```

其中函数变参 x 为迭代初始值,i 为迭代次数。取不同的初始值,迭代次数不同,但迭代结果是一样的。

2. repeat 循环函数

格式:(repeat [循环次数] [表达式]…)

功能:按给定的循环次数,反复执行各表达式。

例:编程在屏幕上打印整数 1~10 的平方表。

```
(setq  n  1)
(repeat  10
(princ (strcat  (itoa  n)"×"(itoa  n)
     "="  (itoa  (* n n))))  (terpri)
(setq  n  (1+   n))
) ;repeat
运算结果为: 1×1=1
            2×2=4
……
```

```
10×10=100
```

3. Foreach 循环函数

格式:(foreach 〈变量名〉〈表〉〈表达式〉…)

功能:将表中元素逐一赋给变量并求表达式的值。例如:

```
Command:(foreach x '(1.0 2.0 3.0) (print x))
1.0
2.0
3.0  3.0
```

例:用 foreach 函数编程,依次给变量 m、z、d、b 赋值。

```
(foreach  var'(m  z  d  b)
      (print  var)  (princ'=)
      (set  var  (getreal))
   ) ;foreach
```

4. mapcar 循环函数

格式:(mapcar 〈函数〉〈表 1〉…〈表 n〉)

功能:将多个表中的各元素按函数的要求进行处理。例如:

Command:(mapcar '* '(1 2 3) '(2 3 4))

返回:(2 6 12)

说明:

① [函数名]可以是内部函数名,也可以是用户自定义函数名;

② 各个表中的数目必须与所要求的参数数目和参数类型相匹配;

③ 表的长度决定了[函数名]的调用次数,也决定了 mapcar 函数返回表的长度。

例 8 Repeat、Foreach 函数应用举例,编程绘制方程 R=cos (9a/10)在[0,2π]内的曲线。

```
(defun c:spr (/ cp lpt x)
(setq cp (getpoint "\nCenter point:"))
(setq x 0 lpt nil)
(repeat (fix (1+ (/ (* 20 pi) 0.2)))
(setq lpt (append lpt (list
                    (polar cp x (cos (* 0.9 x))))))
(setq x (+ x 0.2)));repeat
(setq lpt (append lpt (list (polar cp (* 20 pi) 1) "")))
(command "pline")
(foreach pt lpt (command pt))
(princ)
);end
```

执行结果如图 5-2 所示。

图 5-2 R=cos (9a/10)在[0,2π]内的曲线

5.6.3 顺序控制函数

格式:(progn [表达式 1] [表达式 2]…)

功能：相当于把多个表达式组合成了一个大的表达式。这在只要求执行一个表达式，而实际上又有多个表达式内容要执行时的情况下，用 progn 函数可达到这一目的。

例如：
```
(if (= x 1) (progn
    (setq x (+ x 2)) (setq y (* x 4))
    (print (list x y)));progn
    );if
```

5.7 函数的递归定义

用递归的方法来定义函数是 Auto LISP 语言本身具有的特性。在求解一些复杂的问题时，利用递归定义函数是一种行之有效的方法。

所谓递归，就是把待处理的问题分解成许多简单问题，然后再用这个函数本身来处理每个简单问题。在使用该函数时，这种分解和处理问题的过程又可能反复进行。简单地说，函数的递归就是指函数的定义中包含了对自身的调用。

下面通过两个例子说明递归的定义与应用。

例 9 定义一个计算正整数阶乘的函数。

```
(defun jsen (n)
(if (= n 0) 1 (* n (jsen (1- n))))
);end
```

调用：(jsen 6) 返回：720

从阶乘的定义可以看出，递归定义的函数非常简单，N！和(N－1)！的过程是一样的，因此在函数的运行过程中不断更新变参 N 的值，并与前面的结果相乘，最后是乘以 N＝0 时 0！＝1 的结果。这里利用了 0！＝1 作为该递归的结束条件。特别要强调的是：定义递归函数时必须考虑递归的结束条件，否则，就会出现无穷次递归或称为死循环。

例 10 定义一个递归函数来绘制参数方程 $x=\sin 2t$，$y=\sin 5t$ 在区间$[0,2\pi]$内的曲线，取步长为 0.05 弧度。

```
(defun draw_xy ()
(setq bp (getpoint "\nEnter base point:"))
(command "ucs" "o" bp)
(command "pline" (draw_xy_aux 0))
);main
;-----------------------------------------------
(defun draw_xy_aux (a)
(cond ((> a (* 2 pi)) (command "0,0" "" "ucs" "w"))
(t (command (list (sin (*2.0 a)) (sin (* 5.0 a))))
(draw_xy_aux (+ a 0.05))
);t
);cond
);end
```

图 5－3 参数方程曲线

调用：command：(draw_xy)，绘出图形如图 5－3 所示。

这里的递归函数为(draw_xy_aux a)，a 为变参，当 $a>2\pi$ 作

为结束条件。

例 11 定义递归函数绘制“C”曲线。

```
;len--size ang--angle  lmin--step
;example:(c_curve 100 45 4)
(defun c_curve (len ang1 lmin)
(setq ang (* 0.017453 ang1))
(setq bp (getpoint "\nEnter base point:"))
(command "pline" bp)
(c_curve_aux len ang)
(command "")
(princ));main
;-----------------------
(defun c_curve_aux (len ang)
(cond ((<= len lmin) (command (setq bp (polar bp ang len))))
(t (c_curve_aux (/ len 1.414214) (+ ang 0.785398))
        (c_curve_aux (/ len 1.414214) (- ang 0.785398)))
);cond
);end
调用:(c_curve 50 90 2)
```

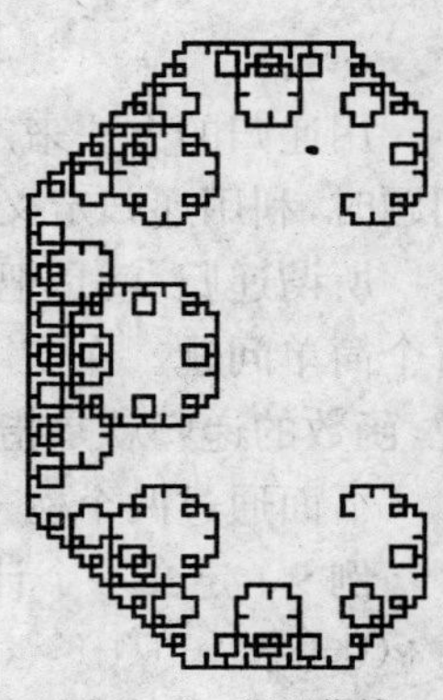

图 5-4 “C”曲线

绘制结果如图 5-4 所示。

练习题

1. Auto LISP 的数据类型有哪些？数值运算规则是什么？

2. 定义一元二次方程 $ax^2+bx+c=0$ 的求根函数，要求函数调用格式为：

命令：(fc12 a b c)，即输入不同的系数值，得到不同的根。

3. 编制一个计算凸轮机构从动件位移的程序，已知：行程为 h，推程运动角为 δ_0，位移方程为：$s=10h\delta^3/\delta_0^3-15h\delta^4/\delta_0^4+6h\delta^5/\delta_0^5$，要求将 h 和 δ_0 定义为变参，循环计算 0°～δ_0 之间的位移值，并将每次计算的值放在一个表变量 lpt 中(见例 5、例 8)。调用格式为：(s345　h　δ_0)。

第6章 Auto LISP 与 AutoCAD 的通信

Auto LISP 应用程序或例程可以通过多种方式与 AutoCAD 交互。这些例程能够提示用户输入、直接访问内置 AutoCAD 命令,以及修改或创建图形数据库中的对象。通过创建 Auto LISP 例程,可以向 AutoCAD 添加专用命令,也可以调用 AutoCAD 几乎所有的命令,以实现参数化绘图。实际上,某些标准 AutoCAD 命令就是 Auto LISP 的应用程序。

6.1 Auto LISP 的绘图功能

6.1.1 Command 函数

Command 函数是 Auto LISP 系统提供的唯一可以将实体记录到 AutoCAD 当前图形数据库中的函数,它是实现 Auto LISP 程序中调用 AutoCAD 命令进行绘图的唯一途径。

调用格式:(command"命令"[参数]…)

应用 command 函数的注意事项:

(1)Command 函数调用中的参数类型、个数与顺序必须与 AutoCAD 命令严格对应;

(2) 调用 AutoCAD 命令及其子命令和选择项都用字符串表示,其中字符大小写均可。

如:(command "DIM1" "hor" '(2.0 3.0) '(10.0 3.0) '(5.0 10.0) 25)

(3) 数值变量可以写成数本身,也可以写成字符串的形式。

(4) 对于点常数有两种表示方法,即:'(0.4 5)和"0.4,5";如果点的坐标 x、y 为变量,则必须表示为:(list x y)。

(5) Command 调用参数中的空串"",等效于在键盘上按了一次回车键或空格键。

(6) 如果调用(command)时不带任何参数,则等效于 Ctrl+C 组合键。

(7) 在 Command 函数中允许使用 PAUSE,以暂停接受数据。Command 调用参数若遇 PAUSE,则表示暂停执行 AutoCAD 命令,以等待用户直接输入或鼠标输入。

如:(command "circle" pause 45),执行绘圆命令,以指定的圆心绘出半径为 45 的圆。

(8) Get 族函数不能用作 Command 函数的参数,Get 族函数将在下节中讲解。

Command 函数应用举例:

例 1 编程绘制任意倾斜的矩形。

```
(defun boxa (l w ang)
(setq bp (getpoint "\nEnter an base point:"))
```

```
(command "ucs" "o" bp "ucs" "z" ang)
(command "rectangle" "0,0" (list l w))
(command "ucs" "w")
);end
```

调用:(boxa 40 25 30)

程序运行首先指定矩形的左下角点,然后将该点设为坐标原点,并将坐标绕原点转动指定的 30°绘图,运行结果如图 6-1 所示。

例 2 编程绘制给定图号的图幅。

```
(defun tk (n / l w a c)
(cond ((= n 5) (setq l 210 w 148 a 25 c 5))
      ((= n 4) (setq l 297 w 210 a 25 c 5))
      ((= n 3) (setq l 420 w 297 a 25 c 5))
      ((= n 2) (setq l 594 w 420 a 25 c 10))
      ((= n 1) (setq l 841 w 594 a 25 c 10))
      ((= n 0) (setq l 1189 w 841 a 25 c 10))
);cond
(command "rectangle" "0,0" (list l w))
(command "rectangle" (list a c) (list (- l c) (- w c)))
);end
```

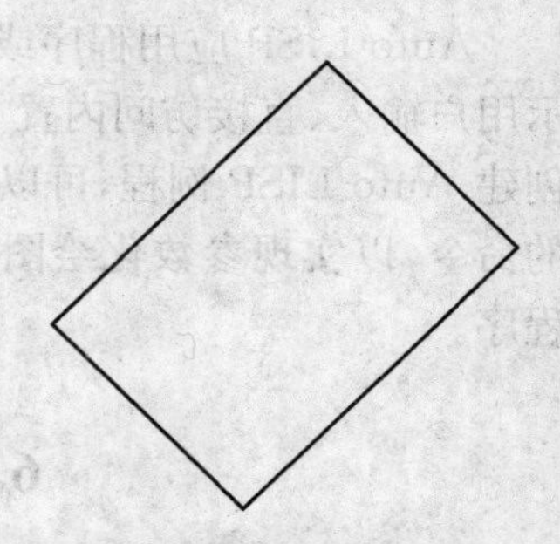

图 6-1 任意倾斜的矩形

调用:(tk 3),其执行结果将按给定的图号绘出 3 号图幅。

6.1.2 实用几何函数

1. 求角度函数

调用格式:(angle 点 1 点 2)

功能:获取 UCS 中两点连线与正 X 方向的方位角,其单位为弧度。

如:(angle'(0 0) '(10 10))

返回:0.785398

2. 求距离函数

调用格式:(distance 点 1 点 2)

功能:获取 UCS 中两点连线的距离。

如:(distance'(6 6) '(26 6))

返回:20.0

3. 求交点函数

调用格式:(inters 点 1 点 2 点 3 点 4 【方式】)

功能:求点 1 和点 2 为两端点的直线与点 3 和点 4 为两端点的直线的交点,并返回交点坐标。【方式】为可选项,若存在,且值为 NIL,则认为两直线是无限延长的,所求的交点即为两延长线的交点;若【方式】的值不为 NIL,或【方式】不存在,那么仅当两直线相交才返回交点,否则返回 NIL。

如:(inters'(6 6) '(26 6) '(10 0) '(10 10))

返回:(10.0 6.0)

4. 求极坐标点函数

调用格式：(polar 基点 弧度 距离)

功能：求由基点引出的点，并返回该点坐标

如：(polar ‘(0 0) (* 0.0174533 30) 45)

返回：(38.9711 22.5)

下面给出两个利用几何函数计算实现参数化绘图的实例：

例 3 编程绘制外接圆五角星。

```
(defun wjx (r)
(setq cp (getpoint "\n 指定中心点:"))
(setq p1 (polar cp (* 0.5 pi) r)
      p2 (polar cp (* 0.017453 162) r)
      p3 (polar cp (* 0.017453 234) r)
      p4 (polar cp (* 0.017453 306) r)
      p5 (polar cp (* 0.017453 18) r))
(setq p12 (inters p1 p3 p2 p5)
      p23 (inters p1 p3 p2 p4)
      p34 (inters p2 p4 p3 p5)
      p45 (inters p1 p4 p3 p5)
      p15 (inters p1 p4 p2 p5))
(command "pline" p1 p12 p2 p23 p3 p34 p4 p45 p5 p15 "c")
(command "circle" cp r)
);end
```

程序运行首先指定中心点，然后以中心点为基点，确定 5 个角点 p1～p5，再确定两两对角点之间的各个交点 p12、p23、p34、p45、p15，见图 6-2。

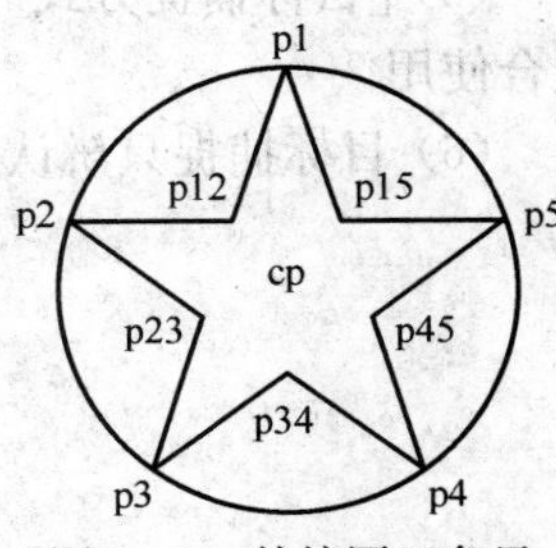

图 6-2 外接圆五角星

例 4 编程绘制彩色填充五角星。

```
(defun star_5 (r)
(setq cp (getpoint "\nCenter point:"))
(setq pt1 (polar cp (* 0.017453 18) r)
      pt2 (polar cp (* 0.017453 54) r)
      p2 (polar cp (* 0.5 pi) r))
(setq p1 (inters cp pt2 pt1 (polar pt1 pi r))
      p3 (polar cp (* 0.017453 126) (distance cp p1)))
(command "color" 1)
(command "pline" cp p1 p2 p3 cp p2 "")
(command "bhatch" "p" "s" (polar cp (* 0.017453 70) 10) "")
(command "color" 2)
(command "bhatch" "p" "s" (polar cp (* 0.017453 95) 10) "")
(command "array" "all" "" "p" cp 5 "" "")
(command "color" 7)
(princ));end
```

调用：command：(star_5 40)，将绘出彩色填充的五角星，见图 6-3。

图 6-3 彩色填充五角星

6.1.3 对象捕捉函数

调用格式:(osnap 基点 捕捉方式)

功能:按捕捉方式要求,根据基点来捕捉相应的点,并返回该点坐标。

如:(setq cp'(30 40)　p1 '(120 80) p2 '(30 60))

(command"circle" cp 20)

(command"line" p1 (osnap p2 "tan") "")

运行结果如图 6-4 所示。

说明:

(1) 对象捕捉函数与 AutoCAD 的 osnap 命令相似,用于准确捕捉图形上的特征点,如直线端点、圆心、相切点等。

(2) 目标捕捉方式名:NEA、END、MID、CEN、NOD、QUA、INT、INS、PER、TAN、QUI、NON。

(3) 如果在[指定点]处按照[目标捕捉方式]捕捉到了相应的目标特征点,则返回该特征点,否则返回 NIL。

(4) 当目标捕捉方式打开时,屏幕上将出现一个靶区符号,靶区大小可通过设置系统变量 aperture 来改变。

(5) [目标捕捉方式]为字符串参数,除 quick 和 none 外,其他目标捕捉方式可以任意组合使用。

(6) 目标捕捉只辨认屏幕上可见图素,关闭层无效。

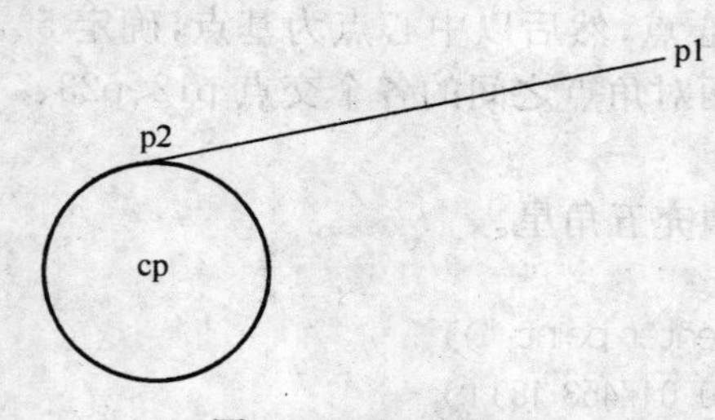

图 6-4　切点捕捉

6.2 交互输入函数

Auto LISP 语言具有较强的人机交互功能,这主要是由于其提供了一组从输入设备获取信息的系统函数。输入函数分为两类,一类称之为 GET 族函数(函数名形式为 GETxxx),它们接受键盘、数字化仪或鼠标器的输入。另外一类输入函数可用于从文件输入,如读一个字符函数 READ-CHAR,读一个字符串函数 READ-LINE。

6.2.1 GET 族输入函数

GET 族函数有:

- GETINT　　输入整数函数

- GETREAL　　输入实数函数
- GETDIST　　输入距离函数
- GETPOINT　　输入点函数
- GETCORNER　输入对角点函数
- GETSTRING　输入字符串函数
- GETORIENT　输入方位函数
- GETKWORD　输入关键字函数

GET 族输入函数的格式和功能见表 6-1。

表 6-1　GET 族输入函数的格式和功能

函数名	格　式	功　能
getint	(getint [提示])	提示输入一个数,返回整型数 (getint"\n 输入一个整型数:")
getreal	(getreal [提示])	提示输入一个数,返回实型数 (getreal"\n 输入一个实型数:")
getdist	(getdist [基点] [提示])	提示输入一个数或相对于基点定出 (getdist"\n 输入一个距离:")
getpoint	(getpoint [基点] [提示])	提示输入一个点或相对于基点定出 (getpoint"\n 输入一个点:")
getcorner	(getcorner [基点] [示])	提示输入一个点或相对于基点定出 (getcorner"10,10""输入对角点:")
getangle	(getangle [基点] [提示])	提示输入一角度或相对于基点定出 (getangle"\n 输入一个角度:")
getorient	(getorient [基点] [示])	提示输入一角度或相对于基点定出
getstring	(getstring [选项] [提示])	等待输入一个字符串,并返回字符串。 [选项]为 T 时允许输入空格;为 NIL 时不能输入空格
getkword	(getkword [提示])	等待输入一个关键字,并返回相应的关键字串

例如:

```
Command:(setq a  (getint "\n Enter an integer:"))
Enter an integer:25        返回: 25
Command:(setq b  (getreal "\n Enter a number:"))
Enter a number:25          返回:25.0000
Command:(setq d  (getdist "\n How far?"))
How far? 25                返回:25.0000
Command: (setq pt (getpoint "\n Enter a point:"))
Enter a point:6,8          返回:(6 8)
Command: (setq ang (getangle "\n Enter angle:"))
Enter angle: 180           返回: 3.141592
```

例 5　编制一个学生成绩统计程序,交互输入成绩分数,回车即返回学生人数和平均成绩。

```
(defun tjcj (/ s n x y)
(setq s 0 n 1)
(while  (setq x (getreal "\n请输入学生成绩分数:/<直接回车结束>"))
(setq  s  (+   s  x) n (1+ n))
);while
(setq y (/ s n))
(princ "\n学生人数为:") (princ n)
(princ "\n平均成绩为:") (princ y)
(princ)
);end
```

调用:(tjcj), 交互输入学生成绩后返回结果如下:

学生人数为:39

平均成绩为:69.7778

6.2.2 输入控制函数 initget

调用格式:(initget [位值][关键字])

功能:为随后的 get 族函数(getstring 除外)确立关键字,并控制输入值的范围,位值及其含义见表 6-2。

表 6-2 initget 函数的位值及含义

位值	含义
1	不接受空输入(直接回车或按空格键)
2	不接受零值
4	不接受负值
8	不检查图形范围(即使 LIMCHECK 为开)
16	返回三维点,而不是二维点
32	用虚线画皮筋拉伸线和拉伸框
64	使用 getdist 函数时,禁止使用 Z 坐标输入

例如:

(initget 1"Yes No")

(setq key (getkword"\n Are you sure? (Yes/No):"))

在提示 Are you sure? (Yes/No):下输入 Y,则返回"Yes";输入 N 则返回"No"。直接回车或输入其他不匹配的字母均不接受,直到输入正确为止。

(initget 7"Y Z A B C D E")

(setq dlxh (getkword"\n 选择 V 带型号(Y Z A B C D E):"))

位值为 7 表示 1、2、4 的叠加,意味着输入的数据必须非空、非零、非负,且要与关键字相匹配,否则,不接受。

6.2.3 其他输入函数

1. Read-char 函数

调用格式: (read-char)

功能：等待用户从键盘输入一个字符，并返回一个整型数(即该字符的 ASCII 码)。

例 6 编程打印输入字符及其对应的 ASCII 码。

```
(defun prch (/ ch)
(while (/=  (setq ch (read-char)) 32)
(print (chr ch))
(princ"—")
(princ ch)
);while
(princ)
);end
```

程序运行及其结果：

Command：(prch)

在键盘上按 ABCD 再按空格键，屏幕上显示如下：

A—65

B—66

C—67

D—68

按空格键结束。

2. Read－line 函数

调用格式：(read－line)

功能：等待用户从键盘输入一行字符串，并返回该字符串。

例 7 编程打印 read－line 输入的字符串。

```
(defun prlin (/  ch)
(while (/= (setq ch (read-line)) "")
(print ch)
(princ)
);while
(princ)
);end
```

程序运行及其结果：

Command：(prlin)

输入 AutoCAD，返回"AutoCAD"

输入 Auto LISP，返回"Auto LISP"

直到按回车键结束。

6.3 输出函数

Auto LISP 提供的基本输出函数有两类，一类既可用于屏幕输出，又可用于磁盘文件输出，这类函数是：

- print

- prin1
- princ
- write - char
- write - line

另一类仅用于屏幕输出的函数是：

- prompt
- terpri

6.3.1 用于屏幕和文件输出的函数

该类函数的调用格式和功能见表 6-3。

表 6-3 屏幕和文件输出函数的格式和功能

函数名	格　　式	功　能
print	(print [表达式])	换行打印表达式的求值结果，后面加一空格
prin1	(Prin1 [表达式])	不换行打印表达式的求值结果，后面不加空格
princ	(princ [表达式])	打印出的字符串不加引号，控制字符起作用
Write - char	(write - char [数])	将 ASCII 码数转换成字符，并写到当前光标位置处
Write - line	(write - line [字符串])	打印出的字符串不带引号，打印后换行

例 8 编程在屏幕上打印整数 10～25 的平方根。

```
(defun c:psqrt (\ x)
(setq x 10)
(while (<=  x  25)
(print (list'sqrt  x))
(princ" =")
(princ (sqrt x))
(setq  x  (+  x  5))
));end
```

运行结果：

```
Command: psqrt
(sqrt  10) =3.162278
(sqrt  15) =3.872983
(sqrt  20) =4.472136
(sqrt  25) =5.000000
```

6.3.2 只用于屏幕输出的函数

1. prompt 函数

调用格式：(prompt [字符串])

功能：将字符串打印在文本屏幕上，返回值为 NIL。

如：(prompt"\n 正在计算，稍等…")

2. terpri 函数

调用格式：(terpri)

功能:用于控制换行,返回值为 NIL。

6.4 文件操作函数

Auto LISP 语言和其他高级语言一样具有文件操作功能,通过文件可以把内存数据向外存扩充,以解决运行 Auto LISP 程序时内存空间不够或将运算产生的数据作永久保存。如工程设计手册中的大量数据或设计计算的结果等数据均可存储在文件中,通过文件操作函数,不但可以实现 Auto LISP 程序之间的数据通信,而且也可以实现 Auto LISP 与其他高级语言或软件之间的信息交换。

目前,Auto LISP 只支持 ASCII 码顺序文件,数据文件可以通过 ASCII 码文本编辑器生成。另外,Auto LISP 还专门提供了一些用于文件的输入、输出函数,它们可用来通过 Auto LISP 程序建立数据文件。

6.4.1 打开文件函数 open

调用格式:(open [文件名] [方式])

功能:按指定[方式]打开一个[文件名]的数据文件,返回可供其他 Auto LISP I/O 函数访问的文件描述符。

说明:

(1) [文件名]是一个字符串,它指定要打开的文件名、扩展名及其路径。

(2) [方式]参数分为读、写和追加三种方式,分别用小写字符串"r"、"w"和"a"表示,大写字符无效。

(3) open 函数返回的文件描述符是一种特殊的数据类型,它相当于其他高级语言中的文件号,用 type 函数对它求值将返回符号 FILE。通常使用 setq 函数把它赋给一个变量保存,以便其后的 I/O 函数使用。

(4) 用[方式]"r"或"w"打开一个文件时,文件指针总是指向文件的首部,所以在"w"写文件时,文件名不能重名。

如:(setq f (open "d:\\tulun\\camkx1. dat" "w"))

6.4.2 关闭文件函数 close

调用格式:(close [文件描述符])

功能:将 open 函数打开的文件关闭。

关闭文件的目的主要有两个:

(1) 文件关闭后,驻留在内存磁盘缓冲区上的部分数据才能写到外存文件中保存,否则,输入的数据可能因没有写盘而丢失;

(2) 打开的文件要占用内存空间,如果文件打开后没有关闭,则该文件就一直占用着,这将限制以后要打开的文件个数。因此,当文件打开数据传输完后,必须关闭。

文件打开和关闭是不可分割的,通常的格式为:

```
(setq f (open"A:sj.dat" "r"))
………
```

```
(close  f)
```

6.4.3 文件操作函数综合举例

例 9 定义一个函数,可将任何文本文件打开,以给定的字高和行距显示在 AutoCAD 图形屏幕上。

```
(defun wz (fname zg hj / bp qts)
(setq bp (getpoint "\nEnter base point:"))
(setq f (open fname "r"))
(while (setq qts (read-line f))
(command "text" bp zg "" qts)
(setq bp (polar bp (* 1.5 pi) hj)));while
(close f));end
```

说明:

fname——文本文件名;zg——字高;hj——行距。均为形参;bp、qts 为局部变量。

调用举例:command:(wz "d:/cad/wjx.lsp" 8 15),文字调入图形区,显示如图 6-5。

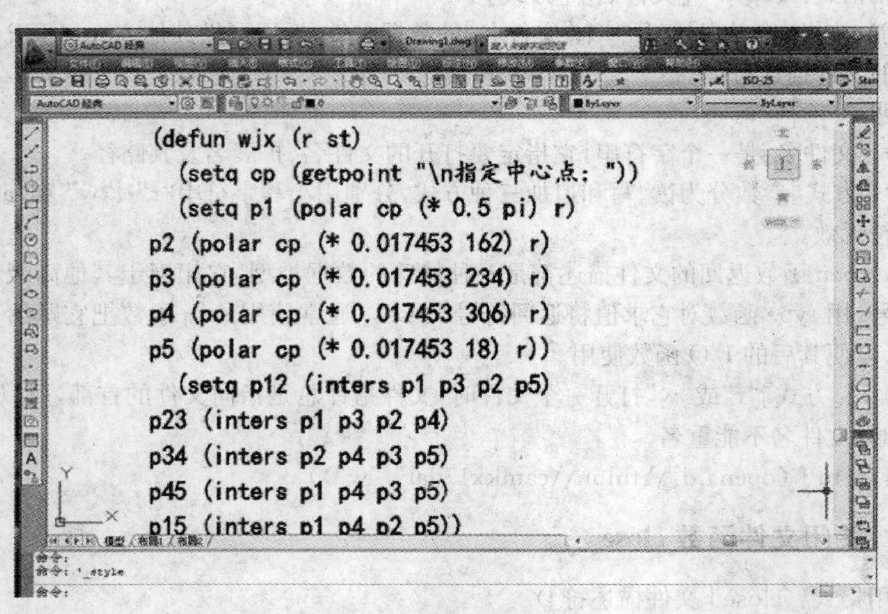

图 6-5 调用文本于图形区

例 10 编程计算参数文件 x=sin5acosa,y=sin5asin4a 在区间[0,2π]内各个点的坐标值,并以"x,y"的形式存入磁盘文件"qx.dat"中。

1. 编制程序建立数据文件

```
(defun qx_xy ()
(setq f (open "d:/cad/qx.dat" "w"))
(setq a 0)
(while (< a (* 2 pi))
(setq x (* (sin (* 5 a)) (cos a))
```

```
        y (* (sin (*5 a)) (sin (* 4 a))))
(princ x f) (princ "," f) (princ y f)
(princ "\n" f)
(setq a (+ a 0.05)));while
(princ "0,0" f)
(close f) (princ));end
```

2. 查看数据文件

执行函数(qx_xy)后,即在D盘cad文件夹中建立了一个数据文件qx.dat,打开该文件,可看到数据如下:

```
0.0,0.0
0.247095,0.0491516
0.47703,0.186697
0.673985,0.384882
0.824698,0.603634
0.919483,0.798543
0.952943,0.929704
0.92433,0.969669
0.837518,0.90891
0.700614,0.757725
…………
```

3. 编程读取数据文件并绘制图形(绘出的图形见图6-6)

```
(defun draw_qx ()
(setq bp (getpoint "\nEnter base point:"))
(command "ucs" "o" bp "pline")
(setq f (open "d:/cad/qx.dat" "r"))
(while (setq pt (read-line f)) (command pt))
(close f)
(command "" "ucs" "w")
(princ));end
```

图6-6 读取数据绘制参数曲线

6.5 屏幕控制函数

AutoCAD的命令执行时,文本屏幕和图形屏幕的切换可以通过按下F2键来实现。但是,在程序运行过程中要实现屏幕的控制则需要借助于Auto LISP提供的几个转换函数来实现。

1. 函数名 graphscr

格 式:(graphscr)

功能:从文本屏幕切换到图形屏幕。

2. 函数名 textscr

格式:(textscr)

功能:从图形屏幕切换到文本屏幕。

3. 函数名 redraw

格式:(redraw [图元名] [模式])

功能:根据[模式]的设置来控制图元的重画效应,重画模式代码见表 6-4。

或:(redraw) 执行该函数与执行 AutoCAD 的命令 redraw 一样。

或:(redraw [图元名]) 将只重画由[图元名])指定的实体。

表 6-4 模式代码及其含义

模式代码	含 义
1	在屏幕上重画实体[图元名]
2	把实体[图元名]从屏幕上清除(隐去)
3	把实体[图元名]加亮显示(若显示器具有加亮显示的功能)
4	使实体[图元名]不加亮(若显示器具有去除加亮显示的功能)

4. 函数名 grclear

格式:(grclear)

功能:清除图形屏幕的当前视窗,暂时隐藏图元,而不会删除。

5. 函数名 grdraw

格式:(grdraw [起点] [终点] [颜色] [方式])

功能:在当前视窗中从起点到终点按指定的颜色画一矢量线,方式不为零时加亮。

6.6 图形数据库操作函数

AutoCAD 既是一个绘图软件包,又是一个图元数据管理系统,它在生成图形的同时也记录下了图元的数据和信息,利用 Auto LISP 提供的数据库操作函数,可对当前的图形数据库进行检索、编辑、修改和更新屏幕图形。

6.6.1 选择集操作函数

所谓选择集是指图形中选定的部分图元或所有图元的集合。Auto LISP 提供了选择以下六种有关选择集的操作函数:

(1) Ssget—创建选择集;

(2) Ssadd—把图元加到选择集中;

(3) Ssdel—从选择集中删除图元;

(4) sslength—测定选择集中的图元数;

(5) ssname—从选择集中获取图元名;

(6) ssmemb—测试图元是否为选择集成员。

1. 创建选择集 Ssget

调用格式 1:(ssget [方式] [点 1] [点 2]) 有如下形式:

■ (ssget) 不带任何参数,请求进行一般图元选择。

■ (ssget'(20 35)) 选择通过点"20 ,35"的图元。

■ (ssget"L") 选择最新加入数据库的图元。

■ (ssget“P”)　选择前一次已选择过的图元。
■ (ssget“W”[点 1][点 2])　选择由两对角点所确定窗口内的图元。
■ (ssget“C”[点 1][点 2])　选择交叉窗口涉及的图元。
■ (ssget“wp”[点 1][点 2]…)　多边形窗口方式选择。
■ (ssget“cp”[点 1][点 2]…)　多边形交叉窗口方式选择。
■ (ssget“F”[点 1][点 2]…)　折线方式选择。
■ (ssget“X”)　选择全部图元。

例 11　编制清除图形屏幕上所有实体的函数 CLS。

```
(defun c:cls ()
(setq s1 (ssget "x"))
(if s1 (command "erase" s1 ""))
(redraw)
(princ)
)
```

执行该函数就如执行一个 AutoCAD 内部命令，如 command: cls。

调用格式 2:(ssget　“X”　[过滤表])　过滤表代码见表 6-5。例如：

(ssget“x”‘((0　.“CIRCLE”)))　选择所有的圆。

(ssget“x”‘((8 .“3”)))　选择层 3 上的所有图元。

(ssget“x”‘((0 .“CIRCLE”)　(8 .“3”)　(62 . 1)))选择层 3 上红颜色的圆。

创建选择集并赋给变量应用举例：

```
(setq a1 (ssget  ‘((0  .  “TEXT”)))) ;选择文本加入选择集
(setq a2 (ssget  ‘((0  .  “LINE”))))  ;选择线图元加入选择集
(setq a3 (ssget  “L” ‘((0  .  “CIRCLE”)))) ;选择最近画的一个圆
(setq a4 (ssget  “P” ‘((8  .  “1”))))  ;选择前一个选择集中 1 层上的图元
(setq a5(ssget  “X” ‘((62  .  3))))  ;选择所有绿色的图元加入选择集
(setq a6 (ssget  “X”  ‘((0  .  “CIRCLE”) (8  .  “2”)  (62  .  1))))
                              ;选择 2 层上红色的圆加入选择集
```

表 6-5　过滤表 DXF 码

组码	意 义	数据类型	应 用
0	图元类型	字符串	(0　.　“CIRCLE”)
2	插入块名	字符串	(2　.　“BLOCK”)
6	线形名	字符串	(6　.　“CONTINUOUS”)
7	字型名	字符串	(7　.　“STANDARD”)
8	层名	字符串	(8　.　“BLOCK”)
62	颜色号	整型	(62　.　1)

说明：

(1) 用 ssget 函数只能选择主图元，而不能选择子图元。

(2) 选择集可以保存于 Auto LISP 变量中。如：

(setq　s1 (ssget“x”‘((0 .“LINE”)　(8 .“3”))))

(3) 选择集中的图元是唯一的。

(4) 当前图形中建立的选择集数量不能多于 128 个，如果超过这个极限，则 ssget 函数将返回 nil。若选择集的图元不再需要，可将其释放。例如，要释放变量名为 s 的选择集，可执行：(setq s nil)。

(5) 过滤器序列中指定的符号名称可包含通配符模式，常用的通配符如下：

?	匹配任何单个字符
@	匹配任何单个字母
#	匹配任何单个数字
.	匹配除字母和数字之外的任何单个字符
*	匹配任何字符串，包括 null 串
[-]	匹配连字符范围内的字符，如[1-5]

通配符可单独使用，也可组合使用，其中最常用的是“*”和“?”。

例如：(setq s (ssget “X” ‘((8 . “A*”)))) ；表示层名首字母为 A 的所有层均被加入选择集。

(6) 过滤器序列中指定的符号名称可包含关系测试模式，如：

=	等于
/=	不等于
<	小于
>	大于
<=	小于等于
>=	大于等于

例如：(setq s (ssget “X” ‘((0 . “CIRCLE”)(-4 .”>”) (40 . 20.0)))) 表示所有半径大于 20 的圆加入选择集。

(7) 通过应用逻辑分组运算符，可以创建更为复杂的多层嵌套关系测试。

逻辑分组运算符如下：

<AND AND>与运算，测试一个或多个 DXF 组

<OR OR>或运算，测试一个或多个 DXF 组

<XOR XOR>异或运算，测试两个 DXF 组

<NOT NOT>非运算，测试一个 DXF 组

例如：(setq s (ssget “X” ‘((-4 . “<OR”) (8 . “1”) (8 . “2”) (-4 . “OR>”))))

表示创建由 1 层或 2 层上的图元组成的选择集。

2. 操作选择集

1) 函数名 ssadd

调用格式：(ssadd [图元名][选择集])

功能：向已有选择集中加入图元。

例如：

建立空集—(setq s1 (ssadd))

建立只有一个图元的选择集—(setq s2 (ssadd [图元名]))

2）函数名 ssdel

调用格式：(ssdel [图元名][选择集])

功能：从选择集中删除图元。

3）函数名 sslength

调用格式：(sslength [选择集])

功能：获取选择集中图元个数。

说明：使用 sslength 应保证所构造的选择集不为 nil。

4）函数名 ssname

调用格式：(ssname [选择集][序号])

功能：获取选择集中图元名。

5）函数名 ssmemb

调用格式：(ssmemb [图元名][选择集])

功能：测试指定图元是否为选择集中成员。是则返回该图元名，否则返回 nil。

选择集操作函数实例：

例 12 选择屏幕上要保留的图形，删除其他未被选中的图形。

```
(defun c:remainder (/ s1 s2 s3 n ent)
(setq s1 (ssget) s2 (ssget"x"))
(if (not s1) (command"erase" s2 "")
(progn (setq s3 (ssadd) n 0)
  (repeat (sslength s2)
  (setq ent (ssname s2 n))
     (if (not (ssmemb ent s1)) (ssadd ent s3))
    (setq n (1+ n)));repeat
 (command"erase" s3 "" "redraw"));progn
);if
);end
```

6.6.2 处理图元对象

Auto LISP 提供了下列用于图元对象处理的函数：

(1) Entlast　　获取图形数据库中最后一个图元名

(2) Entnext　　获取图形数据库中下一个图元名

(3) Entsel　　选择图元并获取图元名

(4) Entget　　获取图元数据表

(5) Entmod　　修改图元数据表

(6) Entupd　　更新图元的屏幕显示

(7) Entmake　　创建图元

(8) Entdel　　删除或恢复指定图元

1. 获取图元名称

图元名是一个指向 AutoCAD 图形编辑程序的文件指针，只有通过图元名，才能对图形数据库中的图元进行访问、编辑和修改。因此，在对图元进行编辑修改之前，获取图元名是非常重要的。

1）按图元顺序获取图元名称

(entnext) —获取图形数据库中第一个图元名称

例如：(setq e1 (entnext))

返回：<Entity name：[第一个图元名编码]>

(entnext [图元名]) —获取该图元之后的图元名

例如：(setq e2 (entnext e1))

返回：图元 e1 之后的图元名

(entlast)—获取最后一个图元的名称

例如：(setq e (entlast))

返回：最近绘制的一个图元名

2）按图元位置获取图元名称

(entsel [提示串]) —要求用点选择方式在屏幕上选择单个图元，它返回一个表，表的第一个元素为所选择的图元名，第二个元素为用于选择图元的点的坐标。

如：屏幕上已有绘制出的一条线，要点取该曲线获取图元名称，操作如下：

Command：(setq e (entsel "Please choose an entity："))

Please choose an entity：3,3(该点为线上的点)

返回：(<Entity name：60000014> (3.0 3.0 0.0))

(entsel)—提示串默认，执行时将出现提示：Select objects：

例 13 编程在屏幕上画一条线和一个圆，并按图元位置获取图元名称返回的表中提取图元点的坐标，利用捕捉方式过圆心向直线作垂线。

```
(defun c:ents ()
(command "line" '(10 10) '(80 80) "")
(command "circle" "30,100" 40)
(setq pt1 (cadr (entsel "select a line:")))
(setq pt2 (cadr (entsel "setlect a circle:")))
(command "line" (osnap pt2 "cen")) (osnap pt1 "per") "")
);end
调用:command: ents
```

图 6-7 利用图元名称返回表信息绘垂线

执行结果见图 6-7。

2. 修改图元数据

1）获取图元数据表

函数名：entget

调用格式：(entget [图元名])

功能：返回一个该图元名定义的图元的数据表。

例 14 在屏幕上用"CIRCLE"命令画了一个圆，其中圆心坐标点为"200,200"，半径为 50。为了在文本屏幕上以缩进形式显示该图元数据表的内容，编程如下：

```
(defun c:pe ( )
(setq a (entlast)  aa (entget a)  c 0)
(textscr)  (princ "\nData of last entity:")
```

```
(repeat (length aa)
(terpri) (princ (nth c aa)) (setq c (1+ c)));repeat
(princ)
) ;end
```

调用:command: pe

程序运行后,图元数据表在文本屏幕上显示如下:

```
Data of last entity:
(-1 . <图元名: 7ef75010>)
(0 . CIRCLE)
(330 . <图元名: 7ef5ecf8>)
(5 . FA)
(100 . AcDbEntity)
(67 . 0)
(410 . Model)
(8 . 0)
(100 . AcDbCircle)
(10 200.0 200.0 0.0)
(40 . 50.0)
(210 0.0 0.0 1.0)
```

从该图形数据表可看出,由函数 entget 返回的图元数据表中的每一个子表的首元素均为组代码,可用函数 car 取出;其后的元素为组代码对应的组值,可用函数 cdr 取出。除坐标点的子表外,其余的子表均为点对表,表中组码和组值含义见表 6-6。

表 6-6 圆的数据表组码和组值含义

组码	组 值 含 义	组码	组 值 含 义
-1	表示图元名,圆数据表所代表的图元	410	表示图元所处的图形空间状态
0	表示图元的类型名	8	表示图元所在的图层
330	表示图元指针标识符	10	表示圆所在的中心点坐标
5	表示图元句柄	40	表示圆的半径
100	图元子类标记	210	表示图元三维加厚方向(三维表)
67	表示该圆为模型空间图元		

2) 修改图元数据

函数名:entmod

调用格式:(entmod [图元数据表])

功能:接受修改的图元数据表

例如:在屏幕上用“LINE”命令画一直线,已知起点坐标为“2,2”,终点坐标为“8,8”。若要修改直线终点的数据,可执行如下:

```
(setq e (entlast));获取图元名
(setq el (entget e));获取该图元的数据表
(setq el (subst'(11 20.0 9.0) (assoc 11 el) el)) ;修改组码为 11 对应的线段终点坐标
(entmod el);接受新的数据表
```

说明：entmod 不能更改图元的类型和图元句柄；图元数据表中须修改的数据在执行 entmod 之前必须存在。

3）更新图元数据表修改后的屏幕图像

函数名：entupd

调用格式：(entupd ［图元名］)

功能：使修改了图元数据的图形在屏幕上更新显示。

注意：在执行 entupd 函数之前，必须先执行 entmod。

例如：设图中最后一个图元是一条有若干顶点的多义线，若要修改多义线的第一个顶点，可执行如下：

```
(setq e1 (entlast));          置 e1 为多义线的图元名
(setq e2 (entnext e1));       置 e2 为多义线的第一个顶点
(setq ed (entget  e2));       置 ed 为顶点数据表
(setq ed (subst'(10  100.0  200.0) (assoc 10 ed) ed))  ;修改数据表中的顶点坐标
(entmod ed);                  改变 ed 中的顶点位置，修改数据表
(entupd e1);                  重新生成修改后的多义线图元 e1
```

例 15 定义一个能改变现行图形中所有文本的尺寸大小的函数。

```
(defun c:chtxt (/ a ts n index b1 b c d b2)
(setq a (ssget"X" '((0 . "TEXT"))))
(setq ts (getdist"\nEnter new text size:"))
(setq n (sslength a))
(setq index 0)
(repeat n (setq b1 (entget (ssname a index)))
                (setq index  (+  index  1))
                (setq c (assoc 40 b1))
                (setq d (cons (car c) ts)))
                (setq b2 (subst d c b1))
                (entmod b2));repeat
);end
```

4）增加图元

函数名：entmake

调用格式：(entmake ［图元数据表］)

功能：根据提供的图元数据表创建图元。

例如：创建一个多义线的图元，其三个顶点分别为(10,10)、(10,20)、(20,20)，颜色为红色，位于 1 层上。执行如下：

```
(entmake'((0 . "polyline") (62 . 1) (8 . "1") (66 . 1)))
(entmake'((0 . "vertex") (10 10.0 10.0 0.0)))
(entmake'((0 . "vertex") (10 10.0 20.0 0.0)))
(entmake'((0 . "vertex") (10 20.0 20.0 0.0)))
(entmake'((0 . "seqend")))
```

执行结果将在图形屏幕上增加一条由三个顶点确定的多义线。

5）删除或恢复图元

函数名：entdel

调用格式：(entdel ［图元名］)

功能：相当于一个开关，用于删除或恢复一个指定的图元。

例如：用 LINE 命令在屏幕上画出了一条直线，然后用 entdel 函数删除它。执行如下：

Command：(setq e (entlast))

返回：＜图元名：7ef75080＞

Command：(entdel e)

返回：＜图元名：7ef75080＞

可以看到，刚画出的直线从当前图形中删除不见了。若再执行：

Command：(entdel e)

返回：＜图元名：7ef75080＞

刚刚删除的直线又被恢复在图形屏幕上。

练　习　题

1. 以上底 x1、下底 x2 和高 h 作为变参，编制梯形的参数化绘图程序。其调用格式为(tx 30 50 40)

2. 以半径 r 和高 h 作为变参，编制鼓形的参数化绘图程序（见题 6 - 2 图），其调用格式为：(gx 60 40)

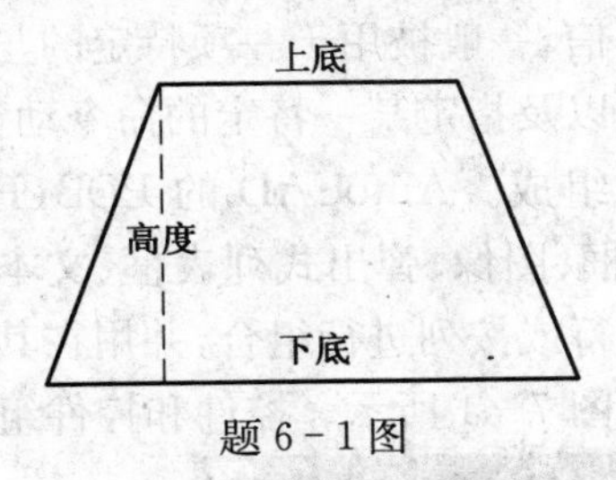

题 6 - 1 图

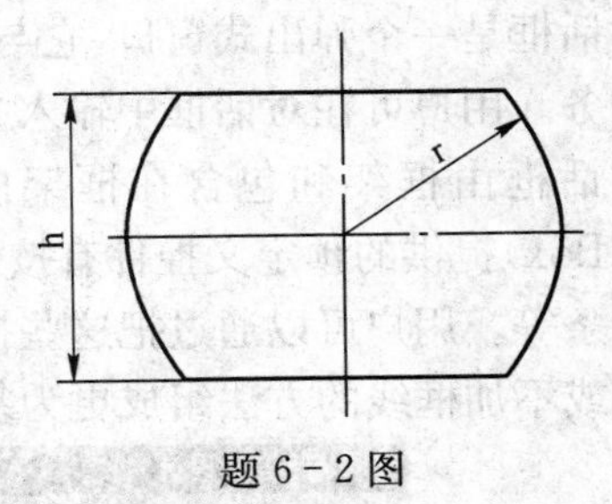

题 6 - 2 图

3. 编制一个参数化绘图的多角星（如下图示），参数为：角数 n、顶点半径 r（内圆半径为 r1＝0.4r），调用格式为：(djx　n　r)

题 6 - 3 图　分别调用(djx 3 35)、(djx 5 40)、(djx 8 50)绘出的多角星

第 7 章　人机交互界面设计

在计算机辅助机械设计系统中，人与计算机相互交流是必不可少的部分。除了利用前面提到的 GET 族交互输入函数进行人机交互外，更多的是通过用户界面来实现。用户界面是软件与用户之间沟通的桥梁。

对话框是人机交互的主要界面之一，它具有操作直观、方便、易于输入和修改数据等特点，是现代软件设计必不可少的一种风格形式。在对 AutoCAD 进行软件二次开发时，常使用对话框设置工作环境、修改系统参数和输入初始数据。AutoCAD 为用户提供的可编程对话框技术是由专用的对话框描述语言 DCL(Dialog Control Language)和 Auto LISP 驱动函数两部分内容组成的。

在 AutoCAD 的 support 目录中包含有 base. dcl 和 acad. dcl 两个文件。这些文件给出了对基本的预定义控件及控件类型的 DCL 定义，还包含了常用控件原型的定义。

7.1　对话框的控件

对话框是一个弹出式窗口，它与用户进行信息通信，一般被用于一项特定的与输入有关的任务。用户可在对话框中输入参数、选择一些项以及指定某一特定的命令动作等。

对话框由框架和包含在框架内的各种控件所组成。AutoCAD 的 PDB(Program Dialog Box)提供的预定义控件有按钮、单选框、复选框、图像、弹出式列表框、文本编辑框和滑动条等。用户可以通过把这些控件进行分组，按行或按列进行组合，并用在其外面加上框线或不加框线的方法组成更为复杂的控件组，如图 7－1 所示。控件和控件组在对话

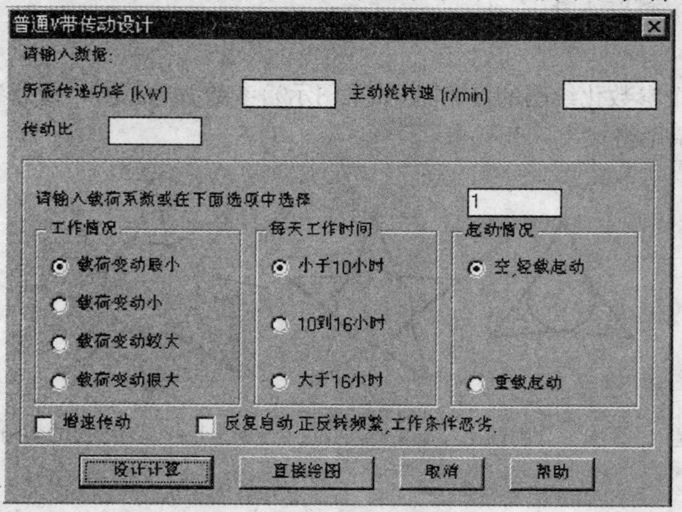

图 7－1　对话框及其控件

框中的布局、外观与功能由控件的属性来定义。

对话框的基本控件直接由 AutoCAD 的 PDB 支持,其定义在 acad. dcl 文件的注释中可以看到。这些控件分为 6 大类:按钮类、选择类、编辑类、列表类、框架类和装饰说明类。

7.1.1 按钮类控件

1. 按钮(button)

功能:主要用于启动和执行命令等动作,如"确定"、"取消"、"帮助"等。

按钮适合于立即对用户进行可视的操作,如离开对话框,进入子对话框等。对话框应至少包含一个"确认(OK)"按钮或功能与"确认(OK)"按钮相同的按钮。当用户在对话框中完成数据输入后,单击此按钮,即转向命令的执行。许多对话框还包含一个"取消"(Cancel)和"帮助"(Help)按钮,单击取消按钮则取消并退出这个对话框;单击"帮助"则显示帮助信息,如图 7-2 所示。

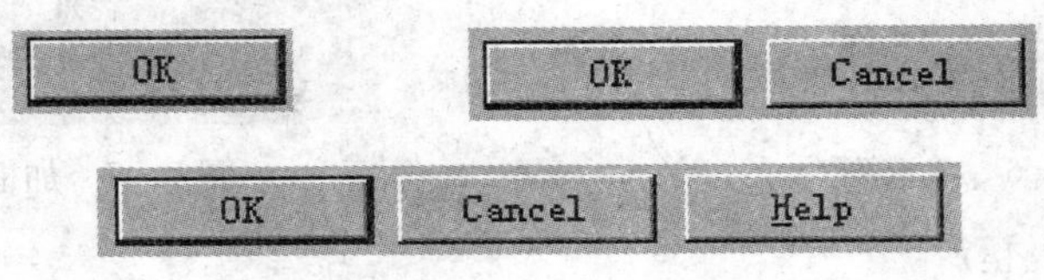

图 7-2 选择按钮

在 DCL 对话框代码中,这种按钮的三种引用方式分别为:

```
ok_only;
ok_cancel;
ok_cancel_help;
```

用户可以自定义按钮,DCL 代码为":button{…. }",大括号中省略部分内容为该控件的属性定义,下同。这种按钮见图 7-1 中的"直接绘图"。

另一种用户自定义按钮称为隐式按钮,其代码为":retirement_button{…}",这种按钮单击它不会立即退出对话框,见图 7-1 中"设计计算"。

2. 图像按钮(image_button)

图像按钮的功能实际上也是与上述选择按钮相同的,不同的只是在按钮内显示的是一幅图像而不是文字。当选定一个图像按钮时,程序获得实际选取点的坐标,据此来确定用户选取的内容,然后执行对应的功能动作,见图 7-3。

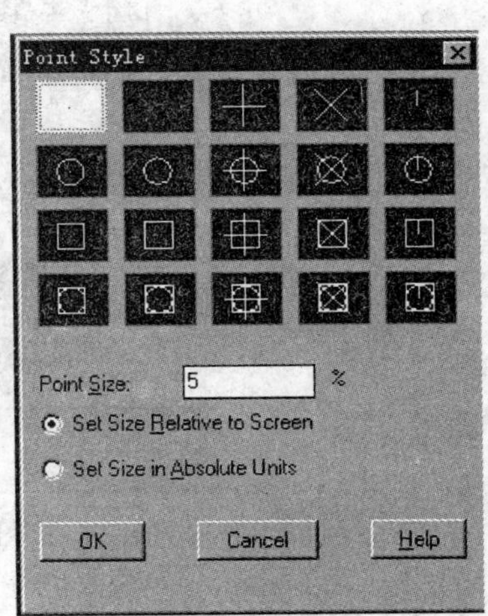

图 7-3 交互界面中的图像按钮

图像按钮的 DCL 代码为":image_button{…}"。

7.1.2 选择类控件

1. 单选按钮(radio_button)

功能:用于相互排斥的有限选择集合中的一个选择,通常由多个单选按钮组成一组,在某一时刻,只有其中一个被选择。单选按钮的 DCL 代码为":radio_button{…}"。

一般把单选按钮组成一组，排列成行或排列成列，其外观如图 7-4 至图 7-7 所示。

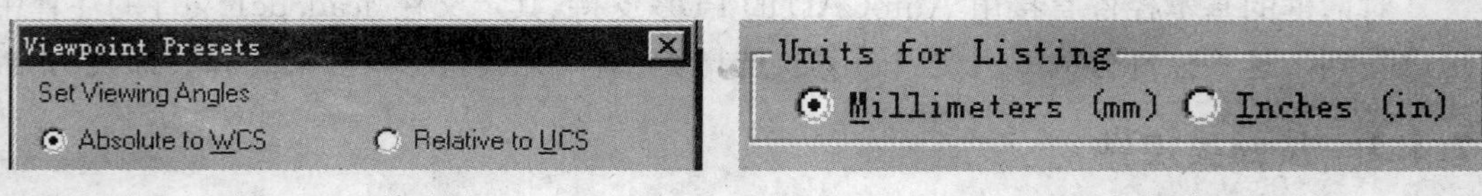

图 7-4　单选行　　　　图 7-5　加框单选行

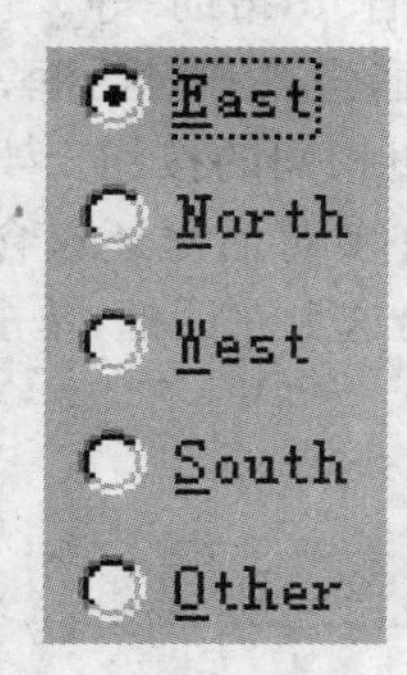

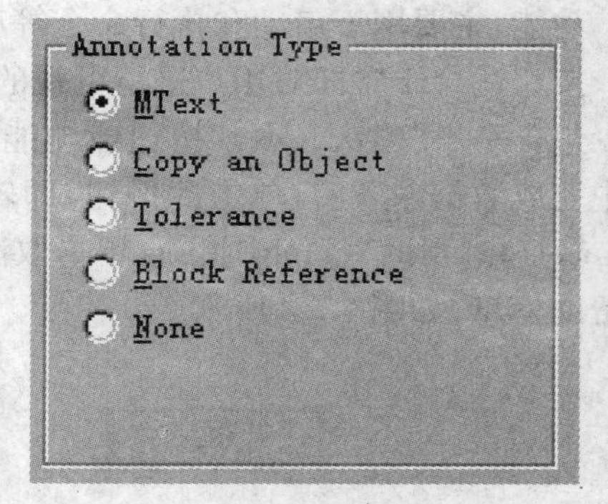

图 7-6　单选列　　　　图 7-7　加框单选列

2. 复选框(toggle)

功能：相当于一个开关，只有打开和关闭两个状态。DCL 代码为“:toggle{…}”。

复选框只有两个状态，即开(值为“1”)或关(值为“0”)。当用户输入数据只有两种选择时，可以使用此控件。复选框的外观如图 7-8 所示。

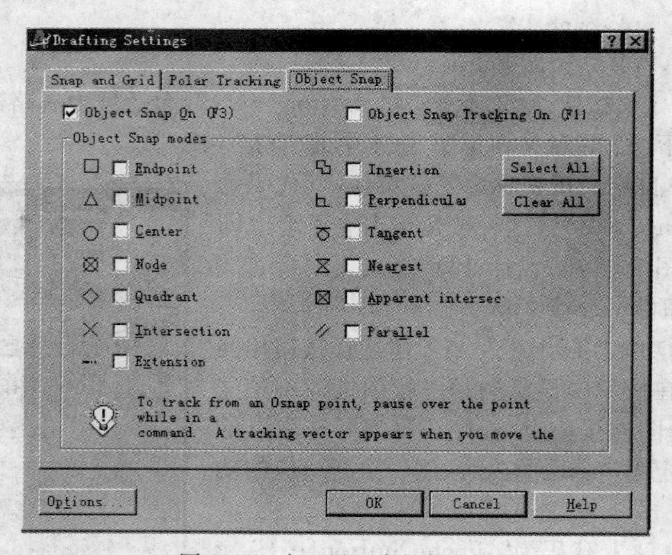

图 7-8　交互界面中的复选框

7.1.3　编辑类控件

1. 文本编辑框(edit_box)

功能：通常用于输入数据以及其他参数等。DCL 代码为“:edit_box{…}”。

该控件显示一个子窗口,用户可以在此窗口中输入或编辑文本。需要用户输入文字时,使用编辑框。文本编辑框外观如图 7-9 所示。

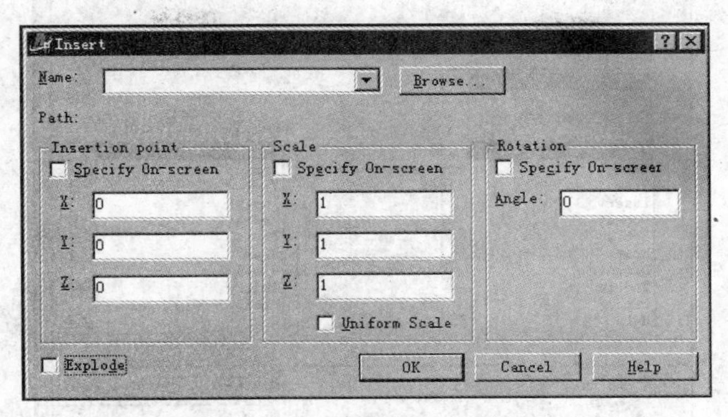

图 7-9 交互界面中的文本编辑框

2. 滑动条(slider)

功能:用户左右拖动滑动条的滑块,以得到所需的数值,这个数值以字符串的形式返回。滑动条的 DCL 代码为":slide{…}"。

使用滑动条是一种获得数字值的方法。用户操作滑动条的滑块可以获得一定范围内的有符号整数,其最大范围是-32768~32767,返回值以字符串类型返回。滑动条的外观如图 7-10 所示。

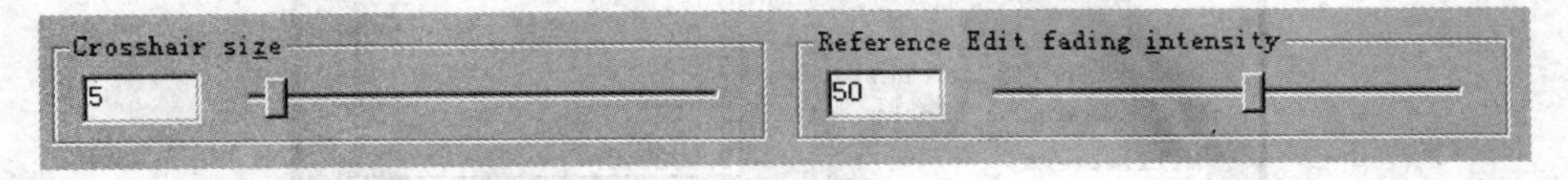

图 7-10 滑动条

7.1.4 列表类控件

1. 列表框(list_box)

功能:一个列表框就是一个由若干字符串组成的列表,其目的是要显示一个列表供用户从中选择。用户可以根据应用程序的需要,从列表中选择一个或多个选择项。通常当列表的长度和内容在程序运行中是变化的时候使用列表框。列表框的外观如图 7-11 所示,其 DCL 代码为":list_box{…}"。

2. 弹出式列表(popup_list)

弹出式列表在功能上与列表框相同,但它占据的空间较小。表框右边有一个倒三角向下箭头,单击箭头时,会弹出一个列表并在其中显示更多的选择项。当表被弹出时,能看见整个表,弹出式列表右边有一滚动条,其形状和工作方式如同列表框一样,弹出式列表的外观如图 7-12 所示。

弹出式列表在对话框中占据的空间比列表框小,其 DCL 代码为":popup_list{…}"。

7.1.5 框架类控件

框架类控件包括行、列、加框行和加框列等,其功能在于改善上述各控件的布局,增强

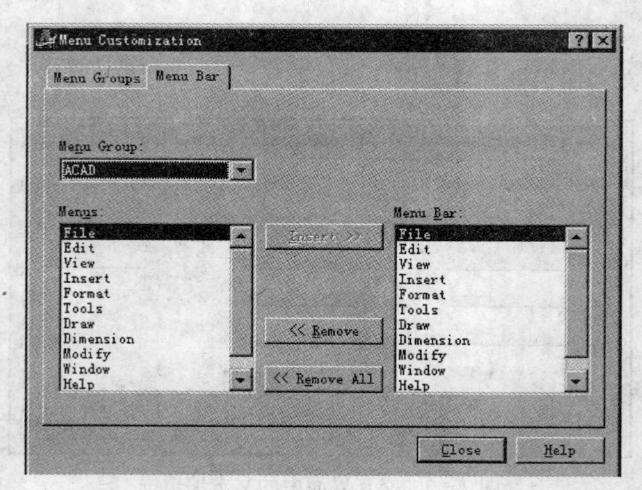

图 7-11　交互界面中的列表框

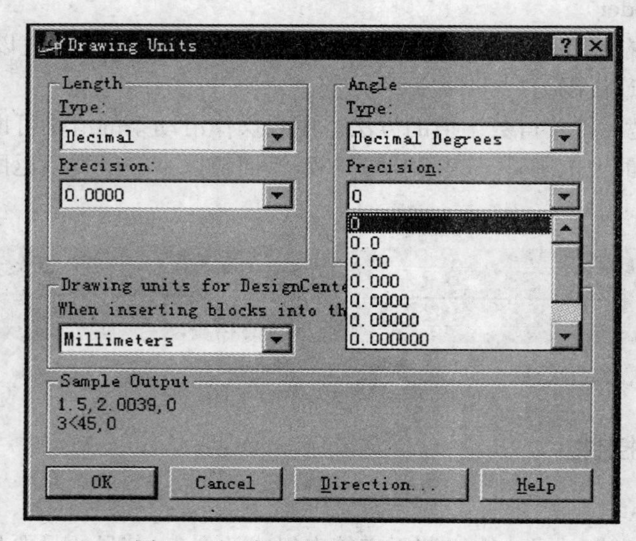

图 7-12　交互界面中的弹出式列表

对话框的视觉美感。

DCL 提供了行或列以及加外框的控件。其 DCL 代码分别为：

行":row{…}"；　　加框行":boxed_row{…}"

单选行":radio_row{…}"；　　加框单选行":boxed_radio_row{…}"

列":column{…}"；　　加框列":boxed_column{…}"

单选列":radio_column{…}"；　　加框列":boxed_radio_column{…}"

7.1.6 装饰说明类控件

图像、文本和间隙属于装饰说明类控件，这类控件不引起任何操作，而且不能被选择，它主要用于显示信息或加强视觉效果或帮助对话框布局。

1. 图像(image)

图像控件为对话框的一个矩形区域，在该区域内可以显示一幅矢量图形或幻灯片。

例如可用于显示图标、文本字型或颜色块等，见图 7-12。其 DCL 代码为“:image{…}”。

2. 文本(text)

文本控件显示文本字符串，一般用于显示一个文字标题、一些提示信息或操作说明等，如图 7-13 所示。其 DCL 代码为“:text{…}”。

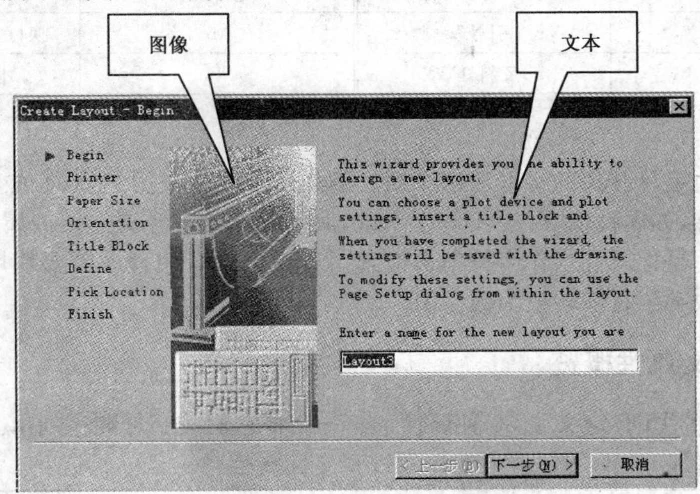

图 7-13　图像及文本控件

3. 间隙(spacer)

间隙控件是空白控件，无任何显示。主要用于调整对话框相邻控件间的间距和布局。由于 AutoCAD 能自动调整控件之间的间距，所以该控件使用较少。该控件在对话框中进行各个控件布置时使用，它影响邻接控件及其之间的尺寸和布局。其代码为“:spacer{…}”。

7.2　DCL 控件的属性

控件的属性是用于定义控件的功能、布局、操作特性和显示特性等性质的一类标识。譬如控件的值(value)属性给该控件置初始值，高度(height)和宽度(width)属性定义该控件的高度与宽度等。

7.2.1　控件属性的类型

控件的属性用于定义控件在对话框中的布局特性和控件的功能特性。控件属性值的类型有四种：整型、实型、字符串和保留字。

1. 整型数

表示距离、长度和大小的属性一般取整数值。如高度属性(height)和宽度(width)，它们的值都是整型数，其度量单位是字符的高度和字符的宽度。

2. 实型数

实型数要求小数点前后都应有数字，如 0.12 而不是 .12。

3. 字符串

字符串是由双引号括起来的文本。文本的大小写是有区别的，例如字符串“B1”和

"b1"就是两个不同的字符串。在文本字符串中可以包含转义字符，转义字符如表 7-1 所示。

表 7-1 DCL 文件中的转义字符

转义字符	代表字符	转义字符	代表字符
\"	引号"	\n	换行(ASCII 码为 13)
\\	反斜杠\	\t	水平制表 Tab

4. 保留字

保留字是由字母开头的字母数字序列。例如许多属性都用到 true 或 false 值。保留字对大小写敏感，如属性值 True 不等于 true，属性 Width 就不是 width 属性等。

应用程序总是把属性当作字符串来检索。若用户的应用程序需要使用数字值，就必须根据需要把数字字符串转换为数字值。

7.2.2 预定义属性概览

AutoCAD 的 PDB 定义了 35 种属性，表 7-2 将它们按字母顺序列出。

表 7-2 预定义属性

序号	属 性 名	有关的控件	含 义
1	Action	所有可激活的控件	Auto LISP 操作表达式
2	Alignment	所有控件	在控件组中的水平或竖直对齐
3	allow_accept	编辑框、图像按钮和列表框	当选中该控件时，激活 is_default 设置为 true 的按钮
4	aspect_ratio	图像和图像按钮	图像的长宽比
5	big_increment	滑动条	移动的增量
6	children_alignment	行、列、单选行、单选列、框中行、框中列、框中单选行和框中单选列等控件组	对齐控件组中的控件
7	children_fixed_hight	行、列、单选行、单选列、框中行、框中列、框中单选行和框中单选列等控件组	布局时控件组中控件的高度不变
8	children_fixed_width	行、列、单选行、单选列、框中行、框中列、框中单选行和框中单选列等控件组	布局时控件组中控件的宽度不变
9	Color	图像和图像按钮	图像的背景(填充)颜色
10	edit_limit	编辑框	用户能键入的最大字符数
11	edit_width	编辑框和弹出式列表	控件编辑(输入)部分宽度
12	fixed_hight	所有控件	布局时高度不变
13	fixed_width	所有控件	布局时宽度不变
14	fixed_width_font	列表框和弹出式列表	是否用固定字体显示文本
15	Height	所有控件	控件的高度
16	initial_focus	对话框	具有初始聚集控件的关键字属性
17	is_bold	文本框	用黑体显示

（续）

序号	属 性 名	有关的控件	含 义
18	is_default	按钮	按取消键——通常是按 Esc 键时按钮被激活
19	is_default	按钮	按接收键——通常是按回车键按钮被激活
20	is_enabled	所有激活控件	一开始控件是可激活的
21	is_tab_stop	所有激活控件	控件是可聚集的(按 Tab 键聚集该控件)
22	Key	所有激活控件	应用程序使用的控件名
23	Label	所有控件	显示控件的标签或标题
24	Layout	滑动条	滑动条是水平还是竖直方向
25	List	列表框和弹出式列表	在列表框中显示的初始值
26	max_value	滑动条	滑动条的最大值
27	min_value	滑动条	滑动条的最小值
28	mnemonic	所有激活控件	控件的助记符
29	mutiple_select	列表框	当为 true 时,允许多项选择
30	password_char	编辑框	指定一个字符作为口令字符
31	small_increment	滑动条	移动的增量
32	tabs	列表框和弹出式列表	在列表中指定 tab 的停止位置
33	Tab_truncate	列表框和弹出式列表	当 tab 停止位置字符串较长时,是否将其截断
34	Value	文本框、除按钮和图像按钮外的激活控件	控件的初始值
35	Width	所有控件	控件的宽度

7.2.3 常用的四种属性

1. 标签属性(label)

标签属性用于给对话框或控件一个标题。它的取值类型为一个字符串(如:label=“半径”;)。对不同的控件,它在对话框中出现的位置不同。例如,按钮的标签属性值出现在按钮内,框中列控件的标号属性出现在框的上方等。

如果指定的标号属性字符串中某个字符的前面有“&”,则该字符就作为助记符,助记符在标签显示时带有下划线。

在一个对话框中,若各个控件出现相同的助记符,则当用户按压该助记符键时,会在这些相同助记符的控件之间顺序切换。

助记符只改变控件的聚焦,而不选择控件。按压控件组的助记符,将其聚焦在该控件组中第一个控件上。助记符也可以由 mnemonic 属性指定。

2. 关键字(key)**和值属性**(value)

关键字属性是应用程序使用的控件的名字。在一个对话框中,每个控件的关键字属性值是唯一的,用于区分对话框中的各个控件。每一个可操作控件都必须有关键字属性，以便应用程序对其进行操作。关键字属性对用户来说是不可见的，它由程序员来选择。

值属性用于指定控件的初始值，并且该属性值在程序运行中可以被改变，这种改变可以通过用户输入或在应用程序中调用 set_tile 函数回填来实现。控件值的含义取决于控件的类型。控件的值属性对对话框布局没有影响。当显示对话框时，使用值属性来初始化对话框中的每一个控件。

关键字属性和值属性的数据类型都是字符串。它们没有默认值，需要程序员来指定。

3. 布局属性和尺寸属性

布局属性和尺寸属性用于对话框布局和确定控件尺寸。这些属性在控件中指定。若未被指定，AutoCAD 的 PDB 将赋予它们默认值。

1）宽度属性（width）和高度属性（height）

这两个属性用于指定控件的宽度与高度。其值的单位是字符宽度和字符高度。字符宽度为所有大小写字母的平均宽度（(Width(A…Z)＋Width(a…z))/52）与屏幕宽度除以 80 的较小的一个，字符高度则定义为屏幕字符的最大高度。除图像控件和图像按钮需要指出这些尺寸外，其他控件一般不需要指定这些值而使用其默认值。由这两个属性指定的值确定控件的最小宽度和最小高度。在布局时，除非由 fixed_width 和 fixed_height 属性所固定，这两个尺寸都可以被扩展。

2）对齐属性（alignment）

该属性指出在一个控件组中的控件对齐方式。对垂直排列的一列控件，其中的控件可以取 left，right 或 centered，默认值是 left，即左对齐。对水平排列的一行控件，其中的控件可以取 top，bottom 或 centered，默认值是 centered，即中心对齐。

对垂直排列的一列控件，不需要指定垂直方向的对齐方式；对水平排列的一行控件，不需要指定水平方向的对齐方式。在布局时，一组控件中的首控件和末控件总是分给行或列的两端，而中间的控件则平均分配。

3）子控件对齐属性（children_alignment）

该属性指出一个控件组中各子控件的默认对齐方式，若该控件组中某一子控件由对齐属性 alignment 公开指定定位信息，则 children_alignment 对此控件无效。对于竖直排列的一列控件组成的控件组，可以取 left，right 或 centered，默认值是 left；对于水平排列的一行控件组成的控件组，可以取 top，bottom 或 centered，默认值是 centered。

4）固定宽度属性（fixed_width）和固定高度属性（fixed_height）

这两个属性指定控件的大小在布局时是否可以改变，取决于它们的取值为 true 或 false。若指定该属性值为 true，则在布局过程中，该控件大小不变。

4. 功能属性

功能属性可以在任何有效的非静态的控件中使用，它们影响控件的功能，而与布局无关。

1）is_enabled

该属性用于指定控件的初始显示状态。可以取值 true 或 false，默认值为 true。若指定其为 false，则该控件被初始禁止——可视但不能被选择（在开始显示对话框时，该控件变灰）。在程序运行时，可以由 mode_tile 函数改变控件的状态。

2）is_tab_stop

当用户按 Tab 键时，该属性指定控件是否接收键盘聚焦。它可以取值 true 或 false。默认值为 false，即控件不接收键盘聚焦。当值为 true 时，通过键盘上的 Tab 键可以将输入焦点移至此控件。但当控件失效（is_enabled 属性为 false）时，即使该属性为 true，也不能聚焦到该控件。

3）mnemonic

该属性用于给控件指定键盘助记符。它的值是单个字符的字符串，并且该字符必须是控件标签（label）中的一个大小写一致的字母。使用该属性是为了在操作对话框时，通过助记符改变聚焦，但不选择控件。该属性没有默认值。

4）action

该属性用于给控件指定一个操作。当用户选择该控件时，就执行这个操作。属性值是一个字符串，该字符串必须为一个有效的 Auto LISP 表达式，但不能用 ADSRX 来指定这个操作。这个属性也不能调用 Auto LISP 命令函数来定义操作。该属性没有默认值。

7.3 设计对话框的步骤及原则

7.3.1 设计对话框的一般步骤

(1) 确定应用程序需要输入的数据。

(2) 分析需要输入的每一项数据，确定每一项数据使用哪一种控件。这要根据需要输入数据的类型和各种控件的功能来决定。例如需要输入文本或数值，就选用编辑框；若需要在一个选择集中选择一项，可以使用列表框、单选按钮或弹出式列表等。

(3) 根据选定的控件按主次关系和美学观点进行布局。

(4) 编写 DCL 文件。

(5) 编写应用程序处理对话框。

7.3.2 图形用户界面（GUI）的设计原则

要设计好一个对话框，用户不仅要考虑该对话框的用途，而且还要考虑布局的美观性、使用的经济性、操作的方便性和设计的一致性等因素。因此，设计一个好的对话框应当遵循一定的规则，并在实践中逐步提高。

1. 尽量采用标准化的界面

采用标准化的界面包括两个方面的含义：一是尽量采用软件所提供的标准化对话框；另一个是在用户开发软件时，尽量定义一些在程序中用到的控件原型和子组装。这样做的好处是能够保证界面的一致性，为使用者使用软件提供方便。

2. 语言要清晰

由于在对话框中显示许多文本信息，如对话框的标题、按钮名称和一些信息短语等，这些文本信息表达语义应是确切而不含糊的，不应具有多义性，以免使用户产生误解，造成操作失误。

3. 用户控制要方便

对话框总是给用户一些控制，用户使用这些控制输入数据。使用对话框输入比命令行输入的优点是输入数据不受顺序限制，用户能够按照自己的意愿输入。在对话框中，有些控件是相互制约的，例如，当选中一个控件时，就禁止另一个控件。但是不要构造没有必要联系的制约。

当嵌套使用对话框时并在进入子对话框之前，不要退出主对话框，应当允许用户再返回到主对话框。而且子对话框应当显示在主对话框的上面，这样就给用户一个提示，这个对话框来自何处，又将返回何处。

4. 立即反馈信息

当用户操作对话框时，应当立即给予反馈信息。如果用户选择或执行了什么，就立即显示或描述；若某一选择排斥其他几个选择，就马上对其他进行修改，并使用户能够可视等。例如，在 AutoCAD 颜色选择(Color Selection)对话框中，在用户选择颜色时，图像控件就立即显示所选择的颜色；在有关设计计算的对话框中，所计算的结果总是显示在按钮右边的编辑框中。

5. 提供必要的警告信息

对话框应是宽容的，允许用户操作失误。当操作错误时，应当给予适当的提示，或者当用户选择了一个有可能毁坏用户数据或比较费时的操作时，对话框也应给予提示信息。这可以由 errtile 控件或使用 alert 函数来实现，或者由用户定义的对话框来完成。

6. 提供帮助手段

当应用程序比较复杂或对话框自我解释较差时，应当提供在线帮助功能。在应用程序的主对话框中，推荐使用具有显示和描述重要信息的帮助(Help)按钮。在多数情况下，帮助(Help)按钮可以调用 Auto LISP 的 help 函数来显示有关的帮助信息。

在用户开发的应用程序中，可以考虑创建一个帮助系统。这个帮助系统可以用一个对话框来实现。对每一个需要提供帮助的主题，在对话框中作为一个控件，这个控件与相应的帮助文本相联系。

7. 考虑不同用户

在设计对话框时，应当考虑到各种用户的使用。如有些人不能很好地区分颜色，就需要提供另外的方法如文字说明来补充。例如，在标准 AutoCAD 颜色对话框中，用图像显示颜色的同时，使用文字描述颜色的颜色名和颜色号；有些人对使用手册中的小字看不清楚，或一时找不到使用手册，最好提供在线帮助来解决；有些人使用鼠标等定点设备有困难，可以在对话框中提供控件的助记符来解决。

7.3.3 预定义控件和控件组设计原则

1. 按钮

(1) 与按钮相连的操作对用户应是可见且立即发生的。

(2) 按钮的标签含义应是明确的，一般为按按钮所产生效果的动词。

(3) 在同一列中的按钮应具有同一宽度。

(4) 若某个按钮会引起一个嵌套的对话框，其标签应以省略号结尾。

(5) 若某按钮会隐藏对话框，则在标签后跟空格和小于号("＜")。

2. 控件组

(1) 若某些控件彼此相关，可考虑将它们放在同一组(如：计算按钮和编辑框等)。

(2) 控件组的标签应当指出该控件组的目的。

(3) 列表框和弹出式列表一般不使用控件组。

3. 编辑框

(1) 编辑框的宽度应大约等于可能输入文字的平均长度。当事先不能确定时,对实数使用 10 个字符宽,对文本使用 20 个字符宽。

(2) 编辑框的标签应以":"结尾。

(3) 若对键入编辑框的内容有限制,可将一文本框放在编辑框的右边,用以简单解释制约条件。

(4) 若编辑框键入的数据是点的坐标,最好提供两个或三个编辑框,分别用于 X,Y 及 Z 坐标的输入。

4. 图像按钮和图像

(1) 当将图像按钮或图像作为报警标志时,应当在需要它的对话框中保持一致。

(2) 当用图像按钮代表几种可能的选择时,应使用简单的文本补充说明。

5. 列表框

(1) 列表框的宽度应能放入该表中最长的一项。

(2) 一般应提供一个文本或标签来解释列表框的内容。

(3) 表中的项目应以字母顺序排列。

(4) 若该表的长度已固定且很短,考虑使用单选列来替换列表框。

6. 弹出式列表

(1) 弹出式列表中所包含的项目一般不应超过 16 个。

(2) 弹出式列表的标签应以":"结尾。

(3) 若想使弹出式列表的标号出现在该控件的上方,可以省略该标签而使用文本控件。

7. 单选按钮、单选行和单选列

(1) 一般使用单选列而不使用单选行。

(2) 保持单选列按钮标签文字精炼,全长度大致相同。

(3) 如果别处的一个选择使该项单选按钮组选择无效,就禁止了整个组。

8. 滑动条

(1) 滑动条的精度不应太低。

(2) 若用户需要知道滑动条控件的当前值,在对话框中应显示出滑动条的当前值,这时使用编辑框将是一个好办法。

9. 文本框

(1) 当用标签不能完全反映单个控件或控件组的目的时,使用文本控件来描述。

(2) 文本控件也可以用来显示状态信息、出错信息或警告信息。

(3) 文本含义应是确切的。

10. 复选框

(1) 把属于一类的复选框组成控件组。

(2) 可以使用单个复选框来控制其他的控件是否可操作。

7.3.4 设计对话框时应注意的几个问题

1. 文本的大小写

(1) 对话框、控件组的标题应使用标题大写(若为英文字符时),即首字、尾字以及除冠词、介词、连词和不定式 to 之外的所有其他词的首字母应当使用大写字母。

(2) 按钮内的控制标签也采用标题大写。

(3) 提示和信息采用句型大写。

2. 缩写

(1) 一般情况下,应避免使用缩写。

(2) 不得不用缩写时,应在一个控件组内采用一致的缩写。

3. 布局

(1) 把对话框中的控件按逻辑相关安排成行或列,形成控件组,为阅读提供方便。

(2) 水平或垂直对齐相关的录入域(如编辑框和列表框等),以便用户使用 Tab 键改变焦点时,光标能够沿直线或对角线移动。

(3) 若有键入数据的自然顺序,如坐标 x,y,z,则按自然顺序排列。

(4) 尽可能沿水平或垂直两个方向对齐带框的区域,区域之间不要留太多空间。

4. 对话框的尺寸和位置

(1) 对话框的大小以把所有信息能够显示出来为宜。如果超过屏幕尺寸,则应重新组织该对话框。

(2) 默认方式时,AutoCAD 将在图形屏幕的中心显示对话框。

5. 禁止控件

(1) 若一个控件无效或不相关,就马上禁止它。这样控件区就变灰了,用户也不能选择它们了。

(2) 不要滥用禁止控件特征。禁止的控件太多,看起来也不舒服。

(3) 若控件显示一个值,禁止它不应影响该值。当再次允许操作它时,该值应当还有效。

6. 嵌套对话框

(1) 使对话框的嵌套深度不要超过 3 层。AutoCAD 把嵌套深度限制为 8 层。

(2) 由于对话框显示时总在屏幕中心,所以最好使嵌套对话框比主对话框小。

(3) 除嵌套对话框是报警框外,引起嵌套对话框的按钮的标号使用省略号结尾。

7. 隐藏对话框

当用户需要从屏幕图形中选择对象时,就必须结束对话框,以便让用户能看见屏幕而做出选择。当选择后,应重新启动对话框,这叫做隐藏对话框。

8. 使用标准控件

尽量为对话框使用标准定义的控件。这样做可以保持对话框的一致性,且用户操作起来也易学易用。

7.4 DCL 文件的编写方法

定义对话框的文件是一个 ASCII 文件,该文件的后缀名是 . dcl。对话框定义文件是用对话框控制语言(Dialogue Control Language)来编写的。在一个对话框中,各个控件的排列方式是由这些控件在对话框定义文件中的排列次序确定的,这些控件的大小和功能由控件的属性来确定。

7.4.1 DCL语法结构

我们先来看下列用DCL描述的ASCII文本文件:

```
dhk1:dialog{label="参数输入:";
:edit_box{label="转速n(r/min)";key="zs";}
:edit_box{label="传动比i";key="cdb";}
ok_cancel;
}
```

在VLISP编辑器中,可通过"工具"→"界面工具"预览所设计对话框,它将显示如图7-14所示对话框。

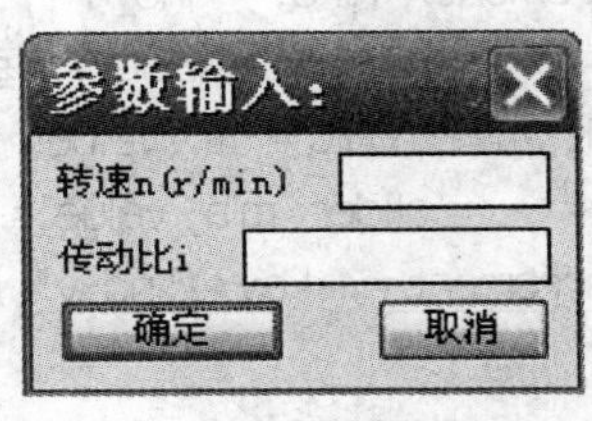

图7-14 样本对话框

该对话框的名称为"dhk1",标题是"参数输入:",标题是由对话dialog的label属性指定的。在该对话框中,用到了两个编辑框控件原型edit_box,用到了预定义按钮ok_cancel。ok_cancel用于显示"确定"和"取消"按钮,它是对话框的标准退出按钮。

从上例可以看出,在DCL文件中定义对话框时,可以引用控件原型(如:edit_box),也可以引用预定义子组装(如:Ok_cancel)。在引用控件原型时,可以改变这些控件的属性,并可以加进新的属性;在引用子组装时,就不能改变或增加属性。

DCL文件的编写格式如下:

```
对话框名称 :dialog{label="主标题";
  :控件名1{label="控件标题";key="关键字";其他属性......;}
  :控件名2{......;}
    ......
          }
```

7.4.2 对话框设计举例

例1 单选按钮控件设计(见图7-15)。

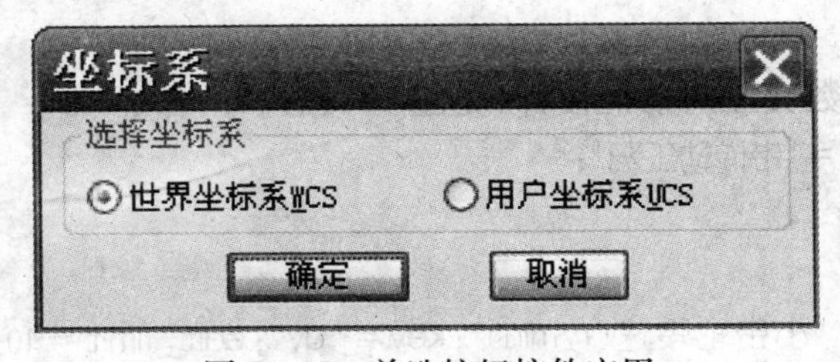

图7-15 单选按钮控件应用

```
sl1 :dialog{label="坐标系";
:boxed_radio_row{label="选择坐标系";
    :radio_button{label="世界坐标系 &WCS";key="WCS";value=1;}
```

```
:radio_button{label="用户坐标系 &UCS";key="UCS";}
  }
ok_cancel;
}
```

例 2 滑动条控件设计(见图 7-16)。

```
dhk_2:dialog{label="确定图纸幅面";
  :boxed_column{label="幅面尺寸选择";
  :toggle{label="垂直放置";key="zz";value=1;}
  :edit_box{label="水平方向 W210～1189";key="
wid";mnemonic="W";value=210;}
  :slider{min_value=210;max_value=1189;small_in-
crement=1;key="inc_h";}
  :edit_box{label="垂直方向 H148～841";key="
hit";mnemonic="H";value=148;}
  :slider{min_value=148;max_value=841;small_
increment=1;key="inc_v";}
  }
  ok_cancel;
  }
```

图 7-16 滑动条控件应用

例 3 图像按钮和图像控件设计(见图 7-17)。

```
tuxiang:dialog{label="图像按钮和图像控件";
:boxed_row{label="这是三个图像按钮";
:image_button{key="tx1";width=10;height=4;}
:image_button{key="tx2";width=10;height=4;}
:image_button{key="tx3";width=10;height=4;}
}
:boxed_row{label="这是两个图像区";
:image{key="tx4";width=10;height=6;}
:spacer{width=2;}
:image{key="tx5";width=10;height=6;}
}
ok_cancel;
}
```

图 7-17 图像按钮和图像控件应用

例 4 带传动参数交互对话框设计(见图 7-18)。

```
tog_1:dialog{label="带传动工况";
:row{
  :column{
:edit_box{label="小带轮转速(r/min)";key="dv";edit_limit=10;edit_width=5;value
=1000;}
:toggle{label="增速传动";key="cdfs";value=0;}
:toggle{label="空载或轻载启动";key="qdfs";value=1;}
:toggle{label="原动机为电动机";key="ydj";value=1;}
```

```
:popup_list{label="&V带型号:";key="vxh";value=3;edit_width=5;
      list="Y\nZ\nA\nB\nC\nD\nE";}
    }
spacer_1;
:list_box{label="带型选择";key="dx";fixed_width=true;width=15;height=8;value=2;
         list="宽V带\n窄V带\n普通V带\n平皮带\n同步齿型带\n圆形带";}
}
ok_cancel_help;
}
```

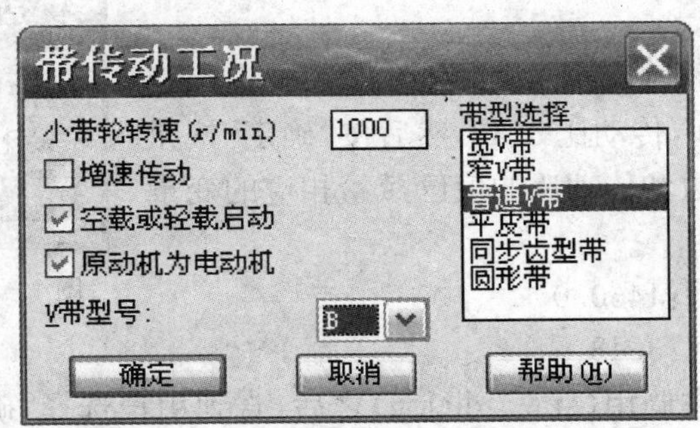

图7-18　带传动参数对话框

7.5　对话框驱动程序设计

Auto LISP提供了驱动及处理对话框的函数。这些函数可以从DCL文件中加载对话框,并可以给对话框中的各控件置初值,获取用户在对话框中的输入,还可以定义与用户输入有关的操作等。

7.5.1　对话框驱动程序结构

在DCL文件设计完成并预览显示通过后,需要编写应用程序来驱动这个对话框。可以这样说,用DCL文件定义对话框的外观,而对话框的功能则是由Auto LISP驱动程序来控制和实现的。下面先看一个简单对话框驱动程序:

在前面第7.4.1节中曾经描述的样本对话框中,定义了一个对话框名为"dhk1"的DCL文件,假定它存放在D盘文件夹"shili"下一个名字叫ls1.dcl的文件里,则可以用下面这段Auto LISP程序来驱动显示它:

```
(defun c:ls1 (/ id)
  (setq id (load_dialog "d:\\shili\\ls1"))          ;加载D盘路径下的ls1.dcl文件
  (if (< id 0) (exit))                              ;若该文件不存在,则退出
  (if (not (new_dialog "dhk1" id)) (exit))          ;初始化对话框名为dhk1的对话框并显示它,
                                                     若该对话框名不存在则不显示并且退出
  (action_tile "accept" "(getsj) (done_dialog)")    ;将"确定"按钮与操作表达式相联系
  (action_tile "cancel" "(done_dialog)")            ;将"取消"按钮与操作表达式相联系
  (start_dialog)                                    ;用户与对话框开始对话
```

```
  (unload_dialog id)                    ;卸载 DCL 文件
  (princ)
  );end
;下面为获取两个编辑框内输入数据自定义函数
(defun getsj ()
  (setq n (atof (get_tile "zs")))
  (setq i (atof (get_tile "cdb")))
  );end
```

在命令下执行过程如下：

命令：ls1

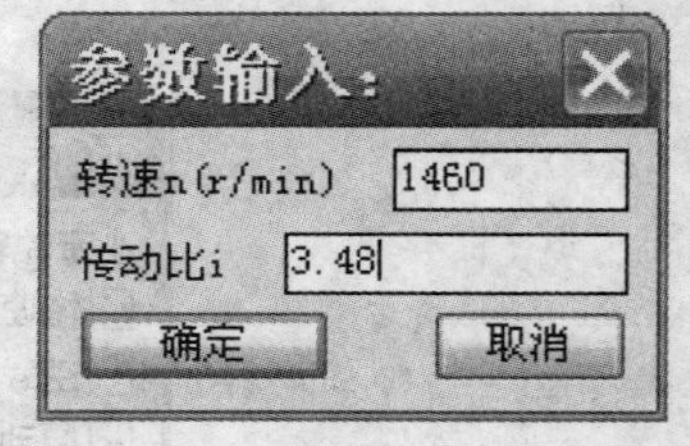

图 7-19　参数输入对话框

弹出参数输入对话框(见图 7-19)，在对话框中编辑栏中分别输入转速 1460，传动比 3.48，然后按"确定"按钮退出对话框。这时，转数和传动比的值已赋给相应的变量 n 和 i，查询可见：

命令：! n　　返回：1460.0

命令：! i　　返回：3.48

上面这段程序中，在调用(start_dialog)之后，直到用户选择"确定"按钮由程序调用(done_dialog)之前，对话框一直保持有效。这段时间正是用户操作对话框进行输入数据的时候。在程序中调用(start_dialog)之后，程序将控制权就交给了对话框控制软件 PDB。因此，一般在调用(start_dialog)之前，把对话框中的各控件进行初始化，并定义各控件的操作。例如在该例中用(action_tile)函数将"确定"按钮(其关键字属性值是"accept")赋予了"(getsj) (done_dialog)"操作。当用户单击"确定"按钮时，对话框就执行(getsj) 获取编辑栏中数据以及执行(done_dialog)函数，这种方法叫回调。这与一般程序中使用的顺序、分支和循环三大结构不同。一旦对话框执行了(done_dialog)函数，控制权就又回到了应用程序。

对话框越复杂，所需调用(action_tile)的次数就越多，在(start_dialog)与(unload_dialog)之间所需要的输入处理也越多。

7.5.2 对话框处理函数调用顺序

由上述程序执行过程可以总结出应用程序调用对话框处理函数的一般步骤：

(1) 调用(load_dialog)函数加载 DCL 文件。

(2) 调用(new_dialog)函数在 AutoCAD 图形屏幕是显示指定的对话框。此时检查(new_dialog)的返回状态是很重要的。当(new_dialog)调用失败而去调用(start_dialog)时，将会产生不可预测的后果。

(3) 通过设置必要的控件值、列表和图像来初始化对话框。这时可以调用的函数有：

(set_tile)：为对话框中的一个控件置初值。

(mode_tile)：为对话框中的一个控件设置初始显示状态。

(start_list)、(add_list)和(end_list)：为列表框和弹出式列表设置列表的初始选择列表。

(start_image)、(voctor_image)、(fill_image)、(solid_image)和(end_image)：为对话

框中图像控件或图像按钮控件产生图像。

(action_tile):为对话框中的控件设置操作表达式或回调函数。

cilent_data_tile:把应用程序的特定数据与对话框及组成部分联系起来。

(4) 调用(start_dialog),将控制权交给对话框,以便通过对话框输入。

(5) 在操作内处理用户输入。这时可以调用的函数有:

(get_tile):获得对话框中某个控件的用户输入值。

(get_attr):获得对话框中某个属性的属性值。

(mode_tile):修改对话框中某个控件的显示状态。

(6) 用户按退出按钮,引起操作调用(done_dialog)函数,使(start_dialog)函数返回。最后通过调用(unload_dialog)卸载 DCL 文件。

7.5.3 Auto LISP 对话框处理函数

1. (action_tile"控件关键字""操作表达式")

该函数的功能是将控件与操作表达式相联系。当用户选择了该控件时,就执行操作表达式所指定的操作。"控件关键字"和"操作表达式"都应是字符串形式(即都应当用双引号括起来),分别为控件的 key 属性和一个 Auto LISP 操作表达式。在该表达式中,可以获得控件的当前值 $ value、当前控件的名称 $ key、该控件的应用程序专用数据 $ data 和表达式的回调原因 $ reason。若控件是一个图像按钮,则在操作表达式中还可以获得用户选取点的坐标 $ x 和 $ y。

2. (add_list"字符串")

该函数向列表框或弹出式列表控件的选择列表中加入字符串,或者用给定的字符串代替当前表中的一项。

3. (client_data_tile "控件关键字""数据属性名")

该函数把应用程序专用数据与由"控件关键字"指定的控件相联系。"数据属性名"是应用程序专用数据。

4. (dimx_tile"控件关键字")和(dimy_tile "控件关键字")

这两个函数用于获得控件的宽度和高度。控件的坐标原点在控件的左上角,函数(dimx_tile)返回控件的宽度,函数(dimy_tile)返回控件的高度。

5. (done_dialog [结束码])

调用该函数将结束对话框。该函数一般在操作表达式或回调函数中调用。参数[结束码]是可选的,若指定该参数,则它必须是正整数,它将由(start_dialog)函数返回。对话框中的标准退出按钮 OK 返回 1,Cancel 按钮返回 0。函数(done_dialog)返回一个二维点表,它是用户退出对话框时,对话框左上角的 x,y 坐标。可以把这个点传递给后面的(new_dialog)函数调用,用于用户选择位置显示对话框。

6. (end_image)

该函数结束创建当前活动图像,一般应与(start_image)函数成对调用。

7. (end_list)

该函数结束当前列表框或弹出式列表的选择列表项的建立,一般与(start_image)函数成对出现。

8. (fill_image x1 y1 x2 y2 color)

该函数在当前活动图像中画一个填充矩形。该矩形的两个角点坐标是(x1,y1)和(x2,y2),参数 color 指出填充矩形的颜色,其取值是 AutoCAD 颜色号的颜色值。

9. (get_attr"控件关键字""属性名")

该函数获取 DCL 文件中指定控件和属性的属性值。

10. (get_tile"控件关键字")

该函数返回控件的当前值,返回的值是一个字符串类型。如果控件是一个列表框或弹出表,当没有选择任何项时,(get_tile)函数返回空(nil)。

11. (load_dialog"DCL 文件")

该函数用于加载一个 DCL 文件,这个 DCL 文件可以包含多个对话框的定义。这里 DCL 文件名的后面可以不带扩展名。若加载成功,函数(load_dialog)将返回一个正的整型数,这个整型数作为后面要调用的函数(new_dialog)和(unload_dialog)的句柄。在应用程序中,可以多次调用(load_dialog)函数来加载多个 DCL 文件。如果不能打开文件,就返回一个负整数。

12. (mode_tile"控件关键字""控制模式")

该函数用于设置控件的显示状态。控制模式的值为 0～4,其含义如下:

0——启用控件

1——禁用控件

2——设置聚焦的控件

3——高亮度显示编辑框中的内容

4——切换图像控件的高亮度显示

13. (new_dialog "对话框名" dcl_id)

该函数的功能是初始化并显示对话框,若该函数调用成功,将返回 T,否则返回 nil。参数 dcl_id 为(load_dialog)函数返回的值。dcl_id 是一个正整数,它来自调用(load_dialog)函数的返回值,指明是哪一个 DCL 文件。

在调用(start_dialog)函数之前,必须调用(new_dialog)函数来做对话框的初始化工作。设置控件的值、创建图像、建立列表框中的列表选择项和指定控件的回调操作等都必须在调用(new_dialog)函数之后且调用(start_dialog)函数之前进行。

在调用(start_dialog)函数之前,一定要对函数(new_dialog)的返回值进行检查。当(new_dialog)函数调用失败后,再调用(start_dialog)函数,会产生意想不到的后果。

14. (set_tile"控件关键字" value)

该函数的功能是设置控件的值,参数 value 是要新设置的值,为字符串类型。

15. (slide_image x1 y1 x2 y2 "幻灯片名")

该函数的功能是在当前图像控件中显示一个 AutoCAD 的幻灯片。幻灯片可以是幻灯片文件(. sld),也可以是幻灯片库文件(. slb)。参数"幻灯片名"用于指定幻灯片的名字,其使用方法就像 AutoCAD 中的 VSLIDE 命令一样使用。也就是说,若是幻灯片文件,则直接使用这个幻灯片文件名;如果是幻灯片库文件,则按幻灯片库名(幻灯片名)的方法使用。

在图像控件中显示的幻灯片的位置是由坐标(x1,y1)和(x2,y2)指定的。幻灯片放在由这两个坐标所确定的矩形中，图像控件的左上角是坐标原点(0,0)。通过调用函数(dimx_tile)和(dimy_tile)，可以获得图像控件右下角的坐标。

幻灯片是透明的，并不覆盖它所占据的区域。因此，应该保证幻灯片的颜色与图像控件的背景颜色不同，否则，在图像控件中将看不到幻灯片。因此，在DCL文件中应当设置图像控件的color属性，或者在应用程序中调用(fill_image)函数来改变图像控件的背景色。

显示幻灯片比较花费时间。因此，制作幻灯片时，尽量不要太复杂。

16. (start_dialog)

这个函数的功能是开始对话框的对话，并开始接受用户的输入。对话框必须经过(new_dialog)函数的初始化，才能调用(start_dialog)函数。在回调函数或操作表达式中调用函数(done_dialog)之前，对话框一直是活动的。在通常情况下，(done_dialog)函数应当与关键字属性key是“accept”或“cancel”的控件相联系。

17. (start_image“控件关键字”)

该函数的功能是在图像控件中开始建立图像。它应当与函数(end_image)成对使用。在函数(start_image)和(end_image)之间，可以调用(fill_image)，(slide_image)和(vector_image)等函数建立图像。

18. (start_list“控件关键字”　index)

该函数的功能是开始处理由参数key指定的列表框或弹出式列表控件中的选择列表。它应当与函数(end_image)成对使用。在函数(start_list)和(end_list)之间，可以调用(add_list)函数来处理选择列表。

当调用(start_list)改变选择列表项时，参数index指出使用函数(add_list)时要改变的选择列表项。在其他情况下，参数index可以省略。index的基准值是0。

参数“控件关键字”是字符串。它指出的是哪一个列表框或弹出式列表控件。参数index都是可选的。

19. (unload_dialog　dcl_id)

卸载与dcl_id有关的DCL文件。参数dcl_id是调用函数(load_dialog)时的返回值。函数(unload_dialog)的返回值总是nil。

20. (vector_image　x1 y1 x2 y2 color)

在当前的图像控件中，从点(x1,y1)～点(x2,y2)画一条直线。参数color是一个AutoCAD的颜色名或颜色值。

7.5.4　对话框有效时不允许调用的函数

当对话框有效时，即在调用(start_dialog)函数之后，用户按OK按钮回调(done_dialog)函数之前的过程中，用户不能调用表7-3所列出的Auto LISP函数。如果用户需要基于屏幕的输入，就必须隐藏对话框。这可以通过调用(done_dialog)函数使图形屏幕再现。当用户作出选择后，重新启动对话框。

若用户在调用(start_dialog)和(done_dialog)之间试图调用表7-3中的函数，AutoCAD将结束所有的对话框并显示下列错误信息：

AutoCAD　rejected　function　(AutoCAD不接受的函数)

如果 AutoCAD 的系统变量 CMDACTIVE 大于 7，则对话框是有效的。系统变量 CMDACTIVE 是一个基于二进制位的变量，分别表示命令、脚本命令 script 和对话框是否有效。该变量的 D3 位用于指出对话框是否有效。

表 7-3　对话框有效时不允许使用的函数

函数名	函数名	函数名	函数名
command	Getcorner	Getstring	nentsel
entdel	Getdist	Graphscr	osnap
entmake	Getint	Grdraw	prompt(＊＊)
entmod	Getword	Grread	redraw
entsel	Getorient	Gettext	ssget(＊)
entupd	Getpoint	Grvecs	textpage
getangle	Getreal	Menucmd	textscr
注：＊　交互使用 ssget 选择是不允许的，但其他方式下使用是允许的			

7.5.5　操作表达式和回调函数

该函数的作用与用途是为了定义对话框中的某一控件被选中时所采用的操作，需要调用(action_tile)函数将该控件与一个操作表达式或回调函数联系起来。这样，当用户操作对话框时，若选择了该控件，就执行由操作表达式或回调函数所定义的操作。在操作表达式或回调函数中，常常要调用(get_tile)，(get_attr)和(set_tile)等函数对控件的属性进行存取或调用(mode_tile)函数改变其他控件的显示状态。(get_attr)函数获得保存 DCL 文件中某个控件的某个属性值，(get_tile)函数获得某个控件的当前运行值。

一般情况下，对话框内的每一个有效控件均有一回调函数与其相联系。在编写回调函数时，应对相关控件的有效性进行检查并更新有关信息。更新工作包括发出错误信息，禁止或启用某些控件，在编辑框或列表框中显示相应的文本等。

在定义回调函数时，只有与"确定"按钮相联系的回调函数才用来查询控件值，并保存在全局变量中，而不是在单个控件的回调中更新与控件相联系的信息。如果全局变量在单个控件回调时被更新，那么用户选择 Cancel 按钮时，就无法恢复该控件的初始值。若"确定"按钮在回调时检测到一个错误，则应显示出错信息，并将聚焦返回到出错的控件，而不应退出对话框。

当一个对话框中包含几个处理过程类似的控件时，把这些控件与单个回调函数相联系起来比较好。此时回调函数可以采用表格驱动的方式，使用用户定义的属性为每一个控件指定值。

除了用户调用(action_tile)函数给控件赋予操作外，用户也可以在 DCL 文件中通过指定控件的 action 属性来给控件定义操作，另外(new_dialog)函数也给整个对话框定义默认的操作。AutoCAD 的 PDB 只允许一个控件有一个操作，当应用程序中有多个(action_tile)函数为一个控件定义操作时，只有最后一个定义是有效的。如果 DCL 文件和应用程序为一个控件指定了多个操作时，将按下列优先级顺序执行：

(1) 由(action_tile)函数指定的操作(优先级最高)。

(2) 由 DCL 文件控件的 action 属性指定的操作。

(3) 由(new_dialog)函数指定的默认操作。

Auto LISP 操作表达式和回调函数可以访问表 7-4 中的变量，这些变量是保留字，其值是只读的。

表 7-4 操作表达式变量

操作表达式变量	含 义
$ key	所选择的控件的 key 属性值
$ value	控件当前运行值的字符串形式。例如编辑框中的字符串、检查框的"0"和"1"等。如果是列表框或弹出式列表，当没有选择其中的任何项时，其值为空
$ data	在调用(new_dialog)函数后，通过调用(client_data_tile)设置的应用程序管理数据。如果没有调用(client_data_tile)函数来初始化，该变量无意义
$ reason	回调原因码。该变量指出产生操作的原因，只在 edit_box，list_box，slider 和 image_button 等控件中使用
$ x	在控件 image_button 中使用，指出用户所选择点的 x 坐标。其坐标范围是使用函数(dimx_tile)所返回的值
$ y	在控件 image_button 中使用，指出用户所选择点的 y 坐标。其坐标范围是使用函数(dimx_tile)所返回的值

例如：如果 edit1 是一个编辑框的关键字 key 的值，当用户输入焦点离开此编辑框时，下面一行使用(action_tile)函数定义的操作表达式被求值：

```
(action_tile  "edit1"  "(setq  str  $ value)")
```

这时，操作表达式变量 $ value 包含用户所键入的字符串，该字符串被保存在全局变量 str 中。

回调原因码用来指出一个操作所产生的原因。在 Auto LISP 程序中，被保存在操作表达式变量 $ reason 中。一般该值与 edit_box，list_box，image_button 或 silder 控件相联系时，才需被检验。回调原因码的含义如表 7-5 所示。

表 7-5 回调原因码

回调原因码	含 义
$ reason=1	该值可用于大部分控件，它表示用户已经选择了该控件
$ reason=2	该值用来指出用户已经退出编辑框。例如通过按 Tab 键将焦点移到其他控件上了，但没有作出最后选择。如果这是编辑框回调的原因，则应用程序不应更改相应变量的值。不过这倒是检查编辑框中的值是否有效的大好时机
$ reason=3	该值表示用户拖动滑动块改变了滑动条的值，但未做出最后选择。如果这是滑动条回调的原因，则应用程序不应更新相应的全局变量的值。但应用程序应更新显示滑动条状态的文本内容
$ reason=4	该值表示用户双击鼠标左键，其含义由用户的应用程序决定。一般用于用户作出了最后选择，此时应保存各控件值，并退出对话框

7.6 对话框及其驱动程序设计应用范例

例 5 单选按钮对话框应用范例,确定并绘制图纸幅面(见图 7-20 和图 7-21)。

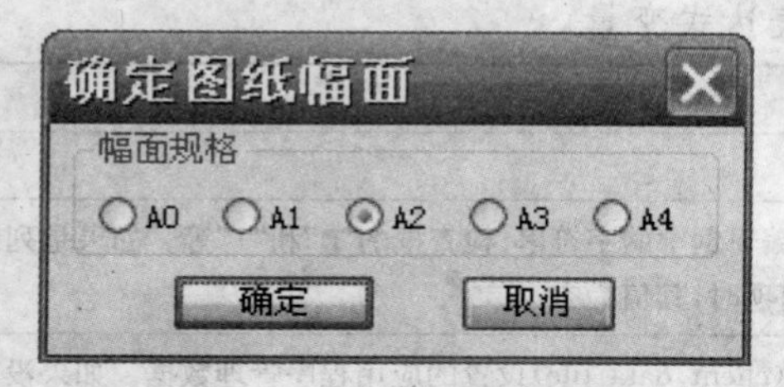

图 7-20 单选按钮对话框

图 7-21 图幅

1. DCL 代码定义

```
dxan:dialog{
label="确定图纸幅面";
:boxed_radio_row{label="幅面规格";
:radio_button{label="A0"; key="a0";}
:radio_button{label="A1"; key="a1";}
:radio_button{label="A2"; key="a2";value=1;}
radio_button{label="A3"; key="a3";}
:radio_button{label="A4"; key="a4";}
}
ok_cancel;
}
```

2. 驱动及绘图程序编制

```
(defun htf ()
(setq id (load_dialog "d:/cad/dxan"))
(if (< id 0) (exit))
(if (not (new_dialog "dxan" id)) (exit))
(setq l 594 h420 c 10)                ;赋默认值
(action_tile "a0" "(setq l 1189 h841 c 10)")
(action_tile "a1" "(setq l 841 h594 c 10)")
(action_tile "a2" "(setq l 594 h420 c 10)")
(action_tile "a3" "(setq l 420 h297 c 5)")
(action_tile "a4" "(setq l 297 h210 c 5)")
(action_tile "accept" "(setq a 1) (done_dialog)")
(action_tile "cancel" "(setq a -1) (done_dialog)")
(start_dialog)
(unload_dialog id)
(if (> a 0)
  (command "rectangle" "0,0" (list l h)
           "rectangle" (list25 c) (list (- l c) (- h c)))
```

```
  );end_if
 (princ)
 );end
```

例 6 交互输入参数绘制带圆的多边形。

1. 对话框 DCL 程序设计

拟采用两个编辑框控件分别输入多边形的边数和圆半径，设置边数初始值为 6，半径初始值为 20。采用两个单选互锁按钮来确定所绘制的圆为内接圆或是外切圆，默认内接圆方式。编制 DCL 文件代码如下：

```
dbx:dialog{label="带圆正多边形";
:row{
:boxed_column{
:edit_box{label="边数";key="number";value=6;}
:edit_box{label="半径";key="rad";value=20;}
            }
:boxed_column{
:radio_button{label="内接圆";key="nj";value=1;}
:radio_button{label="外切圆";key="wq";value=0;}
            }
     }
ok_cancel;
}
```

预览所编 DCL，显示如图 7-22 所示。

2. 参数化绘图程序设计

```
(defun draw_zdbx (n r flag)
  (setq bp (getpoint "\nBase point:"))
  (command "circle" bp r)
  (command "polygon" n bp flag r)
  )
命令:(draw_zdbx 6 30 "c")
```

绘制出外切圆多边形，见图 7-23(a)。

命令:(draw_zdbx 6 30 "i")　绘制出内接圆多边形，见图 7-23(b)。

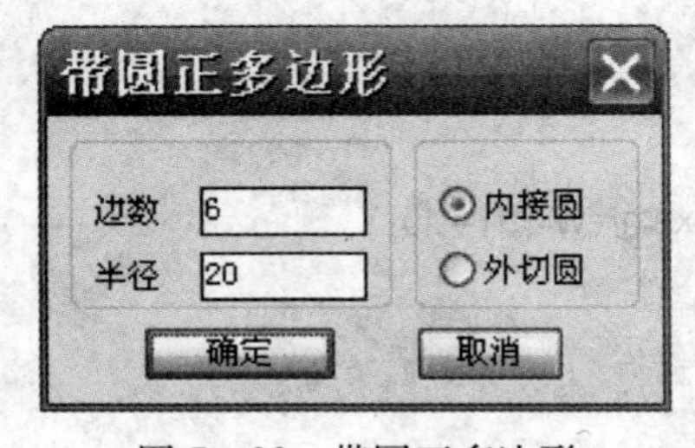

图 7-22　带圆正多边形

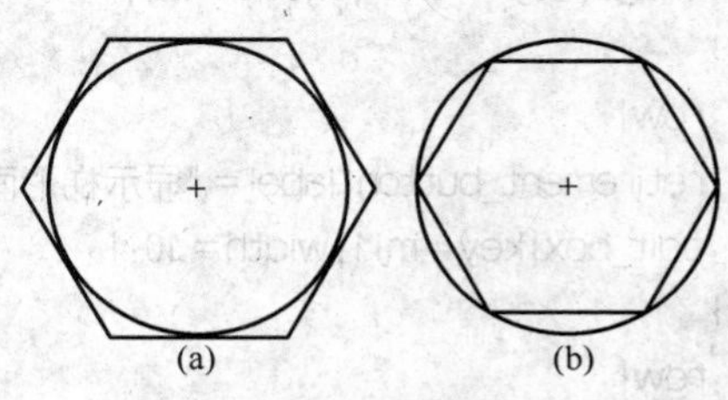

图 7-23　多边形参数化绘图

3. 对话框驱动程序设计

```
(defun dbx ()
```

```
(setq id (load_dialog "d:/cad/zdbx"))
(if (< id 0) (exit))
(if (not (new_dialog "zdbx" id)) (exit))
(setq fg 1)                    ;内接圆为默认
(action_tile "nj" "(setq fg 1)")
(action_tile "wq" "(setq fg 0)")
(action_tile "accept" "(qsj) (done_dialog)")
(action_tile "cancel" "(setq what - 1) (done_dialog)")
(start_dialog)
(unload_dialog id)
(if (= fg 1) (setq flag "i") (setq flag "c"))
(if (> what 0) (draw_zdbx n r flag))
);end
;获取编辑框数据的子函数
(defun qsj ()
(setq n (atoi (get_tile "number")))
(setq r (atof (get_tile "rad")))
(setq what 1)
);end
```

在命令下执行函数(dbx),弹出图 7-22 所示对话框,默认边数为设定值 6,输入圆半径等于 30,点击外切圆单选按钮,按“确定”后将绘出图 7-23(a)所示图形。

例 7 建立等腰梯形的对话框及驱动程序,要求有图像控件,在编辑框输入梯形的上底、下底和高度,点击计算梯形的面积和周长的按钮后,返回计算值,按确定绘制其图形。

(1) 建立 DCL 文件,保存于 D 盘 CAD 文件夹下的 dytx. dcl 文件中。

```
dytx:dialog{label="等腰梯形";
 :row{
 :boxed_column{
 :edit_box{label="上底";key="sd1";value=30;}
 :edit_box{label="下底";key="xd1";value=60;}
 :edit_box{label="高度";key="gd1";value=40;}
 }
 :image{key="tx1";width=18;}
 }
 :row{
 :retirement_button{label="显示梯形面积:";key=xsmj;width=10;}
 :edit_box{key=mj1;width=10;}
 }
 :row{
 :retirement_button{label="显示梯形周长:";key=xszc;width=10;}
 :edit_box{key=zc1;width=10;}
 }
ok_cancel;
```

}

(2) 建立驱动程序和参数化绘图程序，保存于D盘CAD文件夹下的dytx.lsp文件中。

```
;对话框驱动主程序
(defun tx (/ id)
  (setq id (load_dialog "d:\\cad\\dytx"))
  (if (< id 0) (exit))
  (if (not (new_dialog "dytx" id)) (exit))
  (image1 "tx1" "d:\\cad\\dytx")
  (action_tile "xsmj" "(calculatemj)")
  (action_tile "xszc" "(calculatezc)")
  (action_tile "accept" "(done_dialog)")
  (action_tile "cancel" "(setq flag 0) (done_dialog)")
  (start_dialog)
  (unload_dialog id)
  (if (= flag 1) (dytx sd xd gd))
  (princ)
  );end
;获取梯形面积函数
(defun calculatemj ()
  (setq sd (atof (get_tile "sd1")))
  (setq xd (atof (get_tile "xd1")))
  (setq gd (atof (get_tile "gd1")))
  (setq mj (+ (* sd gd) (* (- xd sd) 0.5 gd)))
  (setq f1 (rtos mj 2 4))
  (set_tile "mj1" f1)
  (setq flag 1)
  );end
;获取梯形周长函数
(defun calculatezc ()
  (setq sd (atof (get_tile "sd1")))
  (setq xd (atof (get_tile "xd1")))
  (setq gd (atof (get_tile "gd1")))
  (setq zc (+ (* 2 (sqrt (+ (* (expt (- xd sd) 0.5) 2.0) (expt gd 2.0)))) sd xd))
  (setq f2 (rtos zc 2 4))
  (set_tile "zc1" f2)
  (setq flag 1)
  );end
;梯形的参数化绘图函数
(defun dytx (sd xd gd)
  (setq  bp (getpoint "\nEnter base point:"))
  (command "ucs" "o" bp)
  (setq p1 (list (* 0.5 (- xd sd)) gd)
```

```
p2 (polar p1 0 sd)
p3 (list xd 0))
  (command "pline" "0,0" p1 p2 p3 "c")
  (command "ucs" "w")
  );end
;图像控件的幻灯片放置函数
(defun image1 (key image_name / x y)
  (start_image key)
  (setq x (dimx_tile key) y (dimy_tile key))
  (fill_image 0 0 x y 2)
  (slide_image 0 0 x y image_name)
  (end_image)
  );end
```

在命令下执行主函数(tx),弹出等腰梯形对话框,分别输入参数 30、50、40,点击显示梯形面积按钮,右侧编辑框显示出面积为 1600;点击显示梯形周长,显示出周长为 160.2233,如图 7-24 所示。按确定按钮退出对话框,并绘制出相应的梯形,见图 7-25。

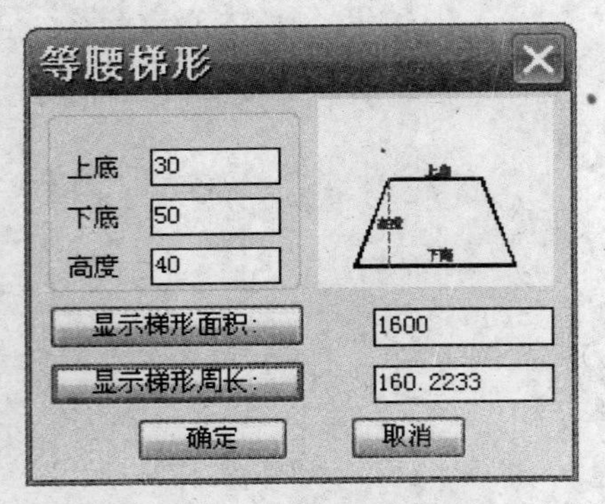

图 7-24 等腰梯形对话框

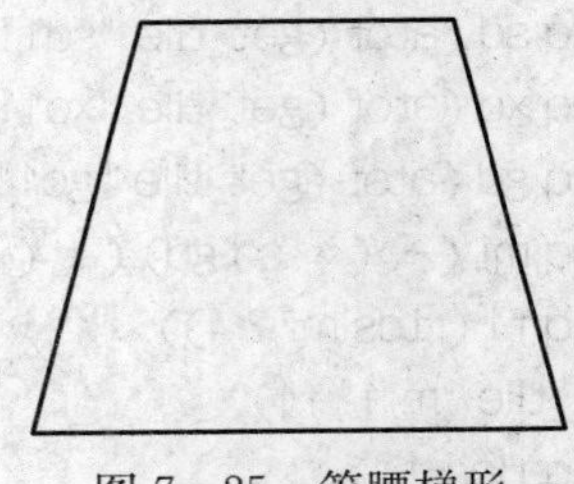

图 7-25 等腰梯形

练 习 题

1. 请按照下图给定对话框写出 DCL 代码。

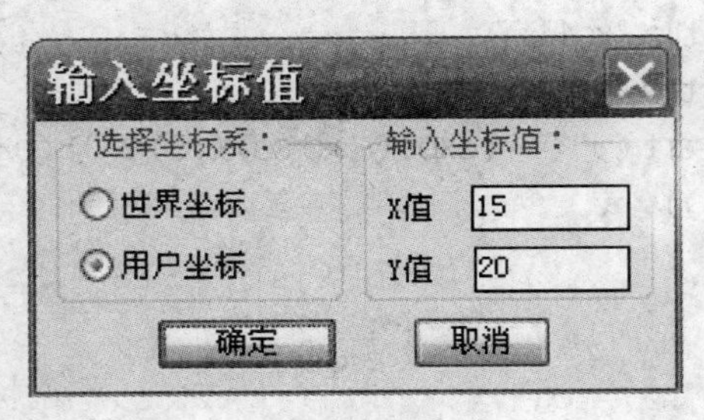

题 7-1 图

2. 读下面给出的 DCL 程序代码,并描绘出相应的对话框。

```
tog_1:dialog{label="带传动工况";
:row{
```

```
  :column{
 :edit_box{label = "小带轮转速(r/min)";key = "dv";
           edit_limit = 10; edit_width = 5; value = 1000;}
 :toggle{label = "增速传动";key = "cdfs";value = 0;}
 :toggle{label = "空载或轻载启动";key = "qdfs";value = 1;}
 :toggle{label = "原动机为电动机";key = "ydj";value = 1;}
 :popup_list{label = "&V 带型号:";key = "vxh";value = 3; edit_width = 5;
           list = "Y\nZ\nA\nB\nC\nD\nE";}
  }
  spacer_1;
 :list_box{label = "带型选择";key = "dx"; fixed_width = true;
  width = 15; height = 8; value = 2;
  list = "宽 V 带\n 窄 V 带\n 普通 V 带\n 平皮带\n 同步齿型带\n 圆形带";}
  }
ok_cancel_help;}
```

3. 鼓形参数化绘图设计，完整的人机交互编程练习。要求：

(1) 编制鼓形的参数化绘图程序(见题 6-2 图)，其调用格式为:(gx r h)；

(2) 设计对话框交互界面，输入鼓形的半径 r 和高 h，默认值为 60 和 40；

(3) 定义对话框驱动函数，完成数据的读取并调用(gx r h)绘制鼓形。

第 8 章　机械 CAD 中的数据处理

在机械设计过程中，常常需要引用有关的数据资料，如经验数表、实验曲线、各种标准和规范等。在传统的设计中，这些数据资料通常是以设计手册或工具书的形式提供的。而在计算机辅助设计时，就必须将这些数据资料作相应的处理，以便程序运行时计算机能按照设计要求自动检索和调用，这就是所谓的数据资料程序化的问题。

数据就是对客观世界、实体对象的性质和关系的描述。例如一个机械产品，它可能包括性能数据、几何尺寸数据、工艺过程数据等，这些数据联系在一起就组成了对一个机械产品信息的描述。

8.1　机械 CAD 数据类型及处理方法

机械设计中的数据类型和形式是多种多样的，既有公式表达的数据，又有线图或数据表等形式表达的数据，公式数据可直接编入程序中，而线图和数表则需经过处理才能使之程序化，供计算机识别。

通常，机械 CAD 过程中数据处理的基本方法有如下三种：

8.1.1　数据程序化方式

所谓数据程序化就是将数据直接编在程序中。该方式简单易行，但缺点是数据与程序互相依赖，即使是更改了一个数据，也要使程序作相应修改，且数据冗余度大，故运用于数据较少、数据变更小的情况。

数据程序化具体又可分为如下两种情况：

(1) 数表的程序化：将数表中的数据存入一维、二维或者三维数组中；或将数表拟合成公式，然后编入程序。

(2) 线图的程序化：线图的程序化存储也有两种途径。一是将线图离散化后存入数组中，二是将线图拟合成公式，再将公式编入程序。

8.1.2　数据文件方式

将数表或经离散化后的线图数据按一定格式存放在数据文件当中，该文件独立于应用程序，应用程序在运行时按需要打开数据文件进行检索。这种方法的优点是应用程序简洁，占用内存小，数据更改较为方便；缺点是数据文件管理和控制缺乏统一性和可靠性，数据文件和应用程序并未完全独立。这种方法适用于表格数据较多的场合。

8.1.3　数据库方式

将数表或经离散化后的线图按数据库的结构化要求存放在数据库文件当中，该数据库文件独立于应用程序。应用程序在运行时按需要通过数据库管理系统所提供的存取功能对数据进行操作。这种方法的优点是数据完全独立于应用程序，应用程序不必随数据的变化而修改，数据库管理系统为应用程序分担了对数据操作的任务；数据结构性好，数据更改更为方便；数据冗余度低，统一性、可靠性和共享性好。这种方法适用于处理数据复杂的问题，是目前大型 CAD 开发系统中较为先进的方法。

本章主要针对前两种方式，介绍数据处理的方法和应用。

8.2 数表的程序化

在机械设计中，经常遇到参数之间的函数关系难于用数学公式来表达。这些数据通常以数表给出，如 V 带型号与截面尺寸的关系；平键剖面尺寸与轮毂和轴颈之间的关系；轴承型号及其参数；材料的牌号及其机械性能等。其共同的特点就是在表中仅列出了节点的数值，而在列表节点外是不存在数值的。

根据自变量数量，数表可分为一维数表和二维数表等。其程序化最常用的方法就是将一维、二维数表数据以表的形式直接编入程序中，因为 Auto LISP 语言本身就属于表处理语言，在处理表数据方面非常方便。

8.2.1 一维数表程序化

如表 8-1 所示的 V 带截面基本尺寸，由一维自变量 V 带型号给出了相应的截面参数。

表 8-1 V 带截面基本尺寸

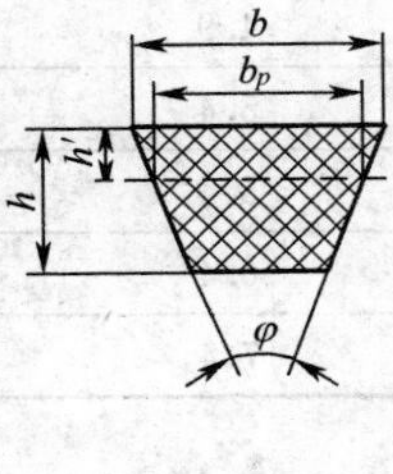

截型		节宽	顶宽	高度	截面面积	楔角
普通 V 带	窄 V 带	b_p	b	h	A/mm^2	φ
Y		5.3	6	4	18	
Z		8.5	10	6	47	
	SPZ			8	57	
A		11.0	13	8	81	
	SPA			10	94	
B		14.0	17	10.5	138	40°
	SPB			14	167	
C		19.0	22	13.5	230	
	SPC			18	278	
D		27.0	32	19	476	
E		32.0	38	23.5	692	

这类表的特点是多个参数对应于一个关键字，数据处理时可将每一种型号作为关键字，与对应的参数建立为一个表，如：("A" 11 13 8 81)，所有的子表构成一个大表赋给变量(如下面程序中的表变量 vb)。表中以字符串表示的带型号为关键字，采用关键字检索函数(assoc [关键字] [数据表])即可检索出带型号对应的小表，再利用其他检索函数就

可确定出各个参数。定义普通 V 带截面基本尺寸的数据处理函数程序编制如下：

```
(defun vsp (dxh)
(setq phai 40)
(setq vb '(("Y" 5.3 6 4 18) ("Z" 8.5 10 6 47) ("A" 11 13 8 81)
("B" 14 17 10.5 138) ("C" 19 22 13.5 230)
("D" 27 32 19 476) ("E" 32 38 23.5 692)))
(setq vbd (assoc dxh vb))
(setq bp (cadr vbd) b (nth 2 vbd) h (nth 3 vbd) a (last vbd))
 )
```

譬如要取出带型号为“B”的有关数据，执行函数(vsp“B”)，即可得到相应的节宽 bp、顶宽 b、高度 h 和截面面积 a 的数据。

表 8-2 所示也是自变量为 d 的一维数表，与表 8-1 不同的是自变量 d 包含于某一数值区域内，轴的直径 d 所处的某一轴径尺寸段，对应着相应的平键连接轴和毂孔有关键槽尺寸。

表 8-2 平键连接的剖面和键槽尺寸

轴径 d	键宽 b	键高 h	轴槽深度 t_z	毂槽深度 t_k
>10～12	4	4	2.5	1.8
>12～17	5	5	3.0	2.3
>17～22	6	6	3.5	2.8
>22～30	8	7	4.0	3.3
>30～38	10	8	5.0	3.3
>38～44	12	8	5.0	3.3
>44～50	14	9	5.5	3.8
>50～58	16	10	6.0	4.3
>58～65	18	11	7.0	4.4
>65～75	20	12	7.5	4.9
>75～85	22	14	9.0	5.4
>85～95	25	14	9.0	5.4
>95～110	28	16	10.0	6.4
>110～130	32	18	11.0	7.4

由于数据量不大，该表数据也可将其直接编入程序中，轴径参数 d 作为变参，通过条件函数 cond 判别 d 在哪个尺寸段，从而得到相应的尺寸参数，并绘制出所需的轴键槽截面或毂孔截面图形，详见第 5 章例 6 图 5-1。

8.2.2 一维数表的线性插值

有些一维数表中待查数据可能处于相邻两个节点数据之间，这时待查数据(因变量)与对应数据(自变量)之间存在一定的函数关系(如带传动包角与包角系数、齿轮齿数与齿形系数和应力校正系数的关系等)，对这类数表常需用线性插值方法来检索数据。

所谓线性插值指的是两点插值。已知插值点P的相邻两点：$y_1=f(x_1)$，$y_2=f(x_2)$，如图8-1所示。可近似认为在此区间函数呈线性变化，插值点P对应于自变量x的函数值为

$$y=\frac{x-x_2}{x_1-x_2}y_1+\frac{(x-x_1)}{(x_2-x_1)}y_2$$

编程时，只要将节点数据和插值公式编制其中，就可在输入一个x后，计算出相应的y值。

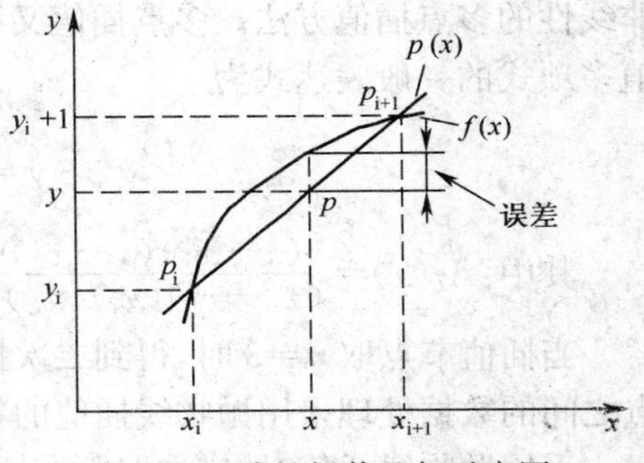

图8-1 线性插值几何示意图

例1 如表8-3所示为小带轮包角修正系数，以包角为变参，编制包角系数检索函数。

编程时可将表中节点上的包角和包角系数分别放在两个表中，根据给定的包角值检索出左右的节点值，再通过线性插值确定出实际的包角修正系数。

程序编制如下：

```
(defun bjka (bjiao / ab1 ab2 ab kab y1 y2 yy xx)
(setq ab '(120 125 130 135 140 145 150 155 160 165 170 175 180)
kab '(0.82 0.84 0.86 0.88 0.89 0.91 0.92 0.93 0.95 0.96 0.98 0.99 1.0))
  (setq i 0 ab1 0 ab2 0)
  (while (< ab2 bjiao)
(setq i (1+ i))
    (setq ab1 (nth i ab)
  ab2 (nth (+ i 1) ab))
    );while
  (setq y1 (nth i kab) y2 (nth (+ i 1) kab))
(setq yy (- y2 y1)
xx (/ (- ab2 bjiao) (- ab2 ab1 0.0)))
(setq ka1 (- y2 (* yy xx)))
)
```

表8-3 小带轮包角修正系数K_α

α	180	175	170	165	160	155	150
K_α	1.0	0.99	0.98	0.96	0.95	0.93	0.92
α	145	140	135	130	125	120	
K_α	0.91	0.89	0.88	0.86	0.84	0.82	

如图8-1所示为线性插值几何示意图，从图中可以看出，这种插值的结果会产生一定的误差，当数表中自变量的间隔较小或对节点之间的数据无特别要求时，这种插值精度能够满足一般机械设计的要求。因此在机械设计过程中，处理数表相邻两点之间数据时大量使用线性插值。

例如：已知小带轮包角$\alpha_1=148°$，执行函数(bjka 148)，将检索出包角系数$K_\alpha=0.916$。

8.2.3 一维数表的非线性插值

在某些情况下，线性插值的误差较大，难以满足设计要求，为了提高插值精度，可采用非线性的多点插值方法。多点插值又称为拉格朗日插值，若插值节点取 n，则拉格朗日插值多项式的一般表达式为

$$y=\sum_{i=1}^{n}A_i(x)\cdot y_i$$

其中：$A_i(x)=\dfrac{(x-x_1)(x-x_2)\cdots(x-x_n)}{(x_i-x_1)(x_i-x_2)\cdots(x_i-x_n)}$

当插值节点取 $n=3$ 时，得到二次插值多项式，即抛物线插值。在工程设计计算中，节点之间的数据处理采用抛物线插值的精度已经足够。

采用抛物线插值时，应选取距离插值点最近的三个节点，以减小插值误差。查找到插值点所在区间后，判断它与前后两点间的距离。如果距离后一点近，则取后面两点与前面一点进行插值（见图 8-2(a)）；如果距离前一点近，则取前面两点和后面一点进行插值，如图 8-2(b)所示。

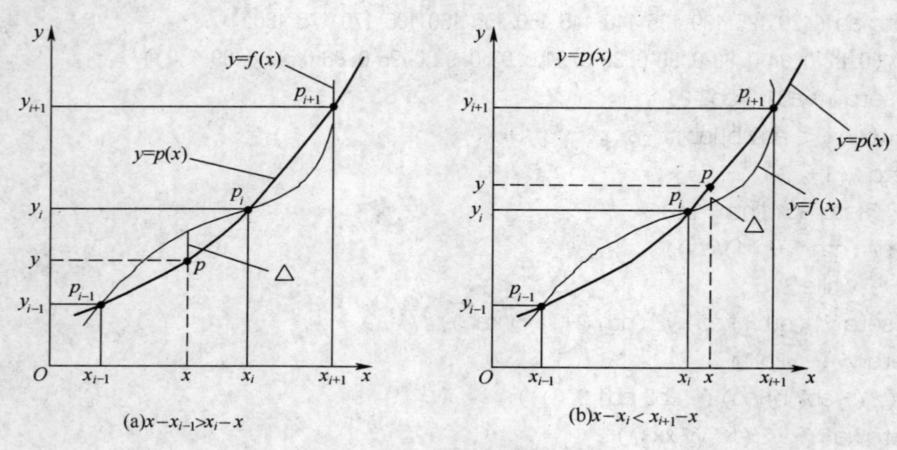

图 8-2 一维抛物线插值

如图 8-3 所示为一维抛物线插值的程序流程图，其中的符号如下：

i ——插值节点序号；

x ——函数自变量；

$X(N)$——自变量节点数组；

$Y(N)$——函数节点数组；

xa,xb,xc ——分别为三个插值节点自变量数值；

ya,yb,yc ——分别为三个插值节点函数值；

y ——插值结果。

例 2 渐开线齿轮强度计算时，需要根据齿轮齿数 $z(z_v)$ 查取齿形系数 Y_{Fa}，由于齿数为 30 以后的数据跨距增大，故采用抛物线插值确定齿轮齿形系数，见表 8-4。

设定抛物线插值自变量 x 为变参，其取值范围为 30～100，将表 8-4 中数据写入程序中，为了保证两端区间的插值节点数，在数据中两端各增加一个节点(29,2.53)和(150,

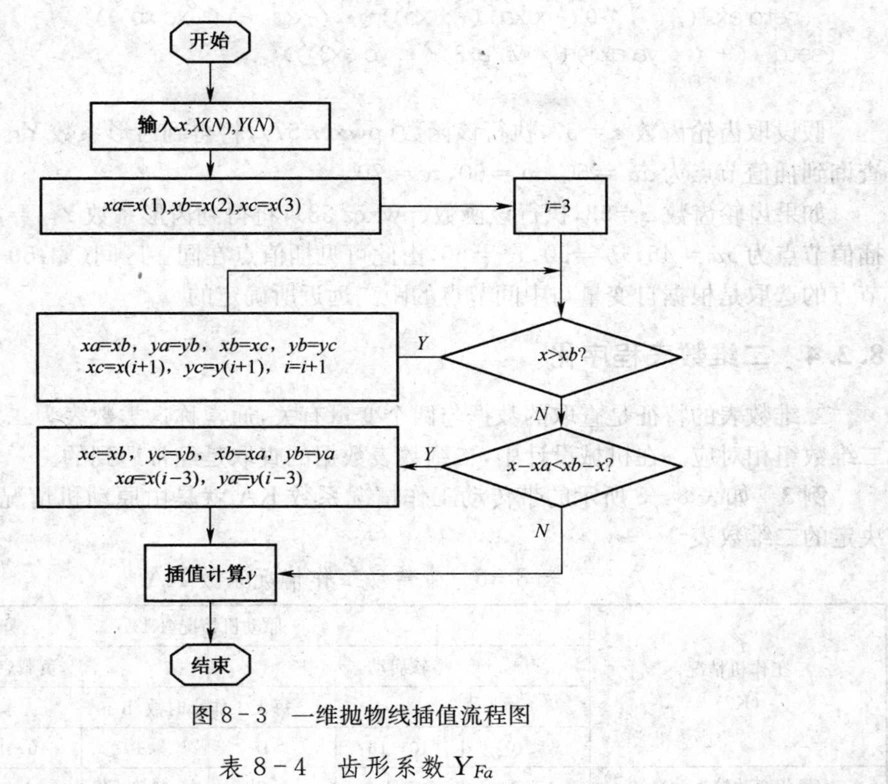

图 8-3　一维抛物线插值流程图

表 8-4　齿形系数 Y_{Fa}

$z(z_v)$	30	35	40	45	50	60	70	80	90	100
Y_{Fa}	2.52	2.45	2.40	2.35	2.32	2.28	2.24	2.22	2.20	2.18

2.14)。按照抛物线插值流程图编出程序如下：

```
(defun pwxcz (x)
  (if (or (< x 30) (> x 100)) (princ "\n自变量 x 超出范围!!!"))
  (setq lbz '(29 30 35 40 45 50 60 70 80 90 100 150))
  (setq lbf '(2.53 2.52 2.45 2.40 2.35 2.32 2.28 2.24 2.22 2.20 2.18 2.14))
  (setq i 3)
  (setq xa (nth 1 lbz) xb (nth 2 lbz) xc (nth 3 lbz))
  (setq ya (nth 1 lbf) yb (nth 2 lbf) yc (nth 3 lbf))
  (while (and (> x xa) (> x xb))
    (setq i (1+ i))
    (setq xa xb xb xc xc (nth i lbz))
    (setq ya yb yb yc yc (nth i lbf))
    );while
  (setq xd1 (- x xa) xd2 (- xb x))
  (if (< xd1 xd2) (setq xc xb yc yb xb xa yb ya
xa (nth (- i 3) lbz) ya (nth (- i 3) lbf)));if
  (setq ax1 (/ (* 1.0 (- x xb) (- x xc)) (* (- xa xb) (- xa xc))))
  (setq ax2 (/ (* 1.0 (- x xa) (- x xc)) (* (- xb xa) (- xb xc))))
```

```
 (setq ax3 (/ ( * 1.0 (- x xa) (- x xb)) ( * (- xc xa) (- xc xb))))
(setq y (+ ( * ya ax1) ( * yb ax2) ( * yc ax3)))
)
```

假设取齿轮齿数 $z=57$，执行该函数（pwxcz 57），将得到齿形系数 $Y_{Fa}=2.292$，可以查询到插值节点为 $xa=50$，$xb=60$，$xc=70$。

如果齿轮齿数 $z=53$，执行该函数（pwxcz 53），将得到齿形系数 $Y_{Fa}=2.3052$，查询到插值节点为 $xa=45$，$xb=50$，$xc=60$，由此可见插值点在同一区间（如：50～60）三个插值节点的选取是根据自变量与中间节点的距离远近所确定的。

8.2.4 二维数表程序化

二维数表的特征是查取的数据与两个变量有关，通常称这类数表为二元列表函数，与二维数组相对应。在机械设计中，二维数表数据的查取是经常遇到的。

例 3 如表 8-5 所示的带传动工作情况系数 KA 就是由原动机情况和工作机情况决定的二维数表。

表 8-5 带传动工作情况系数 KA

工作机情况（K2）	原动机情况（K1）					
	软启动			负载启动		
	每天工作小时数/h					
	<10	10-16	>16	<10	10-16	>16
载荷变动较小(0)	1.0	1.1	1.2	1.1	1.2	1.3
载荷变动小(1)	1.1	1.2	1.3	1.2	1.3	1.4
载荷变动较大(2)	1.2	1.3	1.4	1.4	1.5	1.6
载荷变动很大(3)	1.3	1.4	1.5	1.5	1.6	1.8

处理这些数据可在编程时令原动机情况下每天工作时间为一个变量 k1＝0、1 和 2，其中 0 表示<10h，1 表示 10～16h，2 表示>16h；令工作机情况下的载荷变动为另一个变量 k2＝0、1、2 和 3，其中 0 表示载荷变动微小，1 表示变动小，2 表示变动较大，3 表示变动很大。设启动方式变量为 qd＝1 或 2，其中 1 为软启动，2 为负载启动。程序如下：

```
(defun xska (k1 k2 qd)
(if (= qd 1)
(setq KA (cond
((= k1 0) (nth k2 '(1  1.1  1.2  1.3)))
((= k1 1) (nth k2 '(1.1  1.2  1.3  1.4)))
((= k1 2) (nth k2 '(1.2  1.3  1.4  1.5)))))
(setq KA (cond
((= k1 0) (nth k2 '(1.1  1.2  1.4 1.5)))
((= k1 1) (nth k2 '(1.2  1.3  1.5 1.6)))
((= k1 2) (nth k2 '(1.3  1.4  1.6 1.8)))))
);if
);end
```

该程序执行前可通过对话框交互输入参数原动机情况 k1、工作机情况 k2 和驱动方式 qd,然后调用函数(xska k1 k2 qd),就可检索出需要的工作情况系数 KA,供后面计算所用。

如:执行(xska 2 3 1),得到 $K_A=1.5$;执行(xska 1 2 1),则得到 $K_A=1.3$。

例 4 如表 8-6 所示为普通 V 带的基准长度系列及带长修正系数 K_L,要求根据已经确定的带型号和初步计算出的带长 L_c 确定 V 带的基准长度 L_d 和带长修正系数 K_L。

表 8-6 普通 V 带的基准长度系列及带长修正系数 K_L

基准长度 L_d/mm	带长修正系数 K_L						
	Y	Z	A	B	C	D	E
400	0.96	0.87					
450	1.00	0.89					
500	1.02	0.91					
560		0.94					
630		0.96	0.81				
710		0.99	0.83				
800		1.00	0.85				
900		1.03	0.87	0.82			
1000		1.06	0.89	0.84			
1120		1.08	0.91	0.86			
1250		1.11	0.93	0.88			
1400		1.14	0.96	0.90			
1600		1.16	0.99	0.92	0.83		
1800		1.18	1.01	0.95	0.86		
2000			1.03	0.98	0.88		
2240			1.06	1.00	0.91		
2500			1.09	1.03	0.93		
2800			1.11	1.05	0.95	0.83	
3150			1.13	1.07	0.97	0.86	
3550			1.17	1.09	0.99	0.89	
4000			1.19	1.13	1.02	0.91	
4500				1.15	1.04	0.93	0.90
5000				1.18	1.07	0.96	0.92

表 8-6 中 V 带基准长度为标准长度系列,设计时通常是根据带长初步计算值 L_c 进行检索,取最接近计算值的基准长度 L_d 即可;带长修正系数 K_L 则由带型号和基准长度确定。由于 K_L 对应于不同的带型号具有不同的位置和个数,因而要针对不同的型号建立相应的系数表,再根据 L_d 的位置检索出修正系数 K_L。如果 L_d 不在带型号所在区间,则应给出错误信息,如"带长 L_d 超出带型号所在范围! 查不到带长修正系数 KL!!"。具体编程如下:

```
(defun ldkl (dx lc)
(setq ldb '(400 450 500 560 630 710 800 900 1000 1120 1250 1400 1600 1800 2000 2240 2500 2800
         3150 3550 4000 4500 5000))
(setq klb (cond
((= dx "Y") '(0.96 1.00 1.02))
((= dx "Z") '(0.87 0.89 0.91 0.94 0.96 0.99 1.0 1.03 1.06 1.08
            1.11 1.14 1.16 1.18))
((= dx "A") '(0.81 0.83 0.85 0.87 0.89 0.91 0.93 0.96 0.99 1.01
            1.03 1.06 1.09 1.11 1.13 1.17 1.19))
((= dx "B") '(0.82 0.84 0.86 0.88 0.9 0.92 0.95 0.98 1.0 1.03 1.05
            1.07 1.09 1.13 1.15 1.18))
((= dx "C") '(0.83 0.86 0.88 0.91 0.93 0.95 0.97 0.99 1.02 1.04 1.07))
((= dx "D") '(0.83 0.86 0.89 0.91 0.93 0.96))
((= dx "E") '(0.90 0.92))
 ))
(setq i 0 e1 0 e2 5000)
 (while (< e1 e2)
(setq l1 (nth i ldb) l2 (nth (+ i 1) ldb))
(setq e1 (abs (- l2 l1)) e2 (abs (- lc l1)))
(setq i (1+ i))
  );while
 (if (> e2 (* 0.5 e1)) (setq ld l2) (setq ld l1))
 (setq lb (cond ((= dx "Y") ldb)
((= dx "Z") ldb)
((= dx "A") (member 630 ldb))
((= dx "B") (member 900 ldb))
((= dx "C") (member 1600 ldb))
((= dx "D") (member 2800 ldb))
((= dx "E") (member 4500 ldb))
))
 (setq lbm (member ld lb))
 (if (= lbm nil) (princ "\n带长 Ld 超出带型号所在范围！查不到带长修正系数 KL!!")
  (progn
 (setq i0 l1 0)
 (while (/= ld l1)
  (setq l1 (nth i lb))
  (setq kl (nth i klb))
  (setq i (1+ i)))
 (princ "\nLd=") (princ ld)
 (princ "\nKL=") (princ kl)
  );progn
 );if
 (princ)
```

```
);end
```

假设取带型号为“C”，带长初值 $L_c=892$，由于C型号在该长度段没有对应的带长修正系数，故执行函数(ldkl “C” 892)将返回结果为：“带长 Ld 超出带型号所在范围！查不到带长修正系数 KL!!”。

如果取带型号为“C”，带长初值 $L_c=2892$，执行函数(ldkl “C” 2892)后，将返回结果为：Ld=2800　KL=0.95。

前面两个例子均为二维数表中节点数据的检索处理情况，如果需要查取节点与节点之间的数据，同样可以在获得数据左右相邻节点后，采用线性插值或抛物线插值的方法获取。

8.3　线图程序化

在机械设计中，有许多参数或系数是通过各种线图来查取的，有些还以曲线族的形式给出。在CAD程序中对线图的处理方法很多，如：

(1) 将线图离散化成数据表，再按前面数据表的处理方法加以处理。这种方法的缺点是占用较大的计算机内存，且获得结果的准确性也不高。

(2) 有些线图是有原始数学公式的，若是这样，就应找到线图的原始公式，将公式编入程序，这是最精确的程序化处理方法。

(3) 有些线图是实验数据的图形表达，此种情况就应用曲线拟合的方法求出线图的经验公式，然后再将公式编入程序。曲线拟合的方法很多，如将曲线以各分段折线表示，再根据各段的线性方程进行插值处理或进行抛物线插值或多点插值，也可用最小二乘法多项式拟合或B样条拟合处理等。

下面分别就直线图和曲线线图两种情况的处理方法分别举例说明。

8.3.1　直线线图处理

直线图是线图中最简单的情况，通过任取直线上的两点求其线性方程，并将直线方程编入程序中即可。

例5　普通V带传动设计时，带型号的选择是通过图8-4所示的直线选型图来实现的。根据计算功率 P_{ca} 及小带轮转速 n_1 编程由该图选定带型，同时确定小带轮的基准直径范围。

由于该选型图为对数坐标直线图，故在直线上选定两个点 (n_A, P_A) 和 (n_B, P_B) 后，可得到对数表示的线性方程为

$$\frac{\lg P_B-\lg P_A}{\lg n_B-\lg n_B}=\frac{\lg P_K-\lg P_A}{\lg n_K-\lg n_A}$$

故

$$\lg n_K=\lg n_A+\frac{(\lg n_B-\lg n_A)(\lg P_K-\lg P_A)}{\lg P_B-\lg P_A}=c$$

所以有

$$n_K=10^c$$

于是，根据上述方程可以编写选择普通V带型号的程序。该程序以计算功率和小带轮转速为变参，并将各直线上所取出的坐标以及带轮直径系列数据以表的形式建立在程

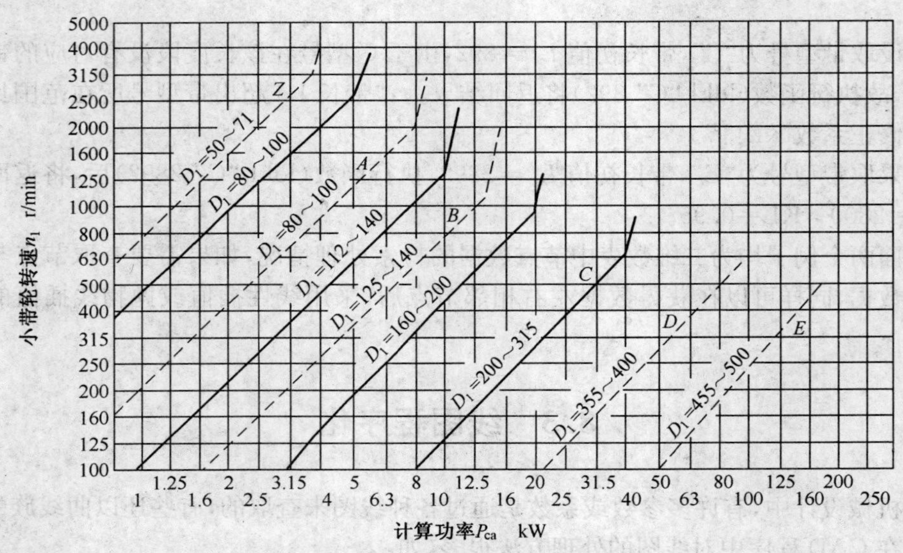

图 8-4 普通 V 带选型图

序中。执行时首先根据计算功率和小轮转速检索带型号所在区间，然后确定其型号和带轮直径系列。程序编制如下：

```
(defun dxh (p n)
  (setq paa '(1.6 1 1 1.6 2 3 8 23 50)
    naa '(1250 470 220 170 125 100 100 100 100)
    pbb '(4 4 8 6.3 12.5 16 31.5 80 160)
    nbb '(3180 2000 2000 800 980 720 500 480 450))
(setq dd1 '("50 63 71" "80 90 100" "80 85 90 95 100" "112 118 125 132 140" "125 132 140" "160 170 180 200" "200 212 224 236 250 265 280 315" "355 375 400" "500"))
  (setq i -1 nk 5000)
  (while (<= n nk)
    (setq i (1+ i))
    (setq pa (nth i paa) na (nth i naa)
    pb (nth i pbb) nb (nth i nbb))
  (setq nba (- (log nb) (log na))
    pka (- (log p) (log pa))
    pba (- (log pb) (log pa)))
  (setq c ( + (log na) (/ ( * nba pka) pba)))
(setq nk (exp c))
  (if (and (> p pb) (> n nb)) (setq nk (- n 10)))
    );while
  (setq dx (nth i '("Z" "Z" "A" "A" "B" "B" "C" "D" "E")))
  (setq d1 (nth i dd1))
  (princ "\nDXH=")
  (princ dx)
  (princ "\nd1=")
```

```
(princ d1)
(princ)
);end
```

应用举例：

设带传动计算功率 $P_{ca}=4.4\text{kW}$，小带轮转速 $n_1=1440\text{r/min}$，执行该函数(dxh 4.4 1440)，将得到如下结果：

```
DXH=A
d1=80 85 90 95 100
```

如果带传动计算功率 $P_{ca}=6.4\text{kW}$，小带轮转速 $n_1=745\text{r/min}$，执行(dxh 6.4 745)，则得到的结果为

```
DXH=B
d1=125 132 140
```

8.3.2 曲线线图处理

在机械设计数据中，有很多参数间的关系是用曲线图来表示的，如图 8-5 所示的齿轮动载系数曲线，就表明了齿轮动载系数与速度和制造精度的关系。对于一些曲线线图或由曲线表示的近似数据，同样可将其数组化或公式化。常用的方法有插值法和最小二乘拟合法。

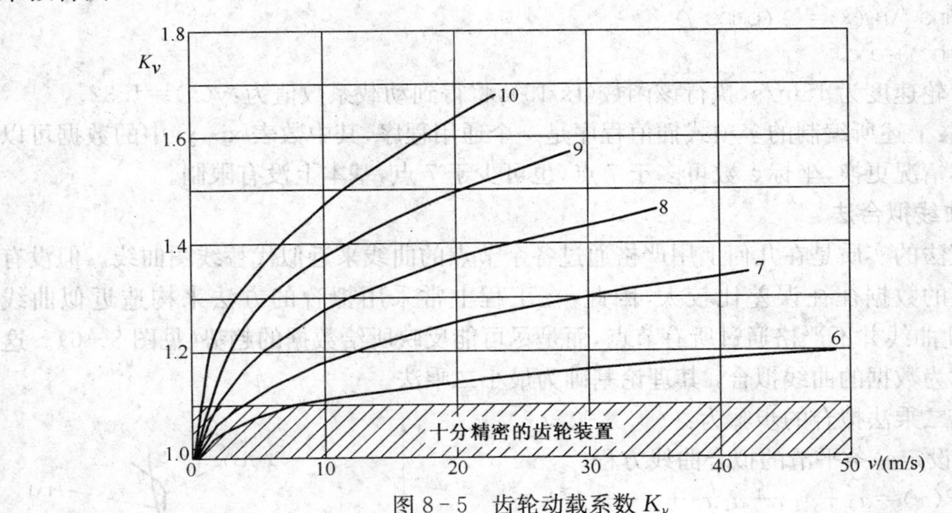

图 8-5　齿轮动载系数 K_v

1. 插值法及其应用

插值法的基本思想是：设法构造一个简单的函数 $y=p(x)$，作为曲线函数 $f(x)$ 的近似表达式，然后计算 $y=p(x)$ 的值以得到 $f(x)$ 的近似值。

使得：　　　　　　$f(x_i)=p(x_i)\quad i=1,2,3,\cdots,n$ 成立。

插值方法的介绍见前面"8.2.3 一维数表的非线性插值"，此处不再赘述。现以图 8-5 齿轮动载系数图为例，说明拉格朗日多项式插值的应用。

例 6　以图 8-5 中齿轮精度为 8 的动载系数曲线为例，在该线上取出 7 个点，分别将其坐标值赋给表变量 x_i 和 y_i，然后通过多项式插值确定自变量相对应的函数值。程序

如下：

```
(defun fx (x)
  (setq xi '(0.0 5.0 10.0 15.0 20.0 25.0 30.0)
    yi '(1.0 1.2 1.27 1.32 1.36 1.4 1.43))
  (setq i 0 j 0 y 0 ajx 1.0)
  (setq n (length xi))
  (while (< j n)
    (setq xj (nth j xi))
    (while (< i n)
      (setq x_xi (- x (nth i xi))
    xi_xn (- xj (nth i xi)))
  (if (/= j i)
      (setq ajx ( * ajx (/ x_xi xi_xn)))
      );end_if
  (setq i (1+ i))
    );end_while_i
  (setq y (+ y ( * ajx (nth j yi))))
(setq j (1+ j) i 0 ajx 1.0)
);end_while_j
  (princ "\ny(x)= ") (princ y)
  (princ));end
```

若齿轮速度为 15m/s，执行该函数(fx 15)，将得到动载系数值为：y(x)=1.32。

说明：上述所编制的多项式插值程序是一个通用程序，其中数表 xi，yi 中的数据可以根据具体情况更换，坐标点数可多于 7 点，也可少于 7 点，基本上没有限制。

2. 曲线拟合法

插值法的实质是在几何上用严格通过各个节点的曲线来近似代替线图曲线。但没有通过节点的数据往往误差比较大，因此，在工程上常采用拟合的方法来构造近似曲线 $P(x)$。此曲线并不严格通过所有节点，而是尽可能反映所给数据的趋势(见图 8-6)。这种方法称为数据的曲线拟合，其理论基础为最小二乘法。

最小二乘法拟合的步骤为：

(1) 设定一条平滑的拟合曲线方程

$$P(x)=a_0+a_1x+a_2x^2+\cdots+a_nx^n$$

(2) 从 $y=f(x)$ 曲线图上取出 n 组数据 x_i，y_i，与拟合曲线 $P(x)$ 上对应数据的偏差为

$$D_i=f(x_i)-P(x_i)$$
$$=y_i-(a_0+a_1x+a_2x^2+\cdots+a_nx^n)$$

(3) 根据最小二乘法定理，建立原函数与近似函数的变差方程

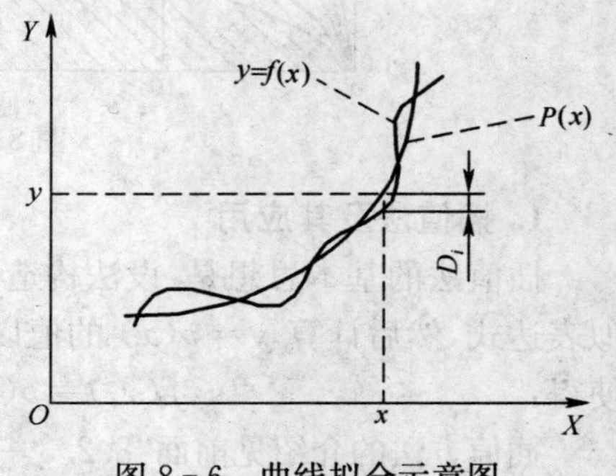

图 8-6 曲线拟合示意图

$$S=(D_i)^2=[y_i-(a_0+a_1x_i+a_2x_i^2+\cdots+a_nx_i^n)]^2$$

为了达到最佳拟合，应使各节点偏差的平方和为最小。即

$$\frac{\partial S}{\partial a_0}=-2\sum_1^n\{[y_i-(a_0+a_1x_i+a_2x_i^2+\cdots+a_nx_i^n)]\}=0$$

$$\frac{\partial S}{\partial a_1}=-2\sum_1^n\{[y_i-(a_0+a_1x_i+a_2x_i^2+\cdots+a_nx_i^n)]x_i\}=0$$

$$\frac{\partial S}{\partial a_2}=-2\sum_1^n\{[y_i-(a_0+a_1x_i+a_2x_i^2+\cdots+a_nx_i^n)]x_i^2\}=0$$

(4) 上列方程通过整理得到线性方程组：

$$a_0\sum_1^n x_i^0+a_1\sum_1^n x_i^1+a_2\sum_1^n x_i^2+\cdots=\sum_1^n y_ix_i^0$$

$$a_0\sum_1^n x_i^1+a_1\sum_1^n x_i^2+a_2\sum_1^n x_i^3+\cdots=\sum_1^n y_ix_i^1$$

$$a_0\sum_1^n x_i^2+a_1\sum_1^n x_i^3+a_2\sum_1^n x_i^4+\cdots=\sum_1^n y_ix_i^2$$

$$\vdots$$

求解该线性方程组，得到系数 a_0、a_1、a_2、… a_n。

(5) 将各个系数代入拟合方程 $P(x)$，即得到方程表达式，然后编入程序中。

说明：对于同一条曲线，同一组数据，可以选用不同的方程去拟合它。如：直线、抛物线、指数方程、对数方程或 K 次多项式等。最好依照原曲线的特征选用相近的拟合方程，以便使得到的拟合方程与原方程之间的误差尽可能最小。除了特征十分明显的曲线能套用相近方程加以拟合之外，一般应用不同的曲线方程进行拟合，比较拟合结果，选择最佳方程，标准就是偏差平方和为最小。若仍有不足，则个别修正达到完善的程度。

例 7 将 Z 型带长度系数 K_L 与基准长度 L_d 之间的关系数据表 8-7 程序化。要求输入基准长度 L_d 时，程序应给出相应的长度系数 K_L。

表 8-7 Z 型带长度修正系数 K_L（部分）

L_d	450	500	560	630	710	800	900	1000	1120	1250	1400	1600	1800
K_L	0.89	0.91	0.94	0.96	0.99	1.00	1.03	1.06	1.08	1.11	1.14	1.16	1.18

对应表 8-7 数据函数关系，采用不同的方程加以拟合，求得曲线方程为：

① K_L=0.8352+2.009E−0.4×L(线性方程) (1)

② K_L=−0.40399+0.21168×LOG(L)(对数方程) (2)

③ K_L=0.8519×EXP(1.9E−0.4×L)(指数方程) (3)

④ K_L=0.25873×$L^{0.20328}$(对数指数方程) (4)

⑤ K_L=0.7221+4.33E−04×L−9.8E−08×L^2(二次方程) (5)

为了比较各个拟合方程与原函数数据的误差，建立表 8-8。由表 8-8 可知，二次方程式(5)的偏差平方和 S 值最小，但它有 4 组数据有误差；对数方程式(2)的偏差平方和 S 值比二次方程式略大一点，但它有误差的数据组数为 3，最大的绝对差值与式(5)同样为 0.01，因此，可选定对数方程式(2)为 Z 型带长度修正系数 K_L 的计算式。

例 8 图 8-7 表示了正常齿轮在不同角速度下的动载荷的实验曲线，求出它的拟合方程。

表 8-8　Z 型带各拟合曲线方程的误差比较

V带基准长 L	表值 K_L	式(1)		式(2)		式(3)		式(4)		式(5)	
		计算值 K_L'	误差 ΔK_L	计算值 K_L'	误差 ΔK_L	计算值 K_L'	误差 ΔK_L	计算值 K_L'	误差 ΔK_L	计算值 K_L'	误差 ΔK_L
450	0.89	0.93	−0.04	0.89	0	0.93	−0.04	0.9	−0.01	0.9	−0.01
500	0.91	0.94	−0.03	0.91	0	0.94	−0.03	0.92	−0.01	0.91	0
560	0.94	0.95	−0.01	0.94	0	0.95	−0.01	0.94	0	0.93	0.01
630	0.96	0.96	0	0.96	0	0.96	0	0.96	0	0.96	0
710	0.99	0.98	−0.01	0.99	0	0.97	0.02	0.98	0.01	0.98	0.01
800	1	1	0	1.01	−0.01	0.99	0.01	1.01	−0.01	1.01	−0.01
900	1.03	1.02	0.01	1.04	−0.01	1.01	0.02	1.03	0	1.03	0
1000	1.06	1.04	0.02	1.06	0	1.03	0.03	1.05	0.01	1.06	0
1120	1.08	1.06	0.02	1.08	0	1.05	0.03	1.08	0	1.08	0
1250	1.11	1.09	0.02	1.11	0	1.08	0.03	1.1	0.01	1.11	0
1400	1.14	1.12	0.02	1.13	0.01	1.11	0.03	1.13	0.01	1.14	0
1600	1.16	1.16	0	1.16	0	1.15	0.01	1.16	0	1.16	0
1800	1.18	1.2	−0.02	1.18	0	1.2	−0.02	1.19	−0.01	1.18	0
2000	1.2	1.24	−0.04	1.2	0	1.25	−0.05	1.21	−0.01	1.2	0
偏差平方和 S		6.089E-03		3.74E-04		8.637E-03		6.38E-04		3.45E-04	
有差值的数组量		11		3		13		9		4	
绝对最大差值		0.04		0.01		0.05		0.01		0.01	

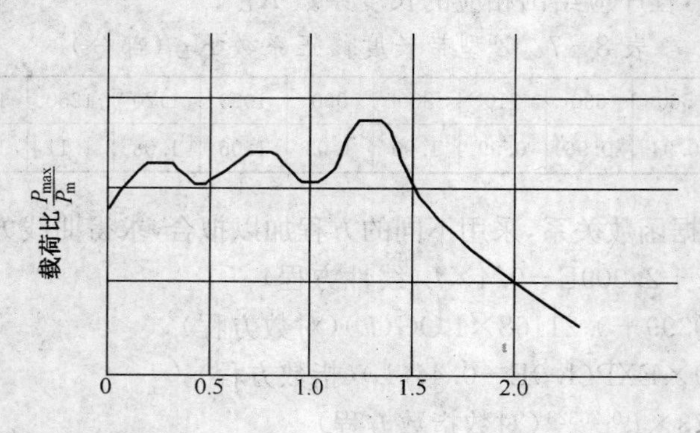

图 8-7　齿轮动载荷的实验曲线

从实验曲线图中选取若干点，将其数值列于表 8-9 中(取 19 点)。

下面通过两种方式进行数据拟合。

① 对 19 组数据，用八次方程拟合，得到的公式为

$$y=1.09894+0.26417x+12.05522x^2-60.4982x^3+104.82931x^4-71.4555x^5+7.19088x^6+11.4272x^7-3.4673x^8 \quad (1)$$

表 8-9 动载荷数值表

点号	1	2	3	4	5	6	7	8	9	10
X	0	0.1	0.2	0.3	0.4	0.5	0.6	0.74	0.8	0.9
Y	1.08	1.25	1.28	1.26	1.23	1.26	1.22	1.17	1.2	1.36
点号	11	12	13	14	15	16	17	18	19	
X	1.0	1.1	1.2	1.3	1.35	1.4	1.5	1.6	1.7	
Y	1.52	1.46	1.29	1.1	1.0	0.94	0.84	0.78	0.74	

平方和偏差 $S=0.042989$

经过计算检查，19 组数据都有差值，其最大绝对差值为 0.09。可见，结果不能令人满意。

② 分段拟合。

重新观察实验曲线，发现前后曲线走向明显不同，若以第 10 组数据为界，分两段拟合，方程式会变得简单。

(a) 第一段曲线(第 1 组～第 10 组数据)五次方程拟合：

$$y=1.079.9+3.2002x-18.80756x^2+49.15253x^3-59.44386x^4+26.7665lx^5 \quad (2)$$

平方和偏差 $S=8.97E-04$

经过计算检查发现，10 组数据中其中 5 组有误差，其最大绝对误差值为 0.02。

(b)第二段曲线(第 10 组～第 19 组数据)四次方程拟合：

$$y=-45.35125+142.03811x-156.86822x^2+74.833894x^3-13.13546x^4 \quad (3)$$

平方和偏差 $S=1.65\text{E}-04$

经计算检查发现，10 组数据只有 1 组有误差，其最大绝对误差为 0.01。

综上分析，本题采用分段曲线拟合的效果较好，误差小，精度高，方程式也简单。

8.4 数据文件化

前述各种方法都是将数据资料编入程序，使用起来方便、快捷。但它的缺陷是数据依赖于程序而存在，若要修改数据，则要修改程序，各程序之间所需相同数据资料无法共享。因此，对于数据量较大，且需要共享的数据，通常采用数据文件的形式来存储。数据文件有自己固定的存取格式，既可在各种编辑器中建立，又可通过程序运行自动产生，而数据文件的管理，数据的检索则通常采用程序语言中的函数或文件管理功能来实现。

数据文件化要注意的几个问题：

(1) 数据资料的合理组织；

(2) 正确录入数据；

(3) 数据文件的保存、建档和管理；

(4) 数据的检索与读取。

8.4.1 一维数据文件建立格式与检索范例

数据文件的建立格式取决于数据的类型和对应的检索数据方法，通常采用的数据文件保存为后缀“dat”的文本格式，检索方法为表处理关键字对应法，即根据关键字检索对应的数据。如一维数据类型的文件格式如下：

```
(vk   v1 v2 … vn)
(K1   x11 x12 …x1n)
(K2   x21 x22 …x2n)
…
(Km   xm1 xm2 …xmn)
```

该数据文件的第一排为变量表，表中的每一个变量对应着后面各排数据表中的数据，每个表中的第一个元素为关键字。检索时根据关键字找到数据文件中相应的数据表，再将数据表中的数据依次赋给对应的变量。

这类数据类型很常见，可定义一个通用的检索函数来检索数据并给变量赋值。检索函数定义如下：

```
(defun js (fname kd / ft nt j x)
(setq f (open fname "r"))
(setq ft (read (read - line f))
      nt (read (read - line f)))
(while (/= kd (car nt))
(setq nt (read (read - line f))))
(setq j - 1)
(repeat (length nt)
  (setq j (1+ j) x (nth j ft))
  (set x (nth j nt)))
(close f)
nt);end
```

例 9　根据带轮几何图形关系(见图 8－8)及数据表建立在 D:盘 CAD 文件夹下的数据文件为“dlvc. dat”，数据建立如下：

```
(dxh ha hf dlta ff ee bpp ang)
("Y" 1.6 4.7 5 7 8 5.3 36)
("Z" 2 7 5.5 8 12 8.5 38)
("A" 2.75 8.7 6 10 15 11 38)
("B" 3.5 10.8 7.5 12.5 19 14 38)
("C" 4.8 14.3 10 17 25.5 19 38)
 ........
```

该数据文件使用检索函数 js 的检索过程为：

调用：(js "d:/cad/dlvc. dat" “B”)

返回：("B" 3.5 10.8 7.5 12.5 19 14 38)

同时表中的数据已赋给数据文件首表中的各个变量，如查询“！ ha”，将显示其值为 3.5。

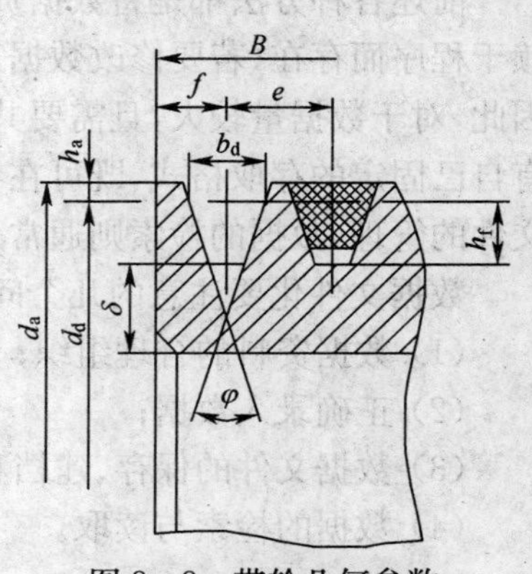

图 8－8　带轮几何参数

另一类一维数据也是通过关键字来检索，所不同的是关键字必须处于其中某一段数据区域内，如：

(vkmin vkmax v1 v2 … vn)

(K1min K1max x11 x12 …x1n)

(K2min K2max x21 x22 …x2n)

⋮

(Kmmin Kmmax xm1 xm2 …xmn)

这类数据的检索也可采用前面编制的检索函数 js，不过要判断关键字是否处于数据表中第一和第二个数据之间，因此需将函数中的判断条件由

```
(/= kd (car nt))  改为  (or (<= kd (car nt)) (> kd (cadr nt)))
```

例如：普通平键的有关尺寸参数是由轴颈大小所确定的（见图 8-9）。现在 D 盘 CAD 文件夹中建立有普通平键的数据文件 jc. dat，数据内容如下：

```
(dmin dmax b h tz tk)
(10 12 4 4 2.5 1.8)
(12 17 5 5 3.0 2.3)
(17 22 6 6 3.5 2.8)
(22 30 8 7 4.0 3.3)
(30 38 10 8 5.0 3.3)
(38 44 12 8 5.0 3.3)
(44 50 14 9 5.5 3.8)
(50 58 16 10 6.0 4.3)
……
```

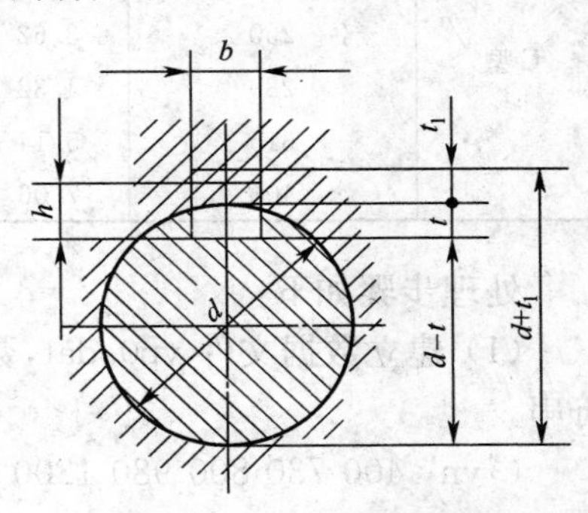

图 8-9 键连接几何关系

假设轴颈 d=45mm，执行检索：

调用：(js "d:/cad/jc. dat" 45)

返回：(44 50 14 9 5.5 3.8)

相应的变量为：b=14，h=9，tz=5.5，tk=3.8。

8.4.2 二维数据文件建立格式与检索范例

以表 8-10 所示数据表为例，说明根据带型号和小轮转速检索单根 V 带基本额定功率 P0 的过程。

表 8-10 单根 V 带基本额定功率 P0

带型	小带轮基准直径 d_p/mm	小带轮转速 n_1/(r/min)						
		400	730	800	980	1200	1460	2800
Z 型	50	0.06	0.09	0.10	0.12	0.14	0.16	0.26
	63	0.08	0.13	0.15	0.18	0.22	0.25	0.41
	71	0.09	0.17	0.20	0.23	0.27	0.31	0.50
	80	0.14	0.20	0.22	0.26	0.30	0.36	0.56
A 型	75	0.27	0.42	0.45	0.52	0.60	0.68	1.00
	90	0.39	0.63	0.68	0.79	0.93	1.07	1.64
	100	0.47	0.77	0.83	0.97	1.14	1.32	2.05
	112	0.56	0.93	1.00	1.18	1.39	1.62	2.51
	125	0.67	1.11	1.19	1.40	1.66	1.93	2.98

（续）

带型	小带轮基准直径 d_p/mm	小带轮转速 n_1/(r/min)						
		400	730	800	980	1200	1460	2800
B型	125	0.84	1.34	1.44	1.67	1.93	2.20	2.96
	140	1.05	1.69	1.82	2.13	2.47	2.83	3.85
	160	1.32	2.16	2.32	2.72	3.17	3.64	4.89
	180	1.59	2.61	2.81	3.30	3.85	4.41	5.76
	200	1.85	3.05	3.30	3.86	4.50	5.15	6.43
C型	200	2.41	3.80	4.07	4.66	5.29	5.86	5.01
	224	2.99	4.78	5.12	5.89	6.71	7.47	6.08
	250	3.62	5.82	6.23	7.18	8.21	9.06	6.56
	280	4.32	6.99	7.52	8.65	9.81	10.74	6.13
	315	5.14	8.34	8.92	10.23	11.53	12.48	4.16
	400	7.06	11.52	12.10	13.67	15.04	15.51	—

处理步骤如下：

(1) 建立数据文件 vp0.dat，数据表中首元素为带型号与小带轮基准直径组成的字符串。

```
("vn" 400 730 800 980 1200 1460 2800)
("Z50" 0.06 0.09 0.1 0.12 0.14 0.16 0.26)
("Z63" 0.08 0.13 0.15 0.18 0.22 0.25 0.41)
("Z71" 0.09 0.17 0.2 0.23 0.27 0.31 0.5)
("Z80" 0.14 0.2 0.22 0.26 0.3 0.36 0.56)
("A75" 0.27 0.42 0.45 0.52 0.6 0.68 1.0)
("A90" 0.39 0.63 0.68 0.79 0.93 1.07 1.64)
("A100" 0.47 0.77 0.83 0.97 1.14 1.32 2.05)
("A112" 0.56 0.93 1.0 1.18 1.39 1.62 2.51)
("A125" 0.67 1.11 1.19 1.4 1.66 1.93 2.98)
("B125" 0.84 1.34 1.44 1.67 1.93 2.2 2.96)
("B140" 1.05 1.69 1.82 2.13 2.47 2.83 3.85)
("B160" 1.32 2.16 2.32 2.72 3.17 3.64 4.89)
("B180" 1.59 2.61 2.81 3.3 3.85 4.41 5.76)
("B200" 1.85 3.05 3.3 3.86 4.5 5.15 6.43)
("C200" 2.41 3.8 4.07 4.66 5.29 5.86 5.01)
("C224" 2.99 4.78 5.12 5.89 6.71 7.47 6.08)
("C250" 3.62 5.82 6.23 7.18 8.21 9.06 6.56)
("C280" 4.32 6.99 7.52 8.65 9.81 10.74 6.13)
("C315" 5.14 8.34 8.92 10.23 11.53 12.48 4.16)
("C400" 7.06 11.52 12.1 13.67 15.04 15.51 4.16)
```

(2) 编制 P0 的检索函数 jsp0，通过额定功率 P 和小轮转速检索。

```
(defun jsp0 (p n)
  (kaz)                          ;调用子函数查取工作情况系数
  (setq pca (* ka p) n1 n)
  (dxh pca n1)              ;调用子函数检索带型号和带轮基准直径范围
  (prompt (strcat "\nd1 = " d1)) (terpri)
  (initget 7 d1)            ;确定小带轮基准直径
  (setq dp1 (getint "\nSelect an diameter d1:"))
  (setq key (strcat dx (itoa dp1)))         ;组成关键字串
  (setq f (open "d:/cad/vp0.dat" "r"))      ;打开数据文件读入
  (setq dn (read (read - line f))
    dp0 (read (read - line f)))
   (while (/= (nth 0 dp0) key)
    (setq dp0 (read (read - line f)))
    );while
  (close f)
  (setq i 0 dn1 0 dn2 300)
  (while (< dn2 n)
    (setq i (1+ i))
    (setq dn1 (nth i dn)
   dn2 (nth (+ i 1) dn))
    );while
  (setq y1 (nth i dp0) y2 (nth (+ i 1) dp0))
 (setq yy (- y2 y1)
xx (/ (- dn2 n) (- dn2 dn1 0.0)))
  (setq p0 (- y2 (* yy xx)))
 (princ "\nP0 = ") (princ p0)          ;输出检索结果
  (princ)
  )
```

(3) 检索结果。

举例:设带传动额定功率为 7kW,小轮转速为 1460r/min,执行检索函数(jsp0 7 1460)将返回结果:P0＝1.93kW。

同理,单根 V 带额定功率增量 ΔP0 也可采用类似的方法检索。

将数据存入一个独立于程序的数据文件中,使数据和应用程序分开,子程序运行时,可按需打开数据文件检索数据。优点是应用程序简洁,占用内存量大大减少,数据更改也方便。但缺点是文件之间彼此孤立,文件内部又无结构信息,因而数据共享范围有限。另外文件管理系统缺乏对数据进行集中管理和控制的能力。数据的操作仍离不开应用程序,两者之间并未实现完全独立。

8.5 数据库简介

数据库是一个通用的、综合性的、数据独立性高、冗余度小且互相联系的数据文件的集合，通过 DBMS 所提供的各种存取方法来对数据进行操作以满足实际的需要（见图 8-10）。

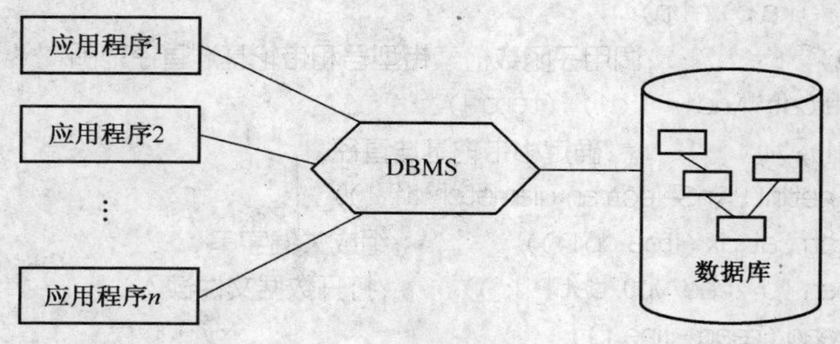

图 8-10　数据库方式

该种方式的特点是从整体观点处理数据，冗余度小，易扩充，使用灵活，数据共享性好。数据独立于程序存在，应用程序不必随数据的变化而修改，数据库系统本身提供了很强的数据操作功能，不需应用程序额外承担数据操作任务。因此，对于大型和复杂的应用问题，数据库系统的设计已成为 CAD 系统设计的核心。采用这种方式，数据库的建库工作量很大，因而也限制了它的广泛应用。

AutoCAD R12 以上版本增加了 AutoCAD 结构化查询语言扩展 ASE（AutoCAD SQL Extension）功能，实现了 AutoCAD 与数据库的连接，从而使得 AutoCAD 能够存取和操作那些存储在外部数据库中的非图形数据，如材料清单、零件明细表、设备管理等数据。用户可以在 AutoCAD 的绘图环境中建立图形实体与数据库中数据的连接。通过创建双向数据流，就可以实现实体和数据库表之间的关联互动，既可以通过表来操作实体，也可以通过实体来操作表。

ASE 提供了一系列函数和命令来实现数据库操作，并提供了一组数据库管理系统的驱动程序，如：Dbase、PARADOX、INFOMIX、ORACLE 等。用户可以根据自己所用的数据库来选择驱动程序。不管用户采用哪种数据库管理系统，均使用同一种 ASE 命令。ASE 还为 AutoCAD 二次开发程序设计提供了一种结构化查询语言接口 ASI（AutoCAD SQL Interface），通过编写 ASE 的 Auto LISP 程序或 Object ARX 程序，可以充分发挥 ASE 的作用，实现自动操作数据库的功能。

关于 ASE 的详细内容，可参考 AutoCAD 技术资料中的 ASE 部分。

在机械设计过程中，要查阅和检索的数据信息、图表、线图等的形式是千变万化的，上面所举的只不过是比较典型的一些例子。从这些例子中可见，工程数据的处理具有很大的灵活性，同一种数据资料可以采用多种方式编程处理。在具体处理时遵循的原则是：在保证数据精确可靠的前提下，尽可能寻找简练的方式，宁愿在编程时多费些功夫，以求程序的准确、实用。

练　习　题

1. 定义一个线性插值函数，函数名为 cz，当已知两点 $A(x1\ y1)$ 和 $B(x2\ y2)$ 时，能根据区域 $x1 \sim x2$ 内 x 的值确定出所对应的 y 值。

2. 定义一个齿轮齿形系数 Y_{Fa} 和应力校正系数 Y_{Sa} 的检索函数，能根据齿数 z 检索出对应的 Y_{Fa} 和 Y_{Sa} 系数值，见下表。

z	17	18	19	20	21	22	23	24	25
Y_{Fa}	2.97	2.91	2.85	2.80	2.76	2.72	2.69	2.65	2.63
Y_{Sa}	1.52	1.53	1.54	1.55	1.56	1.57	1.575	1.58	1.59

3. 根据有限宽滑动轴承的承载量系数表(见下表),建立一种可用于 Auto LISP 表处理的数据文件(*.dat),再编制一个检索函数打开数据文件,读取数据。

B/d	偏心率 χ												
	0.3	0.4	0.5	0.6	0.65	0.7	0.75	0.80	0.85	0.90	0.925	0.95	0.975
	承载量系数 C_p												
0.3	0.0522	0.0826	0.128	0.203	0.259	0.347	0.475	0.699	1.122	2.074	3.352	5.73	15.15
0.4	0.0893	0.141	0.216	0.339	0.431	0.573	0.776	1.079	1.775	3.195	5.055	8.393	21.00
0.5	0.133	0.209	0.317	0.493	0.622	0.819	1.098	1.572	2.428	4.261	6.615	10.706	25.62
0.6	1.182	0.283	0.427	0.655	0.819	1.070	1.418	2.001	3.036	5.214	7.956	12.64	29.17
0.7	0.234	0.361	0.538	0.816	1.014	1.312	1.720	2.399	3.580	6.029	9.072	14.14	31.88
0.8	0.287	0.439	0.647	0.972	1.199	1.538	0.965	2.754	4.053	6.721	9.992	15.37	33.99
0.9	0.339	0.515	0.754	1.118	1.371	1.745	2.248	3.067	4.459	7.294	10.753	16.37	35.66
1.0	0.391	0.589	0.853	1.253	1.528	1.929	2.469	3.372	4.808	7.772	11.38	17.18	37.00
1.1	0.440	0.658	0.947	1.377	1.669	2.097	2.664	3.580	5.106	8.186	11.91	17.86	38.12
1.2	0.487	0.723	1.033	1.489	1.796	2.247	2.838	3.787	5.364	8.533	12.35	18.43	39.04

第9章　机械设计编程及应用

机械设计过程涉及计算、数据处理和绘图，编制程序来快速有效地完成这些工作是CAD二次开发的基本任务。

9.1　机械CAD图形环境的设置

机械CAD图形环境包括图层、线型、比例、颜色、文字样式、标注样式、图幅和标题栏等。使用Visual LISP可以通过程序自动设置、调用。

9.1.1　程序中设置图层、颜色、线型、线宽

图层除了默认的0层外，通常根据需要可设置1、2、3等多个图层，并在每层上分别赋予不同的颜色、线型或线宽。如：

```
(command"layer" "n" 1"c" 5 1"L""continuous""1 "lw"0.4 1"")
```

新建了1层，该层颜色号为5，线型为“continuous”，线宽为0.4。

```
(command"layer""n" 1"n"2"n"3"c"5 1"c" 6 2"c" 1 3"")
(command"layer""l""center"3 "l" "dashed"2 "")
```

新建了1、2、3层，各层的颜色号分别为5、6、1，第3层的线型为"center"，第2层的线型为“dashed”。

```
(command"layer" "s" 1 "")
```

设置已建立的第1层为当前层。

```
(command"layer""m"2 "c" 1 2 "L" "center"2 """ltscale" 10)
```

新建层为2层，同时设该层为当前层，层上颜色号为1，线型为“center”，线型比例为10。

9.1.2　程序中设置文字样式

工程图形文字样式通常推荐采用“gbeitc.shx”、“gbenor.shx”和“仿宋_GB2312”这三种样式，程序中设置这些样式可编写代码如下：

```
(command"style""st1""gbeitc.shx" 3.5 0.86"""""")
(command"style""st2""gbenor.shx" 3.5 0.9"""""")
(command"style""st3""仿宋_GB2312" 3.5 0.8"""""")
```

其中“st1”、“st2”、“st3”分别为新建的文字样式名，字高为3.5。

9.1.3　程序中设置标注样式

在AutoCAD中提供了默认的标注样式，譬如箭头尺寸、尺寸界线、文字样式和字高

等。但根据 GB/T 4458.8—2003《机械制图尺寸注法》中规定,这些默认值是不符合要求的,因此需要在制图时重新设定。除了手动设置外,在程序中也可以自动设置,图 9-1 为

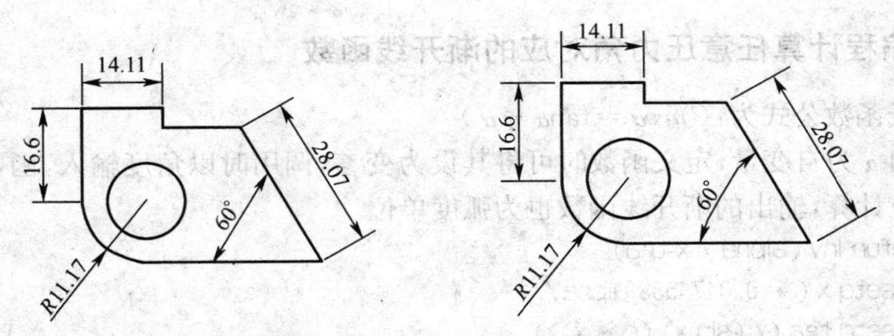

图 9-1 标注样式设置前后的对比

标注样式设置前后的比较。Auto CAD 系统内提供的设置参数如下:

1. 文字方位控制参数

dimtoh(off), dimtih(off), dimtad(1)

分别控制文字的方位在延伸线外或内均与尺寸线一致。

2. 大小控制参数默认值

dimtxt—字高(2.5);

dimasz—箭头长度(2.5);

dimexo—尺寸界线起点距离(0.625);

dimexe—尺寸界线超出长度(1.25);

dimtxsty—文字样式(standard)。

3. 标注样式设置

(command"dim" "dimtoh""off""dimtih""off""dimtad""1""exit")

设置文字方位控制参数。

(command"dim""dimasz"3.5"dimexo" 1"dimexe" 3 "dimtxt" 3.5 "exit")

设置箭头长为 3.5,尺寸界线起点距离为 1,尺寸界线超出长度为 3,字高为 3.5。

(command"dim""dimtxsty""st1""exit")

设置当前文字样式为"st1",该文字样式必须已存在,否则将出错。

4. 环境设置程序实例

```
(defun c:hjsz ()
(command "layer" "n" 1 "n" 2 "n" 3 "c" 1 1 "c" 6 2 "c" 5 3 "l" "center" 1 "")
(command "ltscale" 10)
(command "style" "st1" "gbeitc.shx,gbcbig.shx" 3.5 0.8 "" "" "")
(command "style" "st2" "gbenor.shx,gbcbig.shx" 3.5 0.8 "" "" "")
(command "style" "st3" "仿宋_GB2312" 4 0.8 "" "" "")
(command "dim" "dimtxt" 3.5  "dimasz" 3.5 "dimexe" 3  "dimexo" 1
        "dimtxsty" "st1" "exit")
);end
```

在命令下执行该函数 hjsz,将自动设置图层、文字样式和标注样式。

9.2 机械设计计算程序实例

9.2.1 编程计算任意压力角对应的渐开线函数

渐开线函数公式为：($inv\alpha = \tan\alpha - \alpha$) (9-1)

压力角 α 为自变量，定义函数时可将其设为变参，调用时以角度输入，函数内应转换为弧度单位计算，输出的渐开线函数也为弧度单位。

```
(defun inv (alpha / x tga)
  (setq x (* 0.0174533 alpha))
  (setq tga (/ (sin x) (cos x)))
  (- tga x)
);end
```

设 $\alpha = 22°$，求解对应渐开线函数的执行过程如下：

命令：(inv 22)　返回：0.0200538

9.2.2 根据运动规律，编制程序计算凸轮的基圆半径

对于偏置直动推杆盘形凸轮机构，凸轮基圆半径 r_0 通常按满足推程压力角 $\alpha \leqslant [\alpha]$ 的条件来确定，其计算公式为

$$r_0 \geqslant \sqrt{\left[\left(\frac{ds}{d\delta} - e\right)/\tan[\alpha] - s\right]^2 + e^2} \tag{9-2}$$

由于 r_0 的值随凸轮廓线上各点的 $ds/d\delta$ 和位移 s 的不同而不同，因此，在程序编制过程中应按照凸轮转动角度 δ 的步长进行循环计算，并构造一个表变量，将每次计算的值放在这个表中，然后利用求最大值函数检索出极大值，该值即为所设计凸轮的最小基圆半径。

例　已知推杆行程 $h=20\text{mm}$，偏距 $e=10\text{mm}$，推程运动角 $\delta_0=120°$，许用压力角 $[\alpha]=30°$，推程运动规律为五次多项式运动规律：

$$s = 10h\delta^3/\delta_0^3 - 15h\delta^4/\delta_0^4 + 6h\delta^5/\delta_0^5 \tag{9-3}$$

设定推杆行程变量 h、偏距 ej 和推程运动角 dt0 为变参，编程如下：

```
(defun jsr0 (h ej dt0)
(setq a0 30)
(setq at0 (* 0.0174533 dt0) a (* 0.0174533 a0))
(setq i 0 r0 0 lpt nil)
(while (<= i dt0)
(setq di (* 0.0174533 i))
(setq x1 (/ (* 10 h (expt di 3)) (expt at0 3))
      x2 (/ (* -15 h (expt di 4)) (expt at0 4))
      x3 (/ (* 6 h (expt di 5)) (expt at0 5)))
(setq s (+ x1 x2 x3))
(setq c1 (/ (* 30 h di di) (expt at0 3))
      c2 (/ (* -60 h (expt di 3)) (expt at0 4))
```

```
    c3 (/ ( * 30 h (expt di 4)) (expt at0 5)))
(setq dsdt (+ c1 c2 c3))
(setq b1 (- (/ (- dsdt ej) (/ (sin a) (cos a))) s))
(setq lpt (append lpt (list (sqrt ( + (expt b1 2) (expt ej 2))))))
(setq i (1+ i))
);while
(setq r0 (apply 'max lpt))
(princ "\n 所求基圆半径 r0≥") (princ (fix ( + 0.5 r0)))
(princ)
);end
```

加载后在命令下运行该程序(jsro 20 10 120),将显示出计算结果:

所求基圆半径 r0≥39

这样,根据该计算值和结构条件就可合理地确定出凸轮的基圆半径。

9.2.3 渐开线标准齿轮传动重合度计算

重合度计算公式为

$$\varepsilon_\alpha = [z_1(\tan\alpha_{a1} - \tan\alpha) + z_2(\tan\alpha_{a2} - \tan\alpha)]/(2\pi) \tag{9-4}$$

在压力角一定的情况下,渐开线齿轮重合度的大小与齿数有关,而与模数无关。根据齿轮渐开线的形成及方程,可知齿顶圆压力角由下式确定:

$$\tan\alpha_a = \sqrt{r_a^2 - r_b^2}/r_b = \sqrt{(z+2)^2 - (z\cos\alpha)^2}/z\cos\alpha \tag{9-5}$$

由于标准压力角 $\alpha=20°$,齿顶圆压力角 α_a 的大小取决于齿数 z,因此编制计算标准齿轮的重合度的程序时,可将上式定义为一个子函数(tgaz),在主程序中直接应用。程序编制如下:

```
(defun clchd (z1 z2 / x1 x2)
  (setq a20 ( * 0.0174533 20))
  (setq tga20 (/ (sin a20) (cos a20)))
  (setq x1 ( * z1 (- (tga z1) tga20))
        x2( * z2 (- (tga z2) tga20)))
  (setq chd (/ (+ x1 x2) ( * 2 pi)))
  (princ"\n 标准齿轮重合度 = ") (princ chd)
  (princ)
);end
;-------------------------
(defun tga (z / x1 x2)
  (setq x1 (+ z 2) x2 ( * z (cos a20)))
  (/ (sqrt (- ( * x1 x1) ( * x2 x2))) x2)
  )
```

设两齿轮的齿数分别为 $z_1=18$,$z_2=57$,求解重合度的执行过程如下:

命令:(clchd 18 57) 返回:标准齿轮重合度=1.65318。

9.2.4 齿轮传动变位系数和的计算

变位系数和的计算公式为

$$\sum x = x_1 + x_2 = (inv\alpha' - inv\alpha)(z_1 + z_2)]/(2\text{tg}\alpha) \qquad (9-6)$$

编制计算齿轮传动变位系数的程序如下：

```
(defun bwx (z1 z2 m)
  (setq a20 (* 0.0174533 20))
  (setq tg20 (/ (sin a20) (cos a20)))
  (setq a (* 0.5 m (+ z1 z2)))
  (princ (strcat "\n 齿轮标准中心距 a=" (rtos a 2 3)))
  (setq as (getreal "\n 请确定实际中心距 as/<默认为 as=a>"))
  (if (not as) (setq as a))
  (setq cosa1 (/ (* a (cos a20)) as))
  (setq tga1 (/ (sqrt (- 1 (* cosa1 cosa1))) cosa1))
  (setq a1 (atan tga1))
  (setq x12 (/ (* (- (inv a1) (inv a20))(+ z1 z2)) (* 2 tg20)))
  (princ "\n 齿轮变位系数之和为:x1+x2=") (princ x12)
  (princ));end
;____________________________
(defun inv (x)
  (setq tga (/ (sin x) (cos x)))(- tga x) )
```

设齿轮齿数为 $z_1=12$，$z_2=45$，$m=4$，求解该齿轮传动变位系数和的过程如下：

命令：(bwx 12 45 4)

返回：齿轮标准中心距 a=114，同时显示提示：

请确定实际中心距 as/<默认为 as=a>：输入实际中心距 115 后，显示：

齿轮变位系数之和为：x1+x2=0.258034。

9.2.5 齿轮传动设计计算程序实例

该程序要求通过对话框交互输入设计参数，并显示计算结果。

1. 对话框程序设计

```
clcanshu:dialog{label="齿轮传动设计计算";
:boxed_column{label="请输入齿轮齿数和模数!";
:row{
:edit_box{label="小轮齿数 z1:";key="cl_z1";value=18;}
:spacer{width=10;}
:edit_box{label="大轮齿数 z2:";key="cl_z2";value=45;}}
:row{
:popup_list{label="标准模数 m(mm):";key="m_number";
list="1.25\n1.5\n2\n2.5\n3\n4\n5\n6\n8\n10\n12\n16\n20\n25\n32\n40\n50";
value=4;height=5;}
:spacer{width=40;}}
    }
:boxed_column{label="计算结果出来后请在右边编辑框中输入数据!!!";
:row{
```

```
:retirement_button{label="计算标准中心距:";
                    key="a12";fixed_width=true;width=4;}
:edit_box{label="=";key="cl_a";edit_limit=10;edit_width=4;}
:spacer{width=4;}
:edit_box{label="请输入实际中心距 a!!!";
                 key="cl_as";edit_limit=10;edit_width=4;}}
:row{
:retirement_button{label="计算变位系数和:";
                   key="bwx";fixed_width=true;width=4;}
:edit_box{label="=";key="xx";edit_limit=10;edit_width=4;}
:spacer{width=2;}
:edit_box{label="请确定小齿轮变位系数 x1:";
                key="cl_x1";edit_limit=10;edit_width=4;}}
    }
:boxed_column{label="验算重合度和小齿轮齿顶厚度";
:row{
:retirement_button{label="验算齿轮重合度:";
                   key="cl_chd";fixed_width=true;width=4;}
:edit_box{label="=";key="chdz";edit_limit=10;edit_width=4;}
:spacer{width=10;}
:edit_box{label="小轮齿顶厚度 sa1";
                 key="cl_sa1";edit_limit=10;edit_width=4;}}
}
ok_cancel;
}
```

2. 对话框驱动及设计计算程序编制

```
(defun clcsjs ()
  (setq id (load_dialog "d:/shili/clcs"))
  (if (< id 0) (exit))
  (if (not (new_dialog "clcanshu" id)) (exit))
  (action_tile "a12" "(jszxj)")
  (action_tile "bwx" "(jsbwxs)")
  (action_tile "cl_chd" "(jschd)")
  (action_tile "accept" "(setq what 1) (done_dialog)")
  (action_tile "cancel" "(setq what -1) (done_dialog)")
  (start_dialog)
  (unload_dialog id)
  (if (> what 0) (xsjs))
  (princ)
  )
;获取齿数模数和标准中心距
(defun jszxj ()
(setq mi (atoi (get_tile "m_number")))
```

```
(setq m (nth mi '(1.25 1.5 2 2.5 3 4 5 6 8 10 12 16 20 25 32 40 50)))
(setq z1 (atoi (get_tile "cl_z1")))
(setq z2 (atof (get_tile "cl_z2")))
(setq a ( * 0.5 m ( + z1 z2)))
(setq f1 (rtos a 2 2))
(set_tile "cl_a" f1)
);end
;获取实际中心距和变位系数和
(defun jsbwxs ()
(setq as (atof (get_tile "cl_as")))
(setq a20 ( * 0.0174533 20))
 (setq tg20 (/ (sin a20) (cos a20)))
 (setq a ( * 0.5 m ( + z1 z2)))
 (setq cosa1 (/ ( * a (cos a20)) as))
 (setq tga1 (/ (sqrt (- 1 ( * cosa1 cosa1))) cosa1))
 (setq a1 (atan tga1))
 (setq x12 (/ ( * (- (inv a1) (inv a20))( + z1 z2)) ( * 2 tg20)))
 (set_tile "xx" (rtos x12 2 3))
  )
;验算齿轮重合度和小轮齿顶厚度
(defun jschd ()
 (setq a (atof (get_tile "cl_a")))
 (setq as (atof (get_tile "cl_as")))
 (setq x12 (atof (get_tile "xx")))
 (setq x1 (atof (get_tile "cl_x1")))
 (setq x2 (- x12 x1))
 (setq a20 ( * 0.0174533 20))
  (setq tg20 (/ (sin a20) (cos a20)))
  (setq d1 ( * m z1) d2 ( * m z2))
  (setq db1 ( * d1 (cos a20)) db2 ( * d2 (cos a20)))
  (setq cosa1 (/ ( * a (cos a20)) as))
  (setq tga1 (/ (sqrt (- 1 ( * cosa1 cosa1))) cosa1))
  (setq y (/ (- as a) m)   dy (- x12 y))
  (setq ha1 ( * m (- ( + 1 x1) dy))
    ha2 ( * m (- ( + 1 x2) dy)))
  (setq da1 ( + d1 ha1 ha1) da2 ( + d2 ha2 ha2))
  (setq tgda1 (/ (sqrt (- ( * da1 da1) ( * db1 db1))) db1)
  tgda2 (/ (sqrt (- ( * da2 da2) ( * db2 db2))) db2))
    (setq c1 ( * z1 (- tgda1 tga1)) c2 ( * z2 (- tgda2 tga1)))
  (setq chd (/ ( + c1 c2) ( * 2 pi)))
  (set_tile "chdz" (rtos chd 2 3))
  (setq s1 ( + ( * 0.5 pi m) ( * 2 x1 m tg20)))
  (setq aa1 (atan tgda1))
```

```
  (setq sa1 (- (/ (* s1 da1) d1) (* da1 (- (inv aa1) (inv a1)))))
  (set_tile "cl_sa1" (rtos sa1 2 3))
  )
;输出设计计算结果
(defun xsjs ()
  (setq saa (* 0.4 m))
  (textscr)
  (princ "\n输出计算结果为:")
  (princ "\n分度圆直径 d1=") (princ d1)
  (princ ",       分度圆直径 d2=") (princ d2)
  (princ "\n基圆直径 db1=") (princ db1)
  (princ ",     基圆直径 db2=") (princ db2)
  (princ "\n标准中心距 a=") (princ a)
  (princ ",      实际中心距 a'=") (princ as)
  (princ "\n小轮变位系数 x1=") (princ x1)
  (princ ",     大轮变位系数 x2=") (princ x2)
  (princ "\n齿轮重合度=") (princ chd)
  (if (> chd 1.2) (princ ",   符合要求!") (princ ",   不符合要求!"))
  (princ "\n小轮齿顶厚度 Sa1=") (princ sa1)
  (princ ",     要求 Sa1>=0.4m=") (princ saa)
  (if (> sa1 saa) (princ ",   符合要求!") (princ ",   不符合要求!"))
  (princ)
  )
```

3. 调用执行驱动函数(clcsjs)及结果显示

命令:(clcsjs)

弹出齿轮传动设计对话框如图 9-2 所示,根据要求输入齿轮的齿数 $z_1=15$,$z_2=48$ 和模数 $m=6$,点击【计算标准中心距】按钮。

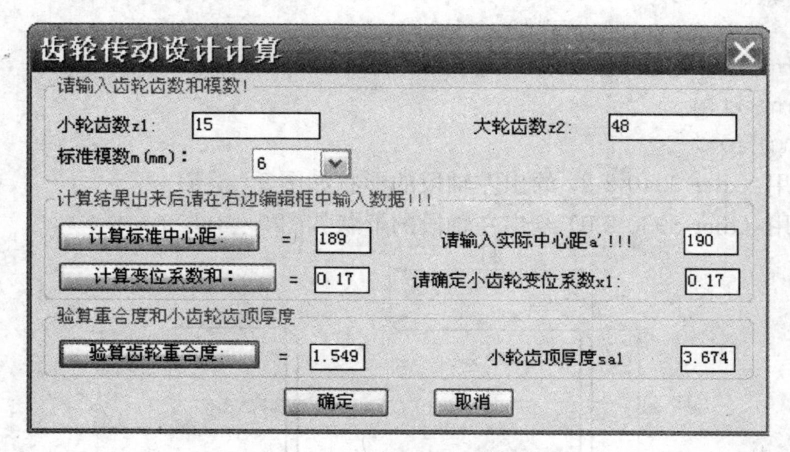

图 9-2 齿轮传动设计计算界面

编辑框中显示出 189,输入实际中心距 190 后再点击【计算变位系数和】按钮,编辑框中显示出 0.17。点击【验算齿轮重合度】按钮,显示出 1.549,同时显示的还有小齿轮齿顶厚度为 3.647。

按“确定”按钮后将在文本屏幕上显示出设计结果。

输出计算结果为

分度圆直径 d1＝90，　　　　分度圆直径 d2＝288.0

基圆直径 db1＝84.5723，　　　基圆直径 db2＝270.631

标准中心距 a＝189.0，　　　　实际中心距 a'＝190.0

小轮变位系数 x1＝0.17，　　　大轮变位系数 x2＝0.0

齿轮重合度＝1.54888，符合要求！

小轮齿顶厚度 Sa1＝3.67418，　　要求 Sa1＞＝0.4m＝2.4，符合要求！

9.3 机械设计参数化绘图程序实例

9.3.1 参数化绘制轴段图形

根据轴的直径 d、轴段长度 l、倒角 c 和圆角半径 r 参数化绘制轴段图形 。

```
(defun dlcr  (d l c r)
(setq bp (getpoint "\nBase point:"))
(command "ucs" "o" bp)
(setq p0 (list c 0)
      p1 (list 0 (- (* 0.5 d) c))
      p2 (list c (* 0.5 d))
      p3 (list (- l r) (* 0.5 d))
      p4 (list l (+ (* 0.5 d) r)))
(command "pline" '(0 0) p1 p2 p0 "")
(setq e1 (entlast))
(cond ((= r 0) (command "pline" p2 p3 ""))
      (t (command "pline" p2 p3 "a" p4 "")))
(command "mirror" e1 "l" "" '(0 0) p0 "")
(command "ucs" "")
(princ));end
```

程序调用：(dlcr 3040 2 2) 绘出左轴段的形状如图 9-3(a)

程序调用：(dlcr 3030 2 0) 绘出左轴段的形状如图 9-3(b)

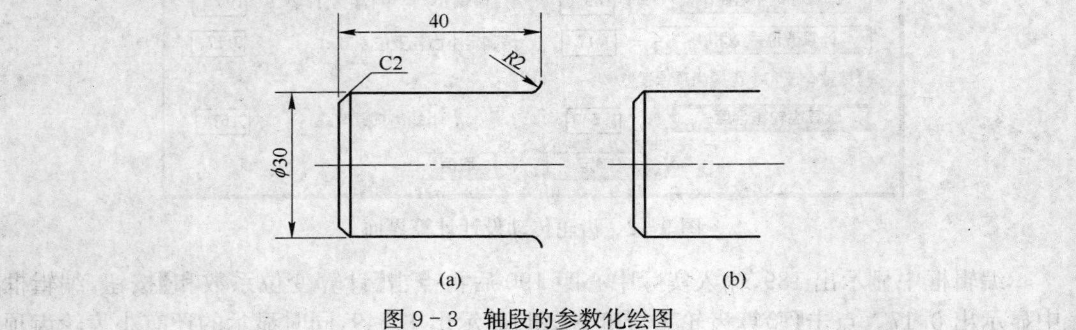

图 9-3　轴段的参数化绘图

9.3.2 圆螺母参数化绘图

1. 圆螺母参数输入对话框设计

由于圆螺母尺寸参数均为标准系列,因此,对话框中采用了弹出式列表框控件,用户只能选择参数,而不能随意确定,其他结构参数则可根据螺纹公称直径检索出。

```
lm:dialog{label="圆螺母图形参数";
:text{label="输入数据后单击确定开始绘图:";}
:row{
:boxed_column{label="确定圆螺母尺寸参数:";
spacer_1;
:popup_list{label="螺纹公称直径×螺距";key="kj";edit_width=10;value=5;
list="M30×1.5\nM33×1.5\nM35×1.5\nM38×1.5\nM39×1.5\nM40×1.5
      \nM42×1.5\nM45×1.5\nM48×1.5\nM50×1.5";}
:popup_list{label="圆螺母厚度";key="hd";edit_width=5;value=1;
list="8\n10\n12";}
:popup_list{label="圆螺母槽宽";key="ck";edit_width=5;value=1;
list="5\n6\n8";}
:popup_list{label="圆螺母槽深";key="cs";edit_width=5;value=1;
list="2.5\n3\n3.5";}
}
:image_block{key="tx";fixed_width=true;width=40;height=10;}
}
ok_cancel;
}
```

2. 参数化绘图及主程序设计

```
(defun lmmain ()
  (setq id (load_dialog "d:\\jscad\\luomu"))
  (if (< id 0) (exit))
  (if (not (new_dialog "lm" id)) (exit))
  (imaglm "tx" "d:\\jscad\\luomu")
  (action_tile "accept" "(qsj) (done_dialog)")
  (action_tile "cancel" "(setq flag -1 ) (done_dialog)")
  (start_dialog)
  (unload_dialog id)
  (if (= flag 1) (drawlm))
  (princ)
  );end
;————————————
(defun imaglm (key image_name)
  (start_image key)
  (setq x (dimx_tile key)
    y (dimy_tile key))
```

```
  (fill_image 0 0 x y 2)
  (slide_image 0 0 x y image_name)
  (end_image)
  )
;____________________
(defun qsj ()
  (setq nd (atoi (get_tile "kj")))
  (setq nd1 (atoi (get_tile "hd")))
  (setq nd2 (atoi (get_tile "ck")))
  (setq nd3 (atoi (get_tile "cs")))
  (setq d (nth nd '(30 33 35 36 39 40 42 45 48 50))
    dk (nth nd '(48 52 52 55 58 58 62 68 72 72))
    d1 (nth nd '(40 43 43 46 49 49 53 59 61 61)))
  (setq b (nth nd1 '(8 10 12)))
  (setq w (nth nd2 '(5 6 8)))
  (setq h (nth nd3 '(2.5 3 3.5)))
  (setq flag 1)
  )
;参数化绘图函数
(defun drawlm ()
  (setq cp (getpoint "\n给出中心点:"))
  (command "ucs" "o" cp)
  (setq r (* 0.5 d) rk (* 0.5 dk) r1 (* 0.5 d1) bw (* 0.5 w))
  (setq p0 (list (- rk h) 0)
    p1 (list (- rk h) bw)
    p2 (list (sqrt (- (* rk rk) (* bw bw))) bw)
    p4 (list bw (- rk h))
    p3 (list bw (sqrt (- (* rk rk) (* bw bw))))
    p5 (list 0 (- rk h)))
  (command "pline" p0 p1 p2 "a" "ce" '(0 0) p3 "l" p4 p5 "")
  (setq ent (entlast))
  (command "array" ent "" "p" '(0 0) 4 "" "")
  (command "circle" '(0 0) r)
  (command "circle" '(0 0) r1)
  (command "layer" "m" "2" "c" 5 "" "l" "continuous" "" "")
  (command "arc" "c" '(0 0) (polar '(0 0) (* 1.5 pi) (+ r 1)) (polar '(0 0) pi r1))
  (command "layer" "m" "1" "c" 1 "" "l" "center" "" "")
  (command "dim1" "cen" (polar '(0 0) (* 0.25 pi) rk))
  (command "layer" "s" 0 "")
  (command "ltscale" 5)
  (command "ucs" "w")
  (princ))
```

程序调用:(lmmain),弹出图 9-4 所示对话框,选定参数后单击“确定”按钮,绘出圆螺母图形，见图 9－5。

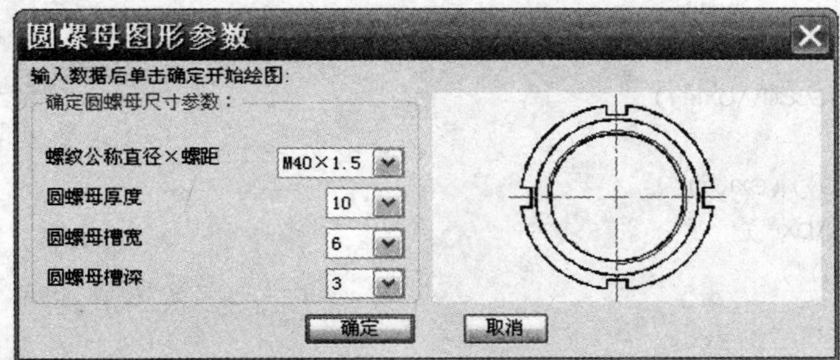

图 9－4　圆螺母参数输入对话框

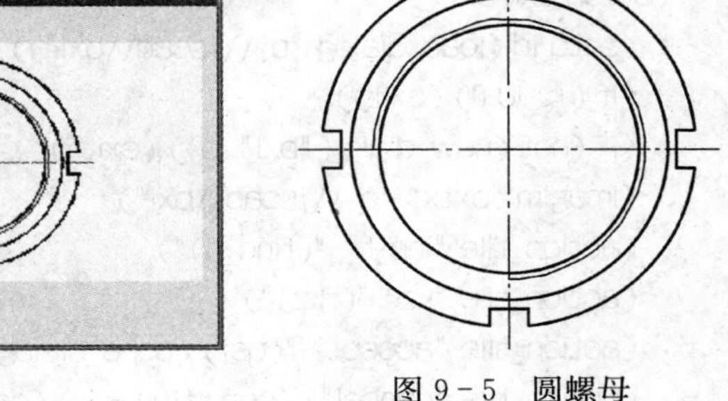

图 9－5　圆螺母

9.3.3　摆线轮工作廓线参数化绘图

摆线轮工作齿廓的齿形曲线方程如下：

$$\left.\begin{aligned} x &= \frac{a}{K}z_b\sin\phi - a\sin z_b\phi - R_n\sin(z_b\phi - \theta) \\ y &= \frac{a}{K}z_b\cos\phi - a\cos z_b\phi - R_n\cos(z_b\phi - \theta) \end{aligned}\right\} \tag{9-7}$$

式中：

$\theta = \arctan\left(\dfrac{\cos z_a\phi - K}{\sin z_a\phi}\right)$；$z_a$——摆线轮齿数；$z_b$——针轮齿数，$z_b = z_a + 1$；$R_b$——针轮分度圆半径；$R_n$——针齿套半径（等距圆半径或等距值）；$\phi$——参变角；$K$——短幅系数；$a$——传动的中心距（即偏心距），$a = \dfrac{KR_b}{z_b}$。

摆线轮工作齿廓以 ϕ 为参变角，以短幅系数 K、摆线轮齿数 z_a、针齿轮分度圆半径 R_b 和针齿套半径 R_n 为变参进行编程设计，需要编制的程序有 Auto LISP 参数化设计函数和驱动程序，有人机交互界面设计的对话框程序。所编程序代码如下：

1. 对话框程序代码

```
bxl:dialog{label="摆线轮廓线参数化设计";
:row{
:boxed_column{
:edit_box{label="分度圆半径";key="rb";value=150;}
:edit_box{label="摆线轮齿数";key="za";value=21;}
:popup_list{label="针齿套半径";key="gct";edit_width=10;value=2;
list="11\n13.5\n16\n18\n21\n32.5\n35\n37.5\n42.5\n47.5\n52.5";}
:edit_box{label="短幅系数 &K=40/100～75/100";key="kz";value=60;}
:text{label="短幅系数调节";}
:slider{min_value=40;max_value=75;small_increment=0.01;key="inc_h";}
}
:image_block{key="bxtx";width=50;}
}
ok_cancel;
```

}

2. 对话框驱动程序代码

```
(defun bxmain ()
  (setq id (load_dialog "d:\\jscad\\bxl"))
  (if (< id 0) (exit))
  (if (not (new_dialog "bxl" id)) (exit))
  (imaglm "bxtx" "d:\\jscad\\bxl")
  (action_tile "inc_h" "(finc_h)")
  (action_tile "kz" "(fkz)")
  (action_tile "accept" "(qsj) (done_dialog)")
  (action_tile "cancel" "(setq flag - 1 ) (done_dialog)")
  (start_dialog)
  (unload_dialog id)
  (setq k ( * 0.01 k1))
  (if (= flag 1) (bx k za rb m))
  (princ)
  );end
;-----------------------------
(defun imaglm (key image_name)
  (start_image key)
  (setq x (dimx_tile key)
    y (dimy_tile key))
  (fill_image 0 0 x y 2)
  (slide_image 0 0 x y image_name)
  (end_image)
  )
;-----------------------------
(defun qsj ()
  (setq rb (atof (get_tile "rb")))
  (setq za (atoi (get_tile "za")))
  (setq k1 (atof (get_tile "kz")))
  (setq nd (atoi (get_tile "gct")))
  (setq m (nth nd '(11 13.5 16 18 21 32.5 35 37.5 42.5 47.5 52.5)))
  (setq flag 1)
  )
;-----------------------------------------
(defun fkz (/ v)
    (setq v (atoi (get_tile "kz")))
    (if (or (> v 40) (< v 75)) (progn
          (set_tile "inc_h" (itoa v))
    (setq k1 v)));if
    );end
;-----------------------------------------
```

```
(defun finc_h ()
  (set_tile "kz" $value)
  (setq inc_h (atoi (get_tile "inc_h")))
  );end
```

3. 摆线轮廓线计算函数

```
(defun bx (k za Rb Rn )                ;定义摆线轮廓线参数化计算函数
(setq zb (+ za 1) a (/ (* k Rb) zb) R2 (/ a k) R1 (- Rb R2))
(setq phai 0.0)                                 ;设定参变角初始值
(setq f (open "d:\\jscad\\wbxg.dat" "w"))    ;建立一个数据文件
(while (< phai (* 2 pi))                        ;开始循环计算廓线数据
(setq ph2 (/ (* R1 phai) R2))
(setq xa1 (* (sin ph2) a) ya1 (- R2 (* a (cos ph2))))
(setq thta (atan xa1 ya1))
(setq pk (- (+ (* R2 R2) (* a a)) (* 2 R2 a (cos ph2))))
(setq pkp (- Rn (sqrt pk)))
(setq phta (- thta phai))
(setq xa (+ (* R1 (sin phai)) (* pkp (sin phta))))
(setq ya (- (* R1 (cos phai)) (* pkp (cos phta))))
(if (= phai 0.0) (setq xa0 xa ya0 ya))
(princ xa f) (princ "," f) (princ ya f) (princ "\n" f)
(setq phai (+ phai (* 0.017453 1)))
);while                                         ;循环计算结束
(princ xa0 f) (princ "," f) (princ ya0 f)
(close f)                                       ;关闭数据文件
);end                                           ;函数终止
```

4. 绘制廓线图形函数

```
(defun draw_qx ()
(setq bp (getpoint "\nEnter base point:"))
(command "ucs" "o" bp "pline")
(setq f (open "d:\\jscad\\wbxg.dat" "r"))    ;打开数据文件绘图
(while (setq pt (read-line f)) (command pt))
(close f)
(command "" "ucs" "w")
);end
```

人机交互对话框程序由所编写的驱动程序调用执行，程序在 AutoCAD 环境下运行时的对话框界面见图 9-6。

对话框中的针轮分度圆半径和摆线轮齿数在编辑框中输入，针齿套半径规定了系列值 11 13.5 16 18 21 32.5 35 37.5 42.5 47.5 52.5，由下拉弹出式列表框选取；短幅系数为一范围值 0.4～0.75，通过调节滑块显示于上面的编辑框中。参数确定后程序运行产生的数据点即以文件形式保存下来，输入不同的参数，则产生不同的数据，在 Visual LISP 编辑器中打开该文件可看到产生的点数据及格式，见图 9-7。利用绘图函数(draw_qx)打开该数据文件，可绘制出所需的摆线轮廓线，见图 9-8。

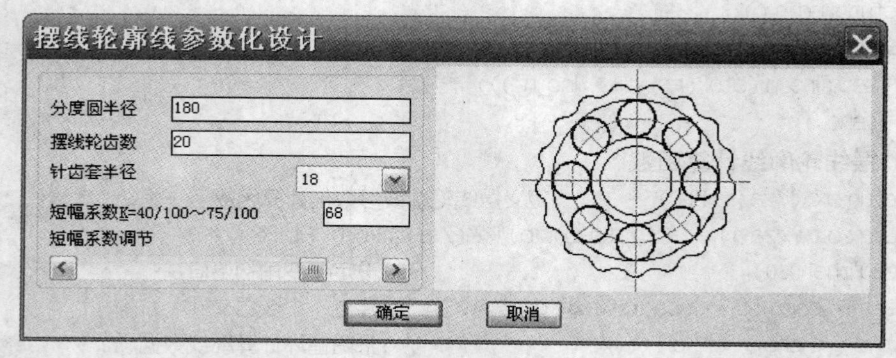

图 9-6　摆线轮参数化设计对话框

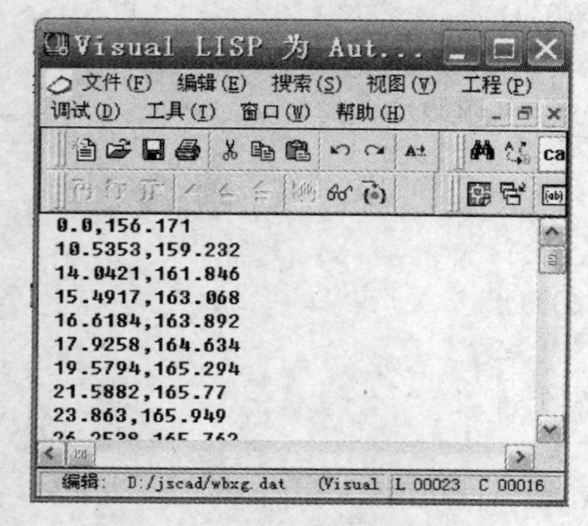

图 9-7　摆线轮廓线数据

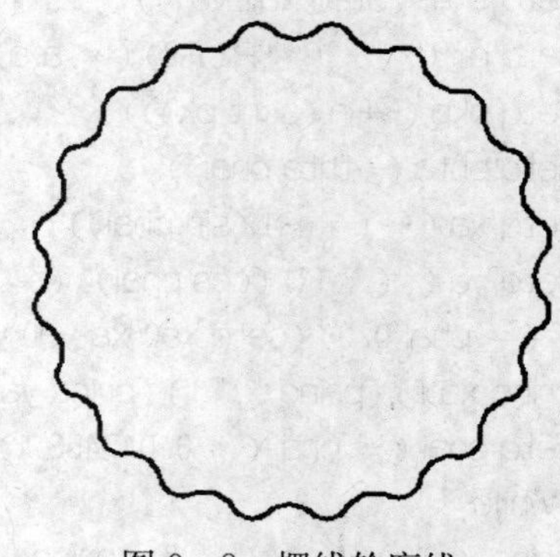
图 9-8　摆线轮廓线

9.3.4　渐开线直齿圆柱齿轮廓线参数化绘图

(1) 建立 DCL 文件，齿轮参数输入对话框形式见图 9-9。

```
zcl:dialog{label="渐开线直齿圆柱齿轮设计";
:row{
:list_box{label = "模 数(mm)";key="m_number";
list="1.25\n1.5\n2\n2.5\n3\n4\n5\n6\n8\n10\n12\n16\n20\n25\n32\n40\n50";
      value=2;height=5;}
:spacer{width=2;}
:boxed_column{
:edit_box{label="齿    数 &z";key="z_number";}
:edit_box{label="变位系数 x";key="x_number";value=0;}
:edit_box{label="顶高系数 ha*";key="ha*";value=1.0;}
:edit_box{label="顶隙系数 c*";key="c*";value=0.25;}
              }
      }
ok_cancel;
      }
```

将上面对话框程序代码保存在文件“zcl.dcl”中。

（2）建立对话框驱动程序。

```
(defun clsj ()
 (setq id (load_dialog "d:/cad/clsj"))
 (if (< id 0) (exit))
 (if (not (new_dialog "zcl" id)) (exit))
 (action_tile "accept" "(xsjs) (done_dialog)")
 (action_tile "cancel" "(setq what - 1) (done_dialog)")
      (start_dialog)
      (unload_dialog id)
      (if (not cltx) (load "d:/cad/cltx"))
      (if (> what 0) (cltx m z x hax cx))
      (princ)
      )
    (defun xsjs ()
    (setq mi (atoi (get_tile "m_number")))
    (setq m (nth mi '(1.25 1.5 2 2.5 3 4 5 6 8 10 12 16 20 25 32 40 50)))
    (setq z (atoi (get_tile "z_number")))
    (setq x (atof (get_tile "x_number")))
    (setq hax (atof (get_tile "ha * ")))
    (setq cx (atof (get_tile "c * ")))
    (setq what 1)
    );end
```

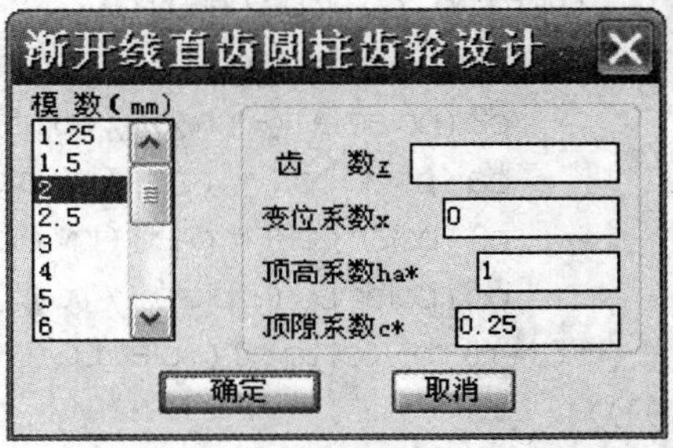

图 9-9　齿轮参数输入对话框

将驱动程序保存于文件“clsj.lsp”中。

（3）编制齿轮参数化绘图程序。

```
(defun cltx (m z x hax cx)
(setq bp (getpoint "\nCenter point:"))
(setq alph ( * 0.017453 20))
(setq r ( * 0.5 m z)
      ra ( * (+ ( * 0.5 z) x hax) m)
      rf (- ( * 0.5 m z) ( * (- (+ hax cx) x) m))
      rb ( * r (cos alph))
      rp ( * 0.38 m)
      r0 (+ rf rp))
(setq alpha (atan (sqrt (- ( * ra ra) ( * rb rb))) rb))
(if (> r0 rb) (setq alph0 (atan (sqrt (- ( * r0 r0) ( * rb rb))) rb)))
(setq s ( * m (+ ( * 0.5 pi) ( * 2 x (tan alph)))))
(setq sb ( * (cos alph) (+ s ( * m z (inv alph)))))
(setq sa (- (/ ( * s ra) r) ( * 2 ra (- (inv alpha) (inv alph)))))
(setq pb (/ ( * 2 pi rb) z))
(setq phaa (/ sa ( * 2 ra)))
(setq phab (/ (- pb sb) ( * 2 rb)))
```

```
  (setq pb (polar bp phab rb)
        p1 (polar bp 0 rf)
        p2 (polar bp (- phab (/ rp rf)) rf)
        pa (polar bp (+ phab (inv alpha)) ra)
        p3 (polar bp (+ phab (inv alpha) phaa) ra)
        pc (polar bp (- phab (/ rp rf)) (+ rf rp)))
  (if (> r0 rb) (setq p0 (polar bp (+ phab (inv alph0)) r0)) (setq p0 (polar bp phab (+ rf
rp))))
  (if (> r0 rb) (setq alphi alph0 ri r0 lpt nil) (setq alphi 0 ri rb lpt nil))
  (while (< alphi alpha)
  (setq lpt (append lpt (list (polar bp (+ phab (inv alphi)) ri))))
  (setq alphi (+ alphi 0.01))
  (setq ri (/ rb (cos alphi)))
  );while
  (setq lpt (append lpt (list (polar bp (+ phab (inv alpha)) ra))))
  (if (> r0 rb) (command "pline" p0 "a" "ce" pc p2 "l" p1 "")
                (command "pline" pb p0 "a" "ce" pc p2 "l" p1 ""))
  (setq e1 (ssadd (entlast)))
  (command "pline" pa "a" "ce" bp p3 "")
  (setq e1 (ssadd (entlast) e1))
  (command "pline")
  (foreach pt lpt (command pt))
  (command "")
  (setq e1 (ssadd (entlast) e1))
  (command "mirror" e1 "" bp p3 "")
  (setq e2 (ssget "w" bp (polar bp (* 0.25 pi) (* 2 r))))
  (command "array" e2 "" "p" bp z "" "")
  (princ));end
  (defun tan (a) (/ (sin a) (cos a)));end
  (defun inv (a)(- (tan a) a));end
```

将齿轮廓线绘图程序保存于文件“cltx. lsp”中。

程序调用：在对话框中输入模数为4，齿数为18，变位系数为0，绘出标准齿轮，如图9-10(a)所示。

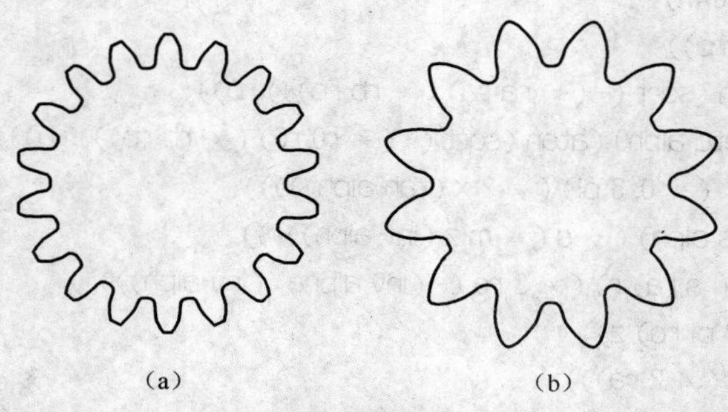

(a)　　(b)

图9-10　齿轮参数化绘图

程序调用:在对话框中输入模数为 6,齿数为 12,变位系数为 0.5,绘出变位齿轮,如图 9-10(b)所示。

练 习 题

1. 编程定义一个函数 lj,计算套筒滚子链的链节数 L_p,其中链轮齿数 z_1、z_2 为变参,调用格式为(lj z1 z2)。链节数的计算公式为

$$L_p = 80 + \frac{z_1 + z_2}{2} + \left(\frac{z_2 - z_1}{2\pi}\right)^2 \times \frac{1}{40}$$

(要求:小链轮齿数应大于 17,大链轮齿数应小于 120,且输出的链节数必须为偶数。)

2. 结合数据处理方法,编制 V 带截型参数化绘图程序,以带型号为变参,几何尺寸见下表。

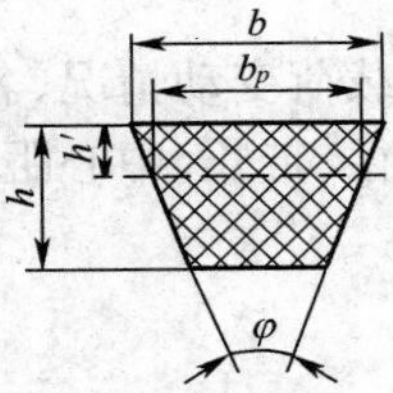

<table>
<tr><th colspan="2">截 型</th><th>节宽</th><th>顶宽</th><th>高度</th><th>截面面积</th><th>楔角</th></tr>
<tr><th>普通V带</th><th>窄V带</th><th>b_p</th><th>b</th><th>h</th><th>A/mm^2</th><th>φ</th></tr>
<tr><td>Y</td><td></td><td>5.3</td><td>6</td><td>4</td><td>18</td><td rowspan="13">40°</td></tr>
<tr><td>Z</td><td></td><td rowspan="2">8.5</td><td rowspan="2">10</td><td>6</td><td>47</td></tr>
<tr><td></td><td>SPZ</td><td>8</td><td>57</td></tr>
<tr><td>A</td><td></td><td rowspan="2">11.0</td><td rowspan="2">13</td><td>8</td><td>81</td></tr>
<tr><td></td><td>SPA</td><td>10</td><td>94</td></tr>
<tr><td>B</td><td></td><td rowspan="2">14.0</td><td rowspan="2">17</td><td>10.5</td><td>138</td></tr>
<tr><td></td><td>SPB</td><td>14</td><td>167</td></tr>
<tr><td>C</td><td></td><td rowspan="2">19.0</td><td rowspan="2">22</td><td>13.5</td><td>230</td></tr>
<tr><td></td><td>SPC</td><td>18</td><td>278</td></tr>
<tr><td>D</td><td></td><td>27.0</td><td>32</td><td>19</td><td>476</td></tr>
<tr><td>E</td><td></td><td>32.0</td><td>38</td><td>23.5</td><td>692</td></tr>
</table>

第 10 章 普通 V 带传动 CAD 开发实例

作为教学实例，普通 V 带传动的 CAD 系统是根据西北工业大学濮良贵、纪明刚主编的《机械设计》(第八版)中普通 V 带传动设计步骤进行开发的。该系统包括两个模块：设计计算模块和带轮参数化绘图模块；开发过程主要是利用 AutoCAD 的开发平台及其 Auto LISP、DCL 语言，并按照设计要求进行人机交互界面设计、程序编写和用户菜单定制，通过用户交互输入设计参数，达到快速处理数据并输出设计结果以及参数化绘制出带轮图的目的。

10.1 普通 V 带传动设计计算

V 带传动设计计算所需的已知条件包括：原动机启动情况、工作机载荷变动情况、名义输入功率、传动比、主动带轮的转速等。设计内容包括：带型、带轮直径、带长、中心距、实际传动比、小带轮的包角、所需带根数、预紧力和压轴力等。

10.1.1 V 带传动设计计算步骤

1. 确定计算功率 P_c

$$P_c = K_A P \tag{10-1}$$

2. 确定 V 带型号

根据 V 带传动的额定功率 P 和小带轮转速 n_1 确定其型号。

3. 确定带轮基准直径 d_1 和 d_2

(1) 根据所选 V 带型号查表及带轮直径标准系列值，得到 d_1；

(2) 验算带速 v，应保证 v 在 5～25m/s 之间，若不能满足要求应重选 d_1；

(3) 根据公式 $d_2 = id_1(1-\varepsilon)$ 算出大带轮直径，并圆整成标准值，ε 取为 0.02。

4. 确定中心距 a 及带长 L_d

(1) 初定中心距 a_0。

如果未规定中心距，则应按下式给出的范围初选中心距：

$$0.7(d_1 + d_2) \leqslant a_0 \leqslant 2(d_1 + d_2) \tag{10-2}$$

(2) 确定带长 L_d 。

根据 a_0，先初算带长

$$L_c \approx 2a_0 + \frac{\pi}{2}(d_1 + d_2) + \frac{(d_2 - d_1)^2}{4a_0} \tag{10-3}$$

(3) 确定中心距 a 。

$$a \approx a_0 + \frac{L_d - L_c}{2} \tag{10-4}$$

计算中心距的变化范围：

$$a_{\min}=a-0.015L_d$$
$$a_{\max}=a+0.03L_d \tag{10-5}$$

5. 验算小带轮包角 α_1

$$\alpha_1\approx 180^\circ-\frac{d_2-d_1}{a}\times 57.3^\circ\geqslant 120^\circ \tag{10-6}$$

6. 确定普通 V 带的根数

(1) 查取单根 V 带的基本额定功率 P_0；

(2) 查取单根 V 带的额定功率增量 ΔP_0；

(3) 查取长度系数 K_L；

(4) 查取小带轮包角系数 K_α；

(5) 计算单根 V 带的许用功率 $[P_0]=(P_0+\Delta P_0)$；

(6) 确定 V 带根数 $z'=P_c/[P_0]\times K_\alpha\times K_L$。

将计算值 z' 向大的方向圆整成整数，得到带的根数 z，若根数过多，则应改选带的型号重新设计。

7. 计算单根 V 带所需的最小初拉力

具体计算公式见表 10-1。

8. 计算带传动作用在轴上的压轴力

具体计算公式见表 10-1。

9. 绘制带轮工作图

根据以上步骤获得的参数绘制带轮工作图。

10.1.2 V 带传动程序设计流程

V 带传动的设计计算首先应输入已知条件参数，然后按照设计步骤依次完成数据的处理、检索和计算。

10.1.3 主要程序变量

主要程序变量见表 10-1。

表 10-1 V 带程序设计主要变量

序号	技术参数	变量	单位	公式或参数符号	说明
1	小带轮转速	n1	r/min		已知
2	传动比	i12		i12＝n1/n2＝ddd2/(1－ε)×d1	已知
3	传递功率	P	kW		已知
4	大带轮转速	n2	r/min	n2＝n1/i12	
5	工况系数	kA			检索得到
6	计算功率	Pc	kW	Pc＝P×KA	
7	带 型	dx		根据 Pd 和 n1 检索 V 带选型图	字符串变量
8	小带轮的基准直径	d1	mm	根据带型在普通 V 带轮直径系列中选择标准值	

（续）

序号	技术参数	变量	单位	公式或参数符号	说明
9	大带轮的基准直径	d2	mm	d2=i12 * d1 * (1−ε)	结果应按标准直径系列选取
10	带速	v	m/s	v=(π * d1 * n1)/60000	5≤v≤25m/s
11	初定中心距	a0	mm	0.7(d1+d2)≤a0<2(d1+d2)	或按结构要求定
12	带的基准长度	Ld	mm	Lc=2a0+π(d1+d2)]/2+(d2−d1)^2/4a0	按基准长度系列检索标准值
13	实际中心距	as	mm	as≈a0+(Ld−Lc)/2	
14	小带轮包角	α1	°	α1=180−(d2−d1)×57.3/as	如α1较小，应增大as或用张紧轮
15	单根V带传递的额定功率	P0	kW	根据带型、d1和n1检索单根V带传递功率标准值	检索得到
16	传动比i1≠1的额定功率增量	ΔP0	kW	根据带型、n1和i12检索额定功率增量标准值	检索得到
17	小带轮包角修正系数	Ka		根据小带轮包角大小来检索对应标准值	检索得到
18	带长修正系数	KL		根据带型和基准带长来检索对应标准值	检索得到
19	V带的根数	Z		Z=Pc/[(P0+ΔP0)×Ka×KL]	
20	单根V带的预紧力	F0	N	F0=500×(Pc/zv)[(2.5/Ka)−1]+qv^2	
21	压轴力	FQ	N	FQ=2zF0×sin(α1/2)	
22	轮槽节宽	bp	mm	由轮槽截面尺寸表查取	检索得到
23	槽角	ϕ	度	由轮槽截面尺寸表查取	检索得到
24	轴孔直径	dk	mm	由轴的设计确定，dk<(1.5～2)Dg，Dg为轮缘小径	用户界面输入
25	顶高	ha	mm	由轮槽截面尺寸表查取	检索得到
26	底高	hf	mm	由轮槽截面尺寸表查取	检索得到
27	轮端面距轮槽中心距	f	mm	由轮槽截面尺寸表查取	检索得到
28	轮槽中心距	e	mm	由轮槽截面尺寸表查取	检索得到
29	带轮宽B		mm	B=2f+z * e	
30	顶圆直径	da	mm	da=d+2×ha	

10.1.4 数据处理与检索说明

普通V带传动设计需要进行程序化处理的数据包括一维、二维和多维数据表以及线图数据，如：带轮基准直径系列、包角修正系数、工作情况系数、V带基准长度系列及长度系数、单根普通 V 带的基本额定功率、额定功率的增量、轮槽截面尺寸、普通 V 带选型图等。

对于数据量较少的数据表，程序化处理时通常将其数据安排在各个变量表中，按照条件进行检索，如果要检索的数据在某些节点数据之间，则需作进一步的插值计算得出结果；数据量较大的表(如单根普通 V 带的基本额定功率和额定功率的增量)，则需要按一定格式建立数据文件，同时在程序中设计相应数据文件的打开、检索和处理方法。

普通 V 带选型图的处理方法是：①在线图中的每根线上采集两个点，构造线性方程；②根据计算功率计算每根线上的转速；③检索已知的转速 n1 处于哪两根线之间，从而确定出 V 带型号和小带轮的取值范围。

10.2 普通 V 带传动设计计算的程序设计

在普通 V 带传动程序设计计算中，由于人机交互和数据检索的信息较多，因此将对话框及其程序设计分成了两部分，即初始条件输入和设计计算部分，只有在输入初始信息确定后才能进入到第二部分。

10.2.1 初始条件输入及其对话框界面设计

利用对话框界面输入初始条件是 V 带传动设计的第一步，界面设计应尽量简捷、明了，适当增加一些文字说明或提示，如图 10-1 所示。

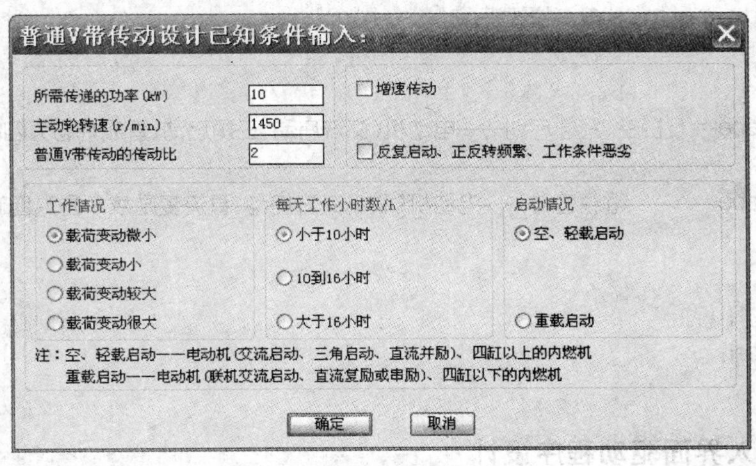

图 10-1 输入对话框

输入对话框的 DCL 代码编制如下：

```
dlcs:dialog{label="普通 V 带传动设计已知条件输入:";
:row{
    :boxed_column{
    :edit_box{label="所需传递的功率(kW)";key="p1";edit_width=8;value=10;}
    :edit_box{label="主动轮转速(r/min)";key="n1";edit_width=8;value=1450;}
    :edit_box{label="普通 V 带传动的传动比";key="i";edit_width=8;value=2;}
```

```
        }
    :boxed_column{
        :toggle{label="增速传动";key="q3";}
        :toggle{label="反复启动、正反转频繁、工作条件恶劣";key="q4";}
        }
    }
    :boxed_column{
      :row{
     :boxed_radio_column{label="工作情况";
        :radio_button{label="载荷变动微小";key="k1";value=1;}
        :radio_button{label="载荷变动小";key="k2";}
        :radio_button{label="载荷变动较大";key="k3";}
        :radio_button{label="载荷变动很大";key="k4";}
          }
    :boxed_radio_column{label="每天工作小时数/h";
        :radio_button{label="小于 10 小时";key="h1";value=1;}
        :radio_button{label="10 到 16 小时";key="h2";}
        :radio_button{label="大于 16 小时";key="h3";}
                              }
    :boxed_radio_column{label="启动情况";
        :radio_button{label="空、轻载启动";key="q1";value=1;}
        :radio_button{label="重载启动";key="q2";}
                              }
          }
    :text{label="注:空、轻载启动——电动机(交流启动、三角启动、直流并励)、四缸以上的内燃
机";}
    :text{label="      重载启动——电动机(联机交流启动、直流复励或串励)、四缸以下的内燃
机";}
    }
    spacer_1;
    ok_cancel;
    }
```

10.2.2 输入界面驱动程序设计

为了获取对话框中的信息,并检索工作情况系数 Ka,编制的驱动程序如下:

```
(defun dlsj (/ id kc hc qc zq fq )
(setq id (load_dialog "d:/jscad/vdcd"))
(if (< id 0) (exit))
(if (not (new_dialog "dlcs" id)) (exit))
(setq kc 0 hc 0 qc 1 zq 0 fq 0)
 (action_tile "k1" "(setq kc 0)")
 (action_tile "k2" "(setq kc 1)")
```

```
 (action_tile "k3" "(setq kc 2)")
 (action_tile "k4" "(setq kc 3)")
 (action_tile "h1" "(setq hc 0)")
 (action_tile "h2" "(setq hc 1)")
 (action_tile "h3" "(setq hc 2)")
 (action_tile "q1" "(setq qc 1)")
 (action_tile "q2" "(setq qc 2)")
 (action_tile "q3" "(setq zq 1)")
 (action_tile "q4" "(setq fq 1)")
 (action_tile "accept" "(qsj1) (done_dialog)")
 (action_tile "cancel" "(setq flag 0) (done_dialog)")
(start_dialog)
(unload_dialog id)
  (if (= qc 1) (setq ka (cond
  ((= hc 0) (nth kc '(1.1. 1 1.2 1.3)))
  ((= hc 1) (nth kc '(1.1 1.2 1.3 1.4)))
  ((= hc 2) (nth kc '(1.2 1.3 1.4 1.5)))))
   (setq KA (cond
  ((= hc 0) (nth kc '(1.1 1.2 1.4 1.5)))
  ((= hc 1) (nth kc '(1.2 1.3 1.5 1.6)))
  ((= hc 2) (nth kc '(1.3 1.4 1.6 1.8)))))
  )
  (if (= zq 1) (setq ka (cond
   ((and (> i12 1.25) (<= i12 1.74)) (* 1.05 ka))
   ((and (> i12 1.75) (<= i12 2.49)) (* 1.11 ka))
   ((and (> i12 2.5) (<= i12 3.49)) (* 1.18 ka))
   ((> i12 3.5) (* 1.05 ka))
   (t ka))))
  (if (= fq 1) (setq ka (* 1.2 ka)))
  (if (= flag 1) (vdcd p n1 i12 ka))
  );end
;-------获取已知条件
(defun qsj1 ()
(setq p (atof (get_tile "p1")))
(setq n1 (atof (get_tile "n1")))
(setq i12 (atof (get_tile "i")))
(setq flag 1)
);end
```

10.2.3 设计计算对话框界面设计

计算界面中，主要是建立需要人机交互和显示最终计算结果的一些控件，但从教学的角度考虑，增加一些中间过程的按钮和显示控件，有利于清楚普通 V 带传动设计计算的全过程。设计计算对话框如图 10-2 所示。

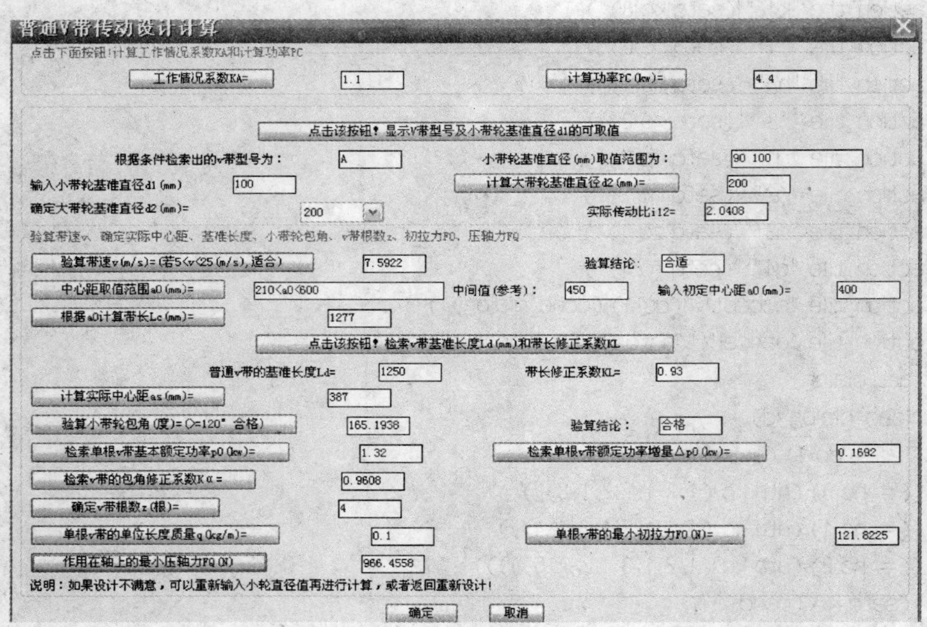

图 10-2　设计计算对话框

该对话框的 DCL 代码编制如下：

```
vdcd:dialog{label="普通 V 带传动设计计算";
:boxed_row{label="点击下面按钮！计算工作情况系数 KA 和计算功率 PC";
    :spacer{width=5;}
    :retirement_button{label="工作情况系数 KA=";key="kac";
              fixed_width=true;width=8;alignment=centered;}
    :edit_box{key="ka";fixed_width=true;width=5;}
    :spacer{width=1.5;}
    :retirement_button{label="计算功率 PC(kw)=";key="pac";}
    :edit_box{key="pc";fixed_width=true;width=5;}
    :spacer {width=2;}
              }
   :boxed_column{
:retirement_button{label="点击该按钮！显示 V 带型号及小带轮基准直径 d1 的可取值";key
="dxh1";}
:row{
:spacer{width=10;}
 :edit_box{label="根据条件检索出的 v 带型号为：";
                   key="dxh";fixed_width=true;width=8;}
 :spacer{width=6;}
:edit_box{label="小带轮基准直径(mm)取值范围为：";
       key="dd1";fixed_width=true;width=60;alignment=centered;}
:spacer{width=2;}
```

```
                    }
        :row{
        :edit_box{label="输入小带轮基准直径 d1(mm)";
                             key="ddd1";fixed_width=true;width=10;}
        :spacer{width=10;}
      :retirement_button{label="计算大带轮基准直径 d2(mm)=";key="d2";}
       :edit_box{key="dd2";fixed_width=true;width=3;}
       :spacer{width=10;}
                    }
      :row{
       :popup_list{label="确定大带轮基准直径 d2(mm)=";
                             key="ddd2";edit_width=10;value=8;
  list="50\n56\n63\n71\n75\n80\n90\n95\n100\n106\n112\n118\n125\n132\n140\n150\n160\n170
\n180\n200\n212\n224\n236\n250\n265\n280\n300\n315\n355\n375\n400\n425\n450\n475\n500\
n530\n560\n600\n630\n670\n710\n750\n800\n900\n1000";}
  :spacer{width=20;}
:edit_box{label="实际传动比 i12=";
          key="id2";fixed_width=true;width=3;}
  :spacer{width=10;}
                  }
               }
  :boxed_column{label="验算带速 v、确定实际中心距、基准长度、
                    小带轮包角、v 带根数 z、初拉力 F0、压轴力 FQ";
:row{
:retirement_button{label="验算带速 v(m/s)=(若 5<v<25(m/s),适合)";
     key="v";fixed_width=true;width=30;alignment=centered;}
  :edit_box{key="v1";fixed_width=true;width=5;}
   :spacer{width=10;}
:edit_box{label="验算结论:";key="v2";fixed_width=true;width=5;}
   :spacer{width =20;}
                 }
           :row{
                    :retirement_button{label="中心距取值范围 a0(mm)=";
                       key="a0";fixed_width=true;width=30;alignment=centered;}
                        :spacer{width=1.7;}
                        :edit_box{key="a1";fixed_width=true;width=30;}
                        :edit_box{label="中间值(参考):
";key="a7";fixed_width=true;width=5;}
             :spacer{width=2;}
             :edit_box{label="输入初定中心距 a0(mm)=";
                         key="a2";fixed_width=true;width=5;}
                  }
        :row{
```

```
      :retirement_button{label="根据 a0 计算带长 Lc(mm)=";key="L0";
                   fixed_width=true;width=30;alignment=centered;}
        :edit_box{key="a4";fixed_width=true;width=5;}
        :spacer{width=64;}
                   }
      :retirement_button{label="点击该按钮! 检索 v 带基准长度 Ld(mm)和带长修正系数 KL";
           key="kdd";fixed_width=true;width=30;alignment=centered;}
:row{
            :spacer{width=15;}
            :edit_box{label="普通 V 带的基准长度 Ld=";
                     key="ldd";fixed_width=true;width=5;}
      :edit_box{label="带长修正系数 KL=";
               key="kld";fixed_width=true;width=5;}
      :spacer{width=15;}
           }
        :row{
      :retirement_button{label="计算实际中心距 as(mm)=";
         key="a";fixed_width=true;width=30;alignment=centered;}
      :edit_box{key="as";fixed_width=true;width=5;}
       :spacer{width=64;}
                   }
          :row{
      :retirement_button{label="验算小带轮包角(度)=(>=120°合格)";
        key="bjka";fixed_width=true;width=30;alignment=centered;}
      :edit_box{key="bjka1";fixed_width=true;width=5;}
      :spacer{width=10;}
      :edit_box {label="验算结论:";
               key="bjka2";fixed_width=true;width=5;}
           :spacer{width=20;}
                 }
        :row{
      :retirement_button{label="检索单根 V 带基本额定功率 p0(kW)=";
         key="p0";fixed_width=true;width=30;alignment=centered;}
      :edit_box{key="p5";fixed_width=true;width=5;}
      :retirement_button{label="检索单根 V 带额定功率增量△p0(kW)=";
            key="p2";}
      :edit_box{key="p3";fixed_width=true;width=5;}
                    }
          :row{
:retirement_button{label="检索 V 带的包角修正系数 K  =";
         key="k";fixed_width=true;width=30;alignment=centered;}
      :edit_box{key="k1";fixed_width=true;width=5;}
      :spacer{width=64.5;}
```

```
                    }
  :row{
  :retirement_button{label="确定V带根数z(根)=";key="z";
            fixed_width=true;width=30;alignment=centered;}
  :edit_box{key="z1";fixed_width=true;width=5;}
   :spacer{width=60;}
                    }
   :row{
   :retirement_button{label="单根V带的单位长度质量q(kg/m)=";
        key="F0";fixed_width=true;width=30;alignment=centered;}
   :edit_box{key="F01";fixed_width=true;width=5;}
   :retirement_button{label="单根V带的最小初拉力F0(N)=";
        key="F";fixed_width=true;width=30;alignment=centered;}
   :edit_box{key="F02";fixed_width=true;width=5;}
                    }
      :row{
  :retirement_button{label="作用在轴上的最小压轴力FQ(N)";
      key="FQ";fixed_width=true;width=30;alignment=centered;}
  :edit_box{key="FQ1";fixed_width=true;width=5;}
          :spacer{width=60;}
                  }
  :text{label="说明:如果设计不满意,可以重新输入小轮直径值再进行计算,或者返回重新设计!";}
                  }
            ok_cancel;}
```

10.2.4 计算界面驱动及计算程序设计

```
(defun vdcd (p n1 i12 ka)
(setq id (load_dialog "d:/jscad/vdcd"))
(if (< id 0) (exit))
(if (not(new_dialog "vdcd" id)) (exit))
(setq pc (□ ka p))
(action_tile "kac" "(katest)")
(action_tile "pac" "(pctest)")
(action_tile "dxh1" "(dxh PC n1)")
(action_tile "ddd1" "(qsj2)")
(action_tile "d2" "(d2test)")
(action_tile "ddd2" "(qsj3)")
(action_tile "v" "(vtest)")
(action_tile "a0" "(a0test)")
(action_tile "a2" "(qsj4)")
(action_tile "L0" "(L0test)")
(action_tile "kdd" "(ldkl dx lc)")
```

```
(action_tile "a" "(atest)")
(action_tile "bjka" "(bjkatest)")
(action_tile "p0" "(jsp0test dx n1 ddd1)")
(action_tile "p2" "(jsdp0test dx n1 i1)")
(action_tile "k" "(bjtest baojiao)")
(action_tile "z" "(ztest)")
(action_tile "F0" "(jmcctest dx)")
(action_tile "F" "(clltest)")
(action_tile "FQ" "(yltest)")
(action_tile "accept" "(shuchu) (done_dialog)")
(action_tile "cancel" "(done_dialog)")
(start_dialog)
(unload_dialog id)
(princ)
(textscr)
)
;------显示工作情况系数
(defun KAtest ()
(set_tile "ka" (rtos ka 2 2))
)
;------显示计算功率
(defun PCtest ()
  (setq PC ( * KA p))
  (set_tile "pc" (rtos pc 2 2))
)
;------检索并显示带型号和小带轮基准直径范围
(defun dxh (p n / paa naa pbb nbb dd1 i nk pa na pb nb nba pka pba c nk d1)
  (setq paa '(1 1 1 1 1.7 3 8.1 22 50)
        naa '(780 480 200 100 100 100 100 100 100)
        pbb '(3.8 5 8 10 14 20 40 100 170)
        nbb '(3150 2500 2000 1250 1100 950 640 600 500))
  (setq dd1 '("50 63 71" "80 90" "90 100" "112 125 140" "125 140"
      "160 180 200" "200 224 250 280 315" "355 400" "500"))
  (setq i -1 nk 5000)
  (while (<= n nk)
    (setq i (1+ i))
    (setq pa (nth i paa) na (nth i naa)
          pb (nth i pbb) nb (nth i nbb))
  (setq nba (- (log nb) (log na))
        pka (- (log p) (log pa))
        pba (- (log pb) (log pa)))
  (setq c (+ (log na) (/ ( * nba pka) pba)))
  (setq nk (exp c))
```

```
  (if (and (> p pb) (> n nb)) (setq nk (- n 10)))
  )
  (setq dx (nth i '("Z" "Z" "A" "A" "B" "B" "C" "D" "E")))
  (setq d1 (nth i dd1))
  (set_tile "dxh" dx)
  (set_tile "dd1" d1)
  )
;-----获取小带轮基准直径的输入值
(defun qsj2()
(setq ddd1 (atof(get_tile "ddd1")))
)
;-----显示大带轮直径的计算值
(defun d2test (/ d2 d)
  (setq d2 ( * i12 ddd1))
  (setq d (rtos d2 2 4))
  (set_tile "dd2" d)
)
;-----获取大带轮直径的确定值并显示实际传动比
(defun qsj3(/ ia2 a2)
(setq ia2 (atoi(get_tile "ddd2"))
       a2 '(50 56 63 71 75 80 90 95 100 106 112 118 125 132 140 150 160 170 180 200 212 224 236
250 265 280 300 315 355 375 400 425 450 475 500 530 560 600 630 670 710 750 800 900 1000))
(setq ddd2 (nth ia2 a2))
(setq i1 (/ ddd2 ( * 0.98 ddd1)))
(setq d (rtos i1 2 4))
(set_tile "id2" d)
)
;-----验算带速是否在合理范围(5~25m/s)
(defun vtest (/ a1 vd b1 b2)
  (setq a1 ( * pi ddd1 n1))
  (setq v10 (/ a1 60000))
  (setq vd (rtos v10 2 4))
  (set_tile "v1" vd)
  (setq b1 "合适" b2 "不合适")
  (if(and (<= 5 v10) (<= v10 25))(set_tile "v2" b1)(set_tile "v2" b2))
)
;------显示中心距的取值范围和中间值
(defun a0test (/ a1 a2 a3 a4 a5)
  (setq a1 ( * 0.7 ( + ddd1 ddd2))
        a2 ( * 2 ( + ddd1 ddd2))
        a3 ( * 1.5 ( + ddd1 ddd2 )))
(setq a4 "<a0<")
  (setq a1 (rtos a1 2 4)
```

```
          a2 (rtos a2 2 4)
          a3 (rtos a3 2 4))
    (setq a5 (strcat a1 a4 a2))
    (set_tile "a1" a5)
    (set_tile "a7" a3));end
  ;-----获取初定的中心距 a0
  (defun qsj4()
  (setq a0 (atof(get_tile "a2")))
    );end
  ;-----根据初定中心距计算带长 Lc 并显示
  (defun L0test (/ a1 a2 a3 a4 a5)
    (setq a1 (* 2 a0)
          a2 (/ (* pi (+ ddd1 ddd2)) 2)
          a3 (/ (* (- ddd2 ddd1) (- ddd2 ddd1)) 4.0 a0))
    (setq a4 (+ a1 a2 a3))
    (setq lc (fix (+ a4 0.5)))
    (setq a5 (rtos lc 2 4))
    (set_tile "a4" a5));end
  ;-----根据带型号和计算带长 Lc 检索基准带长 Ld 和修正系数 KL 并显示
  (defun ldkl (dx1 lc1)
  ;建立基准长度标准系列引用表
  (setq ldb '(400 450 500 560 630 710 800 900 1000 1120 1250 1400 1600 1800 2000 2240 2500 2800
3150 3550 4000 4500 5000))
  ;建立带型号对应的带长修正系数值数据表
  (setq klb (cond
   ((= dx1 "Y") '(0.96 1.00 1.02))
   ((= dx1 "Z") '(0.87 0.89 0.91 0.94 0.96 0.99 1.0 1.03 1.06 1.08 1.11 1.14 1.16 1.18))
   ((= dx1 "A") '(0.81 0.83 0.85 0.87 0.89 0.91 0.93 0.96 0.99 1.01 1.03 1.06 1.09 1.11 1.13
1.17 1.19))
   ((= dx1 "B") '(0.82 0.84 0.86 0.88 0.9 0.92 0.95 0.98 1.0 1.03 1.05 1.07 1.09 1.13 1.15
1.18))
   ((= dx1 "C") '(0.83 0.86 0.88 0.91 0.93 0.95 0.97 0.99 1.02 1.04 1.07))
   ((= dx1 "D") '(0.83 0.86 0.89 0.91 0.93 0.96))
   ((= dx1 "E") '(0.90 0.92))
    ))
  ;检索带长计算值最接近的基准长度及其位置
  (setq i 0 e1 0 e2 5000)
    (while (< e1 e2)
      (setq l1 (nth i ldb) l2 (nth (+ i 1) ldb))
      (setq e1 (abs (- l2 l1)) e2 (abs (- lc1 l1)))
      (setq i (1+ i))
     );while
    (if (> e2 (* 0.5 e1)) (setq ld l2) (setq ld l1))
```

```
;检索带型号对应的基准长度系列
(setq lb (cond ((= dx1 "Y") ldb)
          ((= dx1 "Z") ldb)
          ((= dx1 "A") (member 630 ldb))
          ((= dx1 "B") (member 900 ldb))
          ((= dx1 "C") (member 1600 ldb))
          ((= dx1 "D") (member 2800 ldb))
          ((= dx1 "E") (member 4500 ldb))
        ))
  (setq i 0 l1 0)
  (while (/= ld l1)
    (setq l1 (nth i lb))
    (setq kl (nth i klb))
    (setq i (1+ i)))
  (setq ld l1)
  (setq ldd1 (rtos l1 2 4))
  (setq kld1 (rtos kl 2 4))
  (set_tile "ldd" ldd1)
  (set_tile "kld" kld1)
  );end
;-----计算并显示实际中心距 as
(defun atest (/ a1 a2 a3)
  (setq a1 (/ (- ld lc) 2.0) a2 (+ a0 a1))
  (setq as (fix (+ a2 0.5)))
  (setq a3 (rtos as 2 4))
  (set_tile "as" a3)
)
;-----验算小带轮包角
(defun bjkatest (/ d a1 b1 b2)
  (setq a1 (/ (- ddd2 ddd1) 1.0 as)
        baojiao (- 180 (* a1 57.3)))
  (setq d (rtos baojiao 2 4))
  (set_tile "bjka1" d)
  (setq b1 "合格" b2 "不合格")
  (if(>= baojiao 120)(set_tile "bjka2" b1)(set_tile "bjka2" b2))
)
;----检索单根 V 带的基本额定功率
(defun jsp0test (dx n ddd1)
  (setq d1 (fix ddd1))
  (setq key (strcat dx (itoa d1)))
  (setq f (open "d:/jscad/p0.dat" "r"))
  (setq dn (read (read-line f))
        dp0 (read (read-line f)))
```

```
 (while (/= (nth 0 dp0) key)
  (setq dp0 (read (read-line f)))
  )
 (close f)
 (setq i 0 dn1 0 dn2 300)
 (while (< dn2 n)
  (setq j (1+ i))
  (setq dn1 (nth i dn)
        dn2 (nth (+ i 1) dn))
  )
 (setq y1 (nth i dp0) y2 (nth (+ i 1) dp0))
(setq yy (- y2 y1)
     xx (/ (- dn2 n) (- dn2 dn1 0.0)))
 (setq p0 (- y2 (* yy xx)))
 (setq d (rtos p0 2 4))
 (set_tile "p5" d)
 )
;——检索单根V带的额定功率增量
(defun jsdp0test (dx n i12)
(setq f (open "d:/jscad/△p0.dat" "r"))
(setq dn (read (read-line f))
     dp0 (read (read-line f)))
(while
  (or (/= (nth 0 dp0) dx) (or (< i12 (nth 1 dp0)) (> i12 (nth 2 dp0))))
     (setq dp0 (read (read-line f))))
(close f)
(setq i 0 dn1 0 dn2 300)
(while (< dn2 n)
 (setq i (1+ i))
 (setq dn1 (nth i dn) dn2 (nth (+ i 1) dn)))
 (setq j (+ i 2))
 (setq y1 (nth j dp0) y2 (nth (+ j 1) dp0))
 (setq yy (- y2 y1) xx (/ (- dn2 n) (- dn2 dn1 0.0)))
 (setq dltp0 (- y2 (* yy xx)))
 (setq d (rtos dltp0 2 4))
 (set_tile "p3" d)
 )
;——检索包角修正系数
(defun bjtest (bjiao / ab1 ab2 ab kab y1 y2 yy xx)
 (setq ab '(90 100 110 120 125 130 135 140 145 150 155 160 165 170 175 180)
       kab '(0.69 0.74 0.78 0.82 0.84 0.86 0.88 0.89 0.91 0.92 0.93 0.95 0.960.98 0.99 1.0))
  (setq i 0 ab1 0 ab2 0)
  (while (< ab2 bjiao)
```

```
   (setq i (1+ i))
(setq ab1 (nth i ab)
      ab2 (nth (+ i 1) ab))
    )
  (setq y1 (nth i kab) y2 (nth (+ i 1) kab))
(setq yy (- y2 y1)
      xx (/ (- ab2 bjiao) (- ab2 ab1 0.0)))
(setq ka1 (- y2 (* yy xx)))
(setq d (rtos ka1 2 4))
  (set_tile "k1" d)
  )
;-----确定V带根数
(defun ztest (/ a1 d)
  (setq a1 (* (+ p0 dltp0) kl ka1))
  (setq z (/ PC a1))
  (setq z1 (fix (+ 0.8 z)))
  (setq d (rtos z1 2 4))
  (set_tile "z1" d)
  )
;-----确定V带单位长度质量
(defun jmcctest (dx / d)
  (cond
        ((= dx "Y") (setq q1 0.02))
        ((= dx "Z") (setq q1 0.06))
        ((= dx "A") (setq q1 0.1))
        ((= dx "B") (setq q1 0.18))
        ((= dx "C") (setq q1 0.3))
        ((= dx "D") (setq q1 0.61))
        ((= dx "E") (setq q1 0.92)))
  (setq d (rtos q1 2 4))
  (set_tile "F01" d)
)
;-----计算单根V带所需的最小初拉力
(defun clltest (/ a1 a2 a3 d)
  (setq a1 (/ (* 500 pc) z1 v10))
  (setq a2 (- (/ 2.5 ka1) 1))
(setq a3 (* q1 v10 v10))
  (setq f0 (+ (* a1 a2) a3))
  (setq d (rtos f0 2 4))
  (set_tile "F02" d)
  )
;-----计算最小压轴力
(defun yltest (/ a1 a2)
```

```
  (setq a1 (* 2 z1 f0))
  (setq a2 (sin (* 0.5 0.0174533 baojiao)))
  (setq fq (* a1 a2))
  (setq d (rtos fq 2 4))
  (set_tile "FQ1" d)
  )
;----输出设计结果
(defun shuchu ()
  (setq gk (cond ((= kc 0) "载荷变动较小\")
          ((= kc 1) "载荷变动小\")
          ((= kc 2) "载荷变动较大")
          ((= kc 3) "载荷变动很大")))
  (setq gh (cond ((= hc 0) "<10")
          ((= hc 1) "10~16")
          ((= hc 3) ">16")))
  (if (= qc 1) (setq qd "空、轻载启动") (setq qd "重载启动"))
  (if (= zq 0) (setq qs "减速传动") (setq qs "增速传动"))
  (if (= gq 0) (setq qf "正常工作场合")
                (setq qf "反复启动、正反转频繁、工作条件恶劣"))
  (setq amin (- as (* 0.015 ld)) amax (+ as (* 0.03 ld)))
(setq af (strcat (rtos amin 2 2) " ≤ a ≤ " (rtos amax 2 2)))
  (princ "\n -----------------------------")
  (princ "\n 已知普通 V 带传动设计条件:")
  (princ "\n 传递功率(kW)P1 = ") (princ p)
  (princ "\n 小带轮转速(r/min)n1 = ") (princ n1)
  (princ "\n 传动比 i12 = ") (princ i12)
  (princ "\n 工作机情况:") (princ gk)
  (princ "\n 每天工作小时数(h):") (princ gh)
  (princ "\n 原动机启动情况:") (princ qd)
  (princ "\n 用于减速或增速传动:") (princ qs)
  (princ "\n 工作场合:") (princ qf)
  (princ "\n -----------------------------")
  (princ "\n")
  (princ "\n 输出设计结果为:")
  (princ "\n 带型号:") (princ (read (strcat dx "型")))
  (princ ",带的根数 z= ") (princ z1)
  (princ "\n 小带轮基准直径(mm)d1 = ") (princ ddd1)
  (princ ",大带轮基准直径(mm)d2 = ") (princ ddd2)
  (princ "\n 中心距(mm)a= ") (princ as)
  (princ ",基准长度(mm)Ld= ") (princ ld)
  (princ "\n 中心距变动范围:") (princ af)
  (princ "\n 单根带所需的最小初拉力(N)F0 = ") (princ f0)
  (princ ",压轴力(N)FQ= ") (princ fq)
```

```
 (princ "\n------------------------------------")
 (princ "\n")
 );end
```

程序应用示例1:设计某带式输送机传动系统中第一级用的普通V带传动。已知电动机功率 P=4kW,转速 $n1$=1440r/min,传动比 i=3.4,每天工作8小时。

操作过程为:在AutoCAD命令下运行主函数(dlsj),弹出已知条件输入对话框(见图10-1),完成初始参数输入后按确定按钮,进入设计计算界面(见图10-2),按顺序操作并进行相应的交互,将显示相应的结果,如果不满意还可重新设计。完成后按确定键,将在文本屏幕显示结果如下:

```
————————————————————————
已知普通V带传动设计条件:
传递功率(kW)P1=4.0
小带轮转速(r/min)n1=1440.0
传动比 i12=3.4
工作机情况:载荷变动小
每天工作小时数(h):<10
原动机启动情况:空、轻载启动
用于减速或增速传动:减速传动
工作场合:正常工作场合
————————————————————————
输出设计结果为:
带型号:A型,      带的根数z=4
小带轮基准直径(mm)d1=90.0,      大带轮基准直径(mm)d2=315
中心距(mm)a=470,      基准长度(mm)Ld=1600
中心距变动范围:446 ≤ a ≤ 518
单根带所需的最小初拉力(N)F0=142.578,      压轴力(N)FQ=1108.1
————————————————————————
```

说明:

(1) 程序中检索单根V带基本额定功率的数据建立在"d:/jscad/p0.dat"文件中,其格式为:

```
("vn" 400 700 800 950 1200 1450 1600 2000 2400 2800)
("Z50" 0.06 0.09 0.1 0.12 0.14 0.16 0.17 0.20 0.22 0.26)
        ...
("D800" 29.08 39.14 36.76 21.32)
```

(2) 检索单根V带基本额定功率增量的数据建立在"d:/jscad/△p0.dat "文件中,其格式为:

```
("vdn" 400 730 800 980 1200 1460 2800)
("Z" 1.0 1.01 0.0 0.0 0.0 0.0 0.0 0.0 0.0 0.0 0.0)
...
...
```

```
("C" 2.0 10.0 0.35 0.62 0.71 0.83 1.06 1.27 2.47)
```

(3) 为方便保存与查看,输出的计算结果也可以在程序运行过程自动保存于数据文件中。程序中只须建立一个数据文件,如:(setq f (open "d:/jscad/out.dat" "w")),使用输出函数将数据写入文件中即可,譬如:(princ "\n 带的根数 z=" f) (princ z f)。

10.3 普通 V 带传动带轮参数化绘图程序设计

通常,带轮结构可依据尺寸大小分为实心式、腹板式、孔板式和轮辐式四种,在该参数化绘制带轮图的程序设计中,带型、带轮基准直径和带根数可根据前面设计计算结果输入,也可根据需要自行输入;带轮结构形式和毂孔直径则可根据带轮尺寸大小由用户灵活确定。

10.3.1 实心式带轮参数化绘图程序设计

带型号、带轮基准直径、带的根数和带轮毂孔直径为确定带轮结构的主要参数,因此,参数化绘图程序中将这些参数设为变参,其他结构信息则根据它们检索确定。绘图的主要工作是根据得到的数据确定图形中的各个点,然后应用绘图函数将各个点连接成需要的图形。

实心式带轮的参数化绘图程序编制如下:

```
(defun sxs (dxh d z dz)
(setq c 2 r (* 0.5 d))
(setq rz (* 0.5 dz))
(if (not js1) (load "d:/jscad/jstxt"))
(js1 "d:/jscad/dlyc.dat" dxh)
(setq bp (getpoint "\n 图形基点:"))
(command "ucs" "o" bp)
(setq dw (+ d (* 2 ha))
      b (+ (* (- z 1) ee) (* 2 ff)))
(setq phai (* (/ pi 180.0) ang 0.5))
(setq x (* ha (/ (sin phai) (cos phai)))
      l1 (- ff x (* 0.5 bpp))
      l2 (/ (+ ha hf) (cos phai))
      l3 (+ bpp (* 2 x)))
  (setq p0 (list (* -0.5 b) (* 0.5 dw)))
  (setq n 0)
  (setq p1 (polar p0 0 l1)
        p00 (polar p0 0 b))
  (setq lb (list p0))
(while (< n z)
  (setq p2 (polar p1 (- phai (* 0.5 pi)) l2)
        p4 (polar p1 0 l3)
        p3 (polar p4 (- (* 1.5 pi) phai) l2))
```

```
    (setq lb (append lb (list p1 p2 p3 p4)))
    (setq p1 (polar p1 0 ee) n (+ n 1))
    );while
  (setq lb (append lb (list p00)))
    (command "pline" (foreach pp lb (command pp)))
    (command ^c)
  (setq r1 (- r hf dlta) rg (fix (* 1.7 rz))
        rw (+ r ha));setq
  (setq lg (cond
        ((and (< b (* 3 rz)) (<= z 3)) (+ b rz))
        ((and (< b (* 4 rz)) (>= b (* 3.rz))) b)
        ((>= b (* 4 rz)) (* 3.5 rz))))
  (setq p11 (polar '(0 0) 0 (+ (* 0.5 b) (- lg b)))
        p12 (polar p11 pi c)
        p10 (polar p12 (* 0.5 pi) rz)
        p9 (polar p11 (* 0.5 pi) (+ rz c))
        p7 (polar p12 (* 0.5 pi) rg)
        p8 (polar p11 (* 0.5 pi) (- rg c))
        p1 (list (* 0.5 b) rg)
        );setq
  (setq p2 (polar p00 (* 1.5 pi) rw)
        p3 (polar p2 pi c)
        p5 (polar p3 (* 0.5 pi) r1)
        p4 (polar p2 (* 0.5 pi) (+ r1 c))
        p6 (polar p11 (* 0.5 pi) r1))
  (setq p11p (list (* -0.5 b) 0) p12p (polar p11p 0 c)
        p9p (polar p9 pi lg) p10p (polar p10 pi (- lg c c)))
  (cond ((< b lg) (command "pline" p00 p1 p7 p8 p11 "" "pline" p9 p10 p12 ""))
        ((= b lg) (command "pline" p00 p11 "" "pline" p9 p10 p12 ""))
        (t (command "pline" p00 p2 "" "pline" p4 p5 p3 "" "pline" p5 p6 p11 "" "pline" p9 p10
p12 "")))
  (command "pline" p0 p11p "")
  (command "pline" p9p p10p p12p "")
  (command "pline" p10 p10p "")
  (command "fillet" "r" 2)
  (if (> b lg) (command "fillet" "p" (polar p5 pi 2)))
  (command "layer" "m" "2" "c" 6 "2" "l" "continuous" "2" "")
  (command "mirror" "c" (polar p11p pi 10) (polar p00 0 40) "" '(0 0) '(20 0) "")
  (command "bhatch" "p" "u" 45 4 "" (list (car p12p) (cadr p9)) "")
  (command "bhatch" "p" "u" 45 4 "" (list (car p12p) (* -1 (cadr p9))) "")
  (command "layer" "m" "1" "c" 1 "1" "l" "center" "1" "")
  (if (>= lg b) (setq p1 (polar p11p 0 (+ lg 3))) (setq p1 (polar p11p 0 (+ b 3))))
  (setq psr (list (+ (* 0.5 b) 3) r) psl (polar psr pi (+ b 6)))
```

```
(setq pxr (polar psr ( * 1.5 pi) d) pxl (polar psl ( * 1.5 pi) d))
(command "line" (polar p11p pi 3)  p1 "")
(command "line" psl psr "")
(command "line" pxl pxr "")
(command "layer" "s" 0 "")
(command "ucs" "")
(command "ltscale" 6)
(princ));end
```

程序应用示例 2：设带型号为“A”，带轮基准直径为 80mm，带根数为 2，毂孔直径为 30mm。

命令：(sxs"A" 80 2 30)

绘出的实心式带轮如图 10-3 所示。

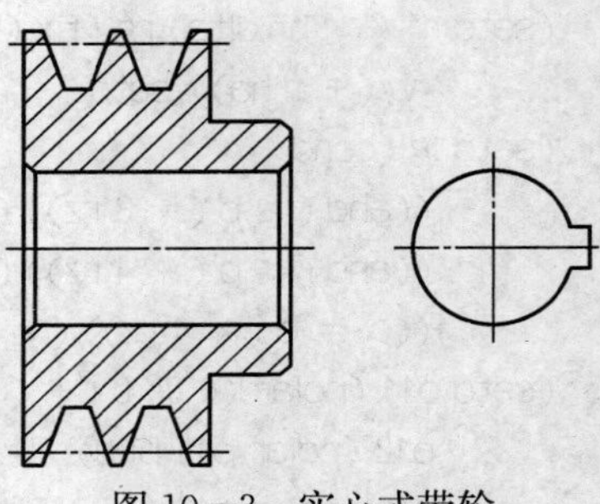

图 10-3　实心式带轮

10.3.2　腹板式带轮参数化绘图程序设计

```
(defun fbs (dxh d z dz)
(setq c 2 r ( * 0.5 d))
(setq rz ( * 0.5 dz))
(if (not js1) (load "d:/jscad/jstxt"))
(js1 "d:/jscad/dlvc.dat" dxh)
(setq bp (getpoint "\n 图形基点:"))
(command "ucs" "o" bp)
(setq dw (+ d ( * 2 ha))
      b (+ ( * (- z 1) ee) ( * 2 ff)))
(setq phai ( * (/ pi 180.0) ang 0.5))
(setq x ( * ha (/ (sin phai) (cos phai)))
      l1 (- ff x ( * 0.5 bpp))
      l2 (/ (+ ha hf) (cos phai))
      l3 ( + bpp ( * 2 x)))
   (setq p0 (list ( * -0.5 b) ( * 0.5 dw)))
   (setq n 0)
   (setq p1 (polar p0 0 l1)
         p00 (polar p0 0 b))
   (setq lb (list p0))
(while (< n z)
   (setq p2 (polar p1 (- phai ( * 0.5 pi)) l2)
         p4 (polar p1 0 l3)
         p3 (polar p4 (- ( * 1.5 pi) phai) l2))
   (setq lb (append lb (list p1 p2 p3 p4)))
(setq p1 (polar p1 0 ee) n ( + n 1))
);while
(setq lb (append lb (list p00)))
   (command "pline" (foreach pp lb (command pp)))
```

```
  (command ^c)
(setq r1 (- r hf dlta)
      rg (fix ( * 1.7 rz))
      rw ( + r ha)
      c1 (fix ( * 0.2 b)));setq
(setq lg (cond
      ((and (< b ( * 3 rz)) (<= z 3)) ( + b rz))
      ((and (< b ( * 4 rz)) (>= b ( * 3 rz))) b)
      ((>= b ( * 4 rz)) ( * 3.5 rz))))
(setq p11 (polar '(0 0) 0 ( * 0.5 lg))
      p12 (polar '(0 0) 0 (- ( * 0.5 lg) c))
      p10 (polar p12 ( * 0.5 pi) rz)
      p9 (polar p11 ( * 0.5 pi) ( + rz c))
      p7 (polar p12 ( * 0.5 pi) rg)
      p8 (polar p11 ( * 0.5 pi) (- rg c))
      p6 (list ( * 0.5 c1) ( + rg ( * 0.02 (- lg c1))))
      p5 (list ( * 0.5 c1) (- r1 ( * 0.02 (- lg c1))))
      p2 (list (- ( * 0.5 b) c) r1)
      p1 (list ( * 0.5 b) ( + r1 c))
      );setq
  (if (< b lg)
    (setq p1p (inters p6 p7 p1 (polar p1 ( * 1.5 pi) r))
      p2p (inters p6 p7 p2 (polar p2 ( * 1.5 pi) r))))
(command "pline" p00 p1 p2 "")
(command "pline" p2 p5 p6 p7 "")
(setq e2 (entlast))
(command "pline" p11 p8 p7 "")
(command "pline" p9 p10 p12 "")
  (command "fillet" "r" 3)
  (command "fillet" "p" e2)
  (cond ((> b lg) (command "pline" (list (car p1) 0) p1 p2 (list (car p2) 0) ""))
    ((< b lg) (command "pline" p1p p1 p2 p2p ""))
    ((= b lg) (command "pline" p1 p8 p7 p2 "")));cond
(command "mirror" "c" "0,2" (list lg rw) "" '(0 0) '(0 10) "")
(command "pline" p10 (polar p10 pi (- lg c c)) "")
(command "layer" "m" "1" "c" 1 "1" "l" "center" "1" "")
(command "line" (polar p11 0 5) (polar p11 pi ( + lg 5)) "")
(command "layer" "m" "2" "c" 6 "2" "l" "continuous" "2" "")
(command "mirror" "c" (polar '(0 0) pi lg) (polar p00 0 50) "" '(0 0) '(20 0) "")
(command "bhatch" "p" "u" 45 4 ""  (list 0 (cadr p8)) "")
(command "bhatch" "p" "u" 45 4 ""  (list 0 ( * -1 r1)) "")
(command "layer" "s" 1 "")
(setq psr (list ( + ( * 0.5 b) 3) r) psl (polar psr pi ( + b 6)))
```

```
(setq pxr (polar psr (* 1.5 pi) d) pxl (polar psl (* 1.5 pi) d))
(command "line" psl psr "")
(command "line" pxl pxr "")
(command "layer" "s" 0 "")
(if (not jck) (load "d:/jscad/jck"))
(setq cp (polar p11 0 b))
(jck dz 0 cp)
(command "ucs" "")
(command "ltscale" 10)
(princ)
)
```

程序应用示例3：设带型号为“B”，带轮基准直径为160mm，带根数为4，毂孔直径为35mm。

命令：(fbs "B" 160 4 35)

绘出的腹板式带轮如图10－4所示。

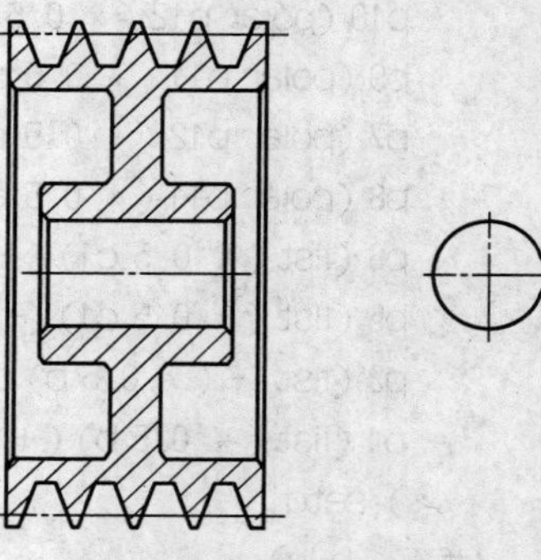

图10－4 腹板式带轮

10.3.3 孔板式带轮参数化绘图程序设计

孔板式带轮的主要变参，除了前面所提到的四个外，还增加了一个孔数，程序如下：

```
(defun kbs (dxh d z dz ks)
(setq c 2 r (* 0.5 d))
(setq rz (* 0.5 dz))
(if (not js1) (load "d:/jscad/jstxt"))
(js1 "d:/jscad/dlvc.dat" dxh)
(setq bp (getpoint "\n图形基点:"))
(command "ucs" "o" bp)
(setq dw (+ d (* 2 ha))
      b (+ (* (- z 1) ee) (* 2 ff)))
(setq phai (* (/ pi 180.0) ang 0.5))
(setq x (* ha (/ (sin phai) (cos phai)))
      l1 (- ff x (* 0.5 bpp))
      l2 (/ (+ ha hf) (cos phai))
      l3 (+ bpp (* 2 x)))
  (setq p0 (list (* -0.5 b) (* 0.5 dw)))
  (setq n 0)
  (setq p1 (polar p0 0 l1)
        p00 (polar p0 0 b))
  (setq lb (list p0))
 (while (< n z)
  (setq p2 (polar p1 (- phai (* 0.5 pi)) l2)
        p4 (polar p1 0 l3)
        p3 (polar p4 (- (* 1.5 pi) phai) l2))
```

```
  (setq lb (append lb (list p1 p2 p3 p4)))
(setq p1 (polar p1 0 ee) n (+ n 1))
);while
(setq lb (append lb (list p00)))
  (command "pline" (foreach pp lb (command pp)))
  (command ^c)
(setq r1 (- r hf dlta)
      rg (fix (* 1.7 rz))
      rw (+ r ha)
      c1 (fix (* 0.2 b))
      d0 (fix (* 0.6 (- r1 rg)))
      rk (* 0.5 (+ r1 rg)));setq
(setq lg (cond
       ((and (< b (* 3 rz)) (<= z 3)) (+ b rz))
       ((and (< b (* 4 rz)) (>= b (* 3 rz))) b)
       ((> b (* 4 rz)) (* 3.5 rz))))
(setq p11 (polar '(0 0) 0 (* 0.5 lg))
      p12 (polar '(0 0) 0 (- (* 0.5 lg) c))
      p10 (polar p12 (* 0.5 pi) rz)
      p9 (polar p11 (* 0.5 pi) (+ rz c))
      p7 (polar p12 (* 0.5 pi) rg)
      p8 (polar p11 (* 0.5 pi) (- rg c))
      p6 (list (* 0.5 c1) (+ rg (* 0.02 (- lg c1))))
      p5 (list (* 0.5 c1) (- rk (* 0.5 d0)))
      p4 (list (* 0.5 c1) (+ rk (* 0.5 d0)))
      p3 (list (* 0.5 c1) (- r1 (* 0.02 (- lg c1))))
      p2 (list (- (* 0.5 b) c) r1)
      p1 (list (* 0.5 b) (+ r1 c))
      );setq
  (if (< b lg)
    (setq p1p (inters p6 p7 p1 (polar p1 (* 1.5 pi) r))
      p2p (inters p6 p7 p2 (polar p2 (* 1.5 pi) r))))
 (command "pline" p00 p1 p2 "")
 (command "pline" p2 p3 p6 p7 "")
 (setq e2 (entlast))
 (command "pline" p7 p8 p11 "")
 (command "pline" p9 p10 p12 "")
   (command "fillet" "r" 3)
   (command "fillet" "p" e2)
   (cond ((> b lg) (command "pline"  (list (car p1) 0) p1 p2 (list (car p2) 0) ""))
     ((< b lg) (command "pline" p1 p1p p2p p2 ""))
     ((= b lg) (command "pline" p1 p8 p7 p2 "")));cond
 (command "mirror" "c" "0,2" (list lg rw) "" '(0 0) '(0 10) "")
```

```
(command "pline" p4 (polar p4 pi c1) "")
(command "pline" p5 (polar p5 pi c1) "")
(command "pline" p10 (polar p10 pi (- lg c c)) "")
(command "layer" "m" "1" "c" 1 "1" "l" "center" "1" "")
(command "line" (polar p11 0 5) (polar p11 pi (+ lg 5)) "")
(command "line" (list c1 rk) (polar (list 0 rk) pi c1) "")
(command "layer" "m" "2" "c" 4 "2" "l" "continuous" "2" "")
(command "mirror" "c" (polar '(0 0) pi lg) (polar p00 0 50) "" '(0 0) '(20 0) "")
(command "bhatch" "p" "u" 45 4 "" (list 0 (cadr p1)) (list 0 (cadr p8)) "")
(command "bhatch" "p" "u" 45 4 "" (list 0 (* -1 rg)) (list 0 (* -1 r1)) "")
(command "layer" "s" 1 "")
(setq psr (list (+ (* 0.5 b) 3) r) psl (polar psr pi (+ b 6)))
(setq pxr (polar psr (* 1.5 pi) d) pxl (polar psl (* 1.5 pi) d))
(command "line" psl psr "")
(command "line" pxl pxr "")
(setq cp (polar p11 0 (* 0.6 dw)))
(command "circle" cp r)
(command "circle" cp rk)
(command "layer" "s" 0 "")
(command "circle" cp rw)
(command "circle" cp r1)
(command "circle" cp rg)
(command "circle" (polar cp (* 0.5 pi) rk) (* 0.5 d0))
(setq ed0 (entlast))
(command "array" ed0 "" "p" cp ks "" "")
(command "layer" "s" 1 "")
(command "dim1" "cen" "nea" (polar cp (* 0.75 pi) rw))
(command "layer" "s" 0 "")
(if (not jck) (load "d:/jscad/jck"))
(jck dz 0 cp)
(command "ltscale" 20)
(command "ucs" "")
(princ)
);end
```

程序应用示例 4：设带型号为“B”，带轮基准直径为 200mm，带根数为 3，毂孔直径为 45mm，孔数为 4。

命令：(kbs "B" 200 3 45 4)

绘出的孔板式带轮如图 10-5 所示。

10.3.4 轮辐式带轮参数化绘图程序设计

```
(defun lfs (dxh d z dz)
(setq c 3 r (* 0.5 d))
```

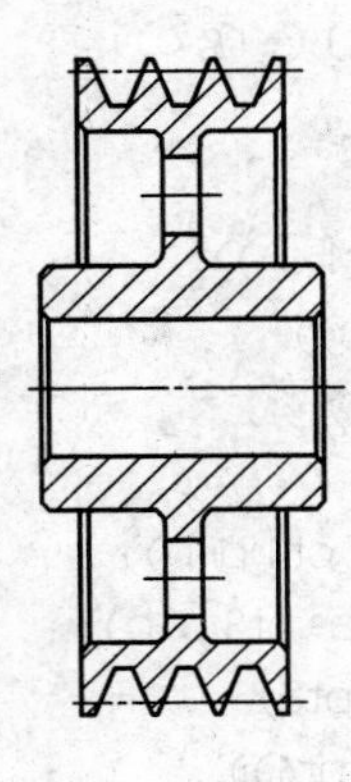
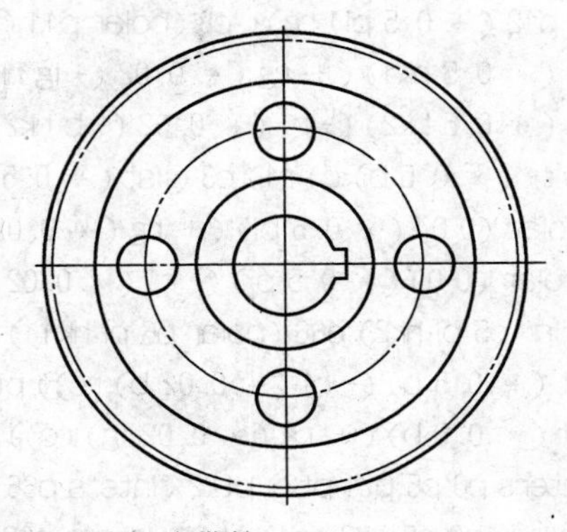

图 10-5　孔板式带轮

```
(setq rz ( * 0.5 dz) rc 8)
(if (not js1) (load "d:/jscad/jstxt"))
(js1 "d:/jscad/dlvc.dat" dxh)
(setq bp (getpoint "\n 图形基点:"))
(command "ucs" "o" bp)
(setq dw ( + d ( * 2 ha)) b ( + ( * (- z 1) ee) ( * 2 ff)))
(setq phai ( * (/ pi 180.0) ang 0.5))
(setq x ( * ha (/ (sin phai) (cos phai))) l1 (- ff x ( * 0.5 bpp))
      l2 (/ ( + ha hf) (cos phai))l3 ( + bpp ( * 2 x)))
  (setq p0 (list ( * -0.5 b) ( * 0.5 dw)))
  (setq n 0)
  (setq p1 (polar p0 0 l1) p00 (polar p0 0 b))
  (setq lb (list p0))
(while (< n z)
  (setq p2 (polar p1 (- phai ( * 0.5 pi)) l2)
        p4 (polar p1 0 l3) p3 (polar p4 (- ( * 1.5 pi) phai) l2))
  (setq lb (append lb (list p1 p2 p3 p4)))
  (setq p1 (polar p1 0 ee) n ( + n 1))
);while
(setq lb (append lb (list p00)))
  (command "pline" (foreach pp lb (command pp)))
  (command ^c)
(setq r1 (- r hf dlta) rg (fix ( * 1.7 rz)) rw ( + r ha))
(setq lg (cond
    ((and (>= b dz) (< b ( * 1.5 dz))) b)
    ((< b dz) (fix ( * 1.1 dz)))
    (t (fix ( * 1.5 dz)))))
(if (< (abs (- b lg)) 8) (setq lg b))
(setq h1 ( * 2 rz) h2 ( * 0.8 h1) hk1 ( * 0.4 h1) hk2 ( * 0.8 hk1))
(setq p11 (polar '(0 0) 0 ( * 0.5 lg)) p12 (polar '(0 0) 0 (- ( * 0.5 lg) c))
    p10 (polar p12 ( * 0.5 pi) rz) p9 (polar p11 ( * 0.5 pi) ( + rz c))
```

```
    p7 (polar p12 ( * 0.5 pi) rg)  p8 (polar p11 ( * 0.5 pi) (- rg c))
      p6 (list ( * 0.5 hk1) (+ rg ( * 0.02 (- lg hk1))))
      p5 (list ( * 0.5 hk2) (- r1 ( * 0.02 (- b hk2))))
      p4 (list (- ( * 0.5 b) c) r1) p3 (list ( * 0.5 b) (+ r1 c)))
(setq phk1 (polar '(0 0) ( * 0.5 pi) (+ rg ( * 0.02 lg) rc c))
      phk2 (polar '(0 0) ( * 0.5 pi) (- r1 ( * 0.02 b) rc c))
      p55 (polar p5 pi hk2) p66 (polar p6 pi hk1))
(setq pt1 (list ( * 0.5 b) (- r1 ( * 0.02 b) rc)) pt2 (polar pt1 pi b))
(setq pt3 (list ( * 0.5 b) (+ rg ( * 0.02 lg) rc)) pt4 (polar pt3 pi b))
(setq pt11 (inters p6 p5 pt1 pt2) pt22 (inters p66 p55 pt1 pt2)
      pt33 (inters p6 p5 pt3 pt4) pt44 (inters p66 p55 pt3 pt4))
(if (< b lg)
    (setq p1p (inters p6 p7 p3 (polar p3 ( * 1.5 pi) r))
          p2p (inters p6 p7 p4 (polar p4 ( * 1.5 pi) r))))
(command "pline" p00 p3 p4 "")
(setq e1 (entlast))
(command "pline" p4 p5 p6 p7 "")
(setq e2 (entlast))
(command "fillet" "r" rc)
(command "fillet" "p" e2)
(setq ee2 (entlast))
(command "pline" p7 p8 p11 "")
(setq e3 (entlast))
(command "pline" p9 p10 p12 "")
(setq e4 (entlast))
(cond ((> b lg) (command "pline"  (list (car p3) 0) p3 p4 (list (car p4) 0) ""))
    ((< b lg) (command "pline" p1p p3 p4 p2p  ""))
    ((= b lg) (command "pline" p8 p3 p4 p7 "")))
(setq e5 (entlast))
(command "mirror" e1 ee2 e3 e4 e5 "" '(0 0) '(0 20) "")
(command "pline" pt33 "a" "s" phk1 pt44 "")
(command "pline" pt11 "a" "s" phk2 pt22 "")
(command "pline" p10 (polar p10 pi (- lg c c)) "")
(setq eall (ssget "X" '((8 . "0"))))
(command "layer" "m" "1" "c" 1 "1" "l" "center" "1" "")
(command "line" (polar p11 0 5) (polar p11 pi (+ lg 5)) "")
(command "mirror" eall "" '(0 0) '(10 0) "")
(command "layer" "m" "2" "c" 4 "2" "l" "continuous" "2" "")
(command "bhatch" "p" "u" 45 5 "" (list 0 (cadr p3)) (list 0 (cadr p8)) "")
(command "bhatch" "p" "u" 45 5 "" (list 0 ( * -1 rg)) (list 0 ( * -1 r1)) "")
(command "layer" "s" 1 "")
(setq psr (list (+ ( * 0.5 b) 3) r) psl (polar psr pi (+ b 6)))
(setq pxr (polar psr ( * 1.5 pi) d) pxl (polar psl ( * 1.5 pi) d))
```

```
(command "line" psl psr "")
(command "line" pxl pxr "")
(command "layer" "s" 0 "")
(setq bp (polar p11 0 ( * 1.3 rw)))
(command "ucs" "o" bp)
(setq cp '(0 0))
(setq pt1 (list ( * 0.5 h1) ( + rg ( * 0.02 lg) rc c)))
(setq pt2 (list  (+ rg ( * 0.02 lg) rc c) ( * 0.5 h1)))
(setq pt3 (list ( * 0.5 h2) (- r1 ( * 0.02 b) rc c)))
(setq pt4 (list (- r1 ( * 0.02 b) rc c) ( * 0.5 h2)))
(setq rh1 (sqrt (+ (expt ( * 0.5 h1) 2) (expt ( + rg ( * 0.02 lg) rc c) 2))))
(setq pt44 (polar cp ( * 0.0174533 30) (- r1 ( * 0.02 b) rc c))
      pt33 (polar cp ( * 0.0174533 60) (- r1 ( * 0.02 b) rc c)))
(setq pt22 (polar cp ( * 0.0174533 30) rh1)
pt11 (polar cp ( * 0.0174533 50) rh1))
(command "circle" cp rw)
(command "circle" cp r1)
(command "circle" cp (- r1 c))
(command "circle" cp (- r1 c ( * 0.02 b)))
(command "circle" cp r1)
(command "circle" cp rg)
(command "circle" cp ( + rg c))
(command "line" pt1 pt3 "") (setq e1 (entlast))
(command "line" pt2 pt4 "") (setq e2 (entlast))
(command "arc" "c" cp pt4 pt3) (setq e3 (entlast))
(command "arc" "c" cp pt2 pt1) (setq e4 (entlast))
(command "fillet" "r" 10)
(command "fillet" "nea" (polar pt4 pi 10) pt44) (setq e5 (entlast))
(command "fillet" pt33 "nea" (polar pt3 ( * 1.5 pi) 10)) (setq e6 (entlast))
(command "fillet" "r" 5)
(command "fillet" "nea" (polar pt1 ( * 0.0174533 93) 10) pt11)
(setq e7 (entlast))
(command "fillet" pt22 "nea" (polar pt2 0 10)) (setq e8 (entlast))
(command "arc" "c" cp pt3 (polar pt3 pi h2)) (setq e9 (entlast))
(command "array" e1 e2 e3 e4 e5 e6 e7 e8 e9 "" "p" cp 4 "" "")
(setq phb (polar cp ( * 0.5 pi) ( * 0.6 rw)))
(setq phh (polar phb 0 ( * 0.45 h1))
pbb (polar phb ( * 0.5 pi) ( * 0.18 h1)))
(command "ellipse" "c" phb phh pbb)
(command "layer" "s" 2 "")
(command "bhatch" "p" "u" 45 5 "" phb "")
(command "layer" "s" 1 "")
(command "dim1" "cen" "nea" (polar cp ( * 0.35 pi) rw))
```

```
(command "circle" cp r)
(command "layer" "s" 0 "")
(if (not jck) (load "d:/jscad/jck"))
(jck dz 0 cp)
(command "ltscale" 20)
(command "ucs" "")
(princ)
);end
```

程序应用示例 5：设带型号为“A”，带轮基准直径为 350mm，带根数为 6，毂孔直径为 50mm。

命令：(lfs "A" 350 6 50)

绘出的轮辐式带轮如图 10-6 所示。

图 10-6　轮辐式带轮

10.3.5　参数化绘图对话框及主程序设计

带轮参数化绘图对话框可以使用户灵活地选择带轮结构形式、V 带型号、带轮基准直径和毂孔大小，也可以将前面设计计算的结果输入以绘出相应的图形(见图 10-7)。其 DCL 代码编写如下：

```
dldcl:dialog{label="绘制带轮图";
:boxed_row{label="选择带轮结构形式";
  :radio_button{label="实心式"; key="xs1";value=1;}
  :radio_button{label="腹板式"; key="xs2";}
  :radio_button{label="孔板式"; key="xs3";}
  :radio_button{label="轮辐式"; key="xs4";}}
 :row{
 :column{
 :boxed_row{label="选择 V 带型号";
 :list_box{label="V 带型号";
key="dx";list="Z\nA\nB\nC\nD";height=5;value=1;}
        }}
 :column{
 :boxed_row{label="选择带轮基准直径";
```

```
  :list_box{label="基准直径 d";key="dd";height=5;value=4;value=8;
list="50\n56\n63\n71\n75\n80\n90\n100\n112\n125\n140\n160\n180\n200\n224\n250
            \n280\n315\n355\n400\n450\n500\n560\n630\n710\n800";}
            }}}
 :column{
 :boxed_row{label="输入参数";
 :edit_box{label="V 带根数";
            key="z1";value=3;}
   :spacer{width=3;}
 :edit_box{label="毂孔直径(mm)";
key="dk";value=30;}
       }}
 ok_cancel;
 }
```

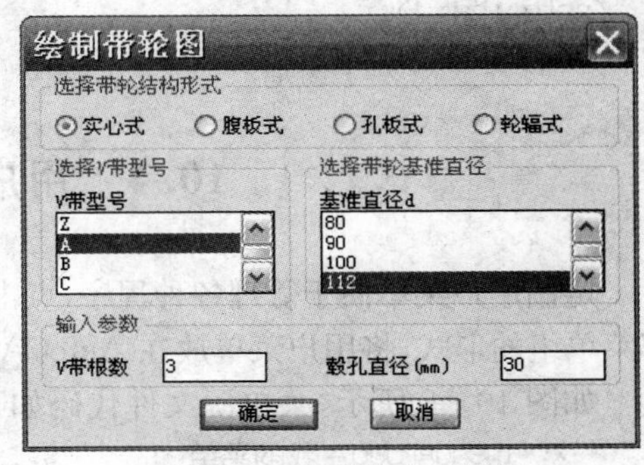

图 10-7　绘制带轮对话框

对话框驱动主程序的作用就是获取用户确定的信息，并根据要求调用相应的函数绘出所需的带轮图形。程序编写如下：

```
(defun dlmain ()
(setq id (load_dialog "d:/jscad/dldcl"))
(if (< id 0) (exit))
(if (not (new_dialog "dldcl" id)) (exit))
(setq xs 1)
 (action_tile "xs1" "(setq xs 1)")
 (action_tile "xs2" "(setq xs 2)")
 (action_tile "xs3" "(setq xs 3)")
 (action_tile "xs4" "(setq xs 4)")
 (action_tile "accept" "(qsj) (done_dialog)")
 (action_tile "cancel" "(setq what -1) (done_dialog)")
(start_dialog)
(unload_dialog id)
(cond
  ((and (= xs 1) (> what 0)) (sxs dxh d z dz))
  ((and (= xs 2) (> what 0)) (fbs dxh d z dz))
  ((and (= xs 3) (> what 0)) (kbs dxh d z dz))
  ((and (= xs 4) (> what 0)) (lfs dxh d z dz))
  )
);end
;------------------------------
(defun qsj ()
(setq dh (atoi (get_tile "dx")))
(setq dxh (nth dh '("Z" "A" "B" "C" "D")))
(setq dn (atoi (get_tile "dd")))
(setq ldb '(50 56 63 71 75 80 90 100 112 125 140 160 180 200 224 250
        280 315 355 400 450 500 560 630 710 800))
```

```
(setq d (nth dn ldb))
(setq z (atoi (get_tile "z1")))
(setq dz (atof (get_tile "dk")))
(setq what 1)
);end
```

10.4 用户管理菜单设计

定制用户菜单便于管理各种程序，点击各个菜单项可以自动加载程序并运行。采用局部菜单组的形式，将用户菜单放在 AutoCAD 图形环境下拉菜单区中，使用起来非常方便。

如图 10-8 所示，菜单源文件代码如下：

```
***menugroup=我的菜单
***pop14
[带传动 CAD]
[--]
[图形环境]^c^c(if (not hjsz) (load "d:/jscad/hjsz")) (hjsz)
[--]
[设计计算]^c^c(if (not dlsj) (load "d:/jscad/dlsj")) (dlsj)
[--]
[绘制带轮图]^c^c(if (not dlmain) (load "d:/jscad/dlmain")) (dl-
main)
[--]
[绘制键槽]^c^c(if (not hjc) (load "d:/jscad/hjc")) (hjc)
[->图纸幅面]
[A0 幅面]^c^crectangle 0,0 1189,841 rectangle 25,10 1179,831
[A1 幅面]^c^crectangle 0,0 841,594 rectangle 25,10 831,584
[A2 幅面]^c^crectangle 0,0 594,420 rectangle 25,10 584,410
[A3 幅面]^c^crectangle 0,0 420,297 rectangle 25,10 410,287
[<- A4 幅面]^c^crectangle 0,0 210,297,rectangle 25,5 205,292
[~--]
[标题栏]^C^C(command "insert" "d:/jscad/btl" pause "" "" pause)
[粗糙度 1]^C^C(command "insert" "d:/jscad/ccd1" pause "" "" pause)
[粗糙度 2]^C^C(command "insert" "d:/jscad/ccd2" pause "" "" pause)
[基准符号]^c^c(command "insert" "d:/jscad/jzfh" pause "" "" pause)
[--]
[满屏显示]^c^c_zoom;e
[清除屏幕]^c^cerase all;;
[--]
```


图 10-8 带传动 CAD 菜单

练 习 题

结合设计计算、数据处理、参数化绘图以及对话框和菜单技术，参考 V 带传动设计实例，完成套筒滚子链传动的设计与绘图。